工程量清单计价实务

主　编　温冬梅

副主编　杨　明

参　编　张瑞红　刘树红　赵　萍

北京理工大学出版社

BEIJING INSTITUTE OF TECHNOLOGY PRESS

内 容 提 要

本书以造价员岗位能力为出发点，按照项目贯通、任务驱动的教学模式编写。全书共包括六个项目，主要内容包括工程量清单计价基础知识、工程量清单编制方法、建筑工程工程量清单编制实例、装饰工程工程量清单编制实例、工程量清单报价编制方法、工程量清单报价编制实例。全书以某办公楼工程为项目，以完成该工程的工程量清单编制和工程量清单报价表编制为任务，从而激发学生的学习兴趣，使学生掌握工程量清单计价模式下工程报价的基本步骤和一般方法，并能够进行建筑工程招标工程量清单的编制及清单计价模式投标报价的编制。

本书可以作为高等院校工程造价、工程管理等相关专业的教材，也可以作为工程技术人员岗位培训用书。

版权专有 侵权必究

图书在版编目(CIP)数据

工程量清单计价实务 / 温冬梅主编.—北京：北京理工大学出版社，2018.8

ISBN 978-7-5682-4696-5

Ⅰ.①工… Ⅱ.①温… Ⅲ.①建筑造价—教材 Ⅳ.①TU723.3

中国版本图书馆CIP数据核字（2018）第196292号

出版发行 / 北京理工大学出版社有限责任公司

社　　址 / 北京市海淀区中关村南大街5号

邮　　编 / 100081

电　　话 / （010）68914775（总编室）

　　　　　（010）82562903（教材售后服务热线）

　　　　　（010）68948351（其他图书服务热线）

网　　址 / http://www.bitpress.com.cn

经　　销 / 全国各地新华书店

印　　刷 / 北京紫瑞利印刷有限公司

开　　本 / 787毫米 × 1092毫米　1/16

印　　张 / 14.5

字　　数 / 386千字

版　　次 / 2018年8月第1版　2018年8月第1次印刷

定　　价 / 62.00元

责任编辑 / 封　雪

文案编辑 / 封　雪

责任校对 / 杜　枝

责任印制 / 边心超

前言

PREFACE

"工程量清单计价实务"是一门实践性很强的专业课，也是工程造价专业的核心课程。为增强学生的职业能力，培养工程造价行业的高素质技能型人才，本书按照高等教育工程造价专业的教学要求，以岗位能力为出发点，根据工作过程的开发思想，对职业岗位能力进行分析后，以"工程计价"的核心能力和工作流程为依据，确定本书的编制主线，以真实的工程项目为载体，以完成具体工作任务为目标，每个项目后均有测试题，强化学生的理论学习和专业技能的培养。

本书依据《建设工程工程量清单计价规范》（GB 50500—2013）、《房屋建筑与装饰工程工程量计算规范》（GB 50584—2013）、《建设工程工程量清单编制与计价规程》［DB13（J）/T 150—2013］进行编制，反映了当前最新的工程量清单计价内容。本书体系按项目为大标题，以任务为分标题，以实例贯穿整个教材，每部分都有学生练习的习题，内容的选择完全按照工程量清单及清单报价编制方法和步骤，并按照项目贯通、任务驱动的模式编写，实例部分都有学习任务单。

本书由温冬梅担任主编，由杨明担任副主编，张瑞红、刘树红、赵萍参与了本书部分章节的编写工作。具体编写分工为：温冬梅编写项目一、二、三、四、五、六；杨明编写章节测试题；张瑞红编写项目六中的工作任务单；刘树红、赵萍整理编写附录资料。全书由温冬梅负责统稿并定稿。

本书在编写过程中由陈彩虹提供了相关图纸并进行审核，并提出很多宝贵的意见和建议，在此表示感谢！本书在编写中借鉴和参考了大量文献，对原作者也表示衷心感谢！

由于编者水平有限，书中难免存在不妥之处，敬请广大师生和读者批评指正！

编　者

目 录

CONTENTS

项目一
工程量清单计价基础知识

学习目标

1. 了解我国现行工程造价计价模式；
2. 熟悉工程量清单编制的相关规定；
3. 熟悉分部分项工程量清单、措施项目清单和其他项目清单的计价相关规定；
4. 熟悉工程量清单及计价编制中常用的表格。

任务一 我国现行工程计价模式

从我国工程造价改革的实践来看，目前工程计价是双轨并行，即定额计价模式和工程量清单计价模式并行，由工程的发包人进行选择。

一、传统定额计价模式

传统定额计价模式是按预算定额规定的分部分项子目，逐项计算工程量，套用预算定额单价确定直接工程费，然后按规定的取费确定措施费、间接费、利润和税金，加上材料调差和适当的不可预见费，经汇总后即为工程预算或标底，工程造价的计算程序如下：

(1)基本构造要素(假定建筑产品)的工料机单价＝人工费＋材料费＋施工机械使用费。

其中 人工费＝$\sum$（概预算定额人工消耗量×人工日工资单价）

材料费＝$\sum$（概预算定额材料消耗量×材料预算价格＋其他材料费）

施工机械使用费＝$\sum$（概预算定额机械台班消耗量×台班单价）

(2)单位工程直接费＝$\sum$（基本构造要素工程量×工料机单价）＋措施费。

(3)单位工程概预算造价＝单位工程直接费＋间接费＋利润＋税金。

(4)单项工程概算造价＝$\sum$单位工程概预算造价＋设备、工具、器具购置费。

(5)建设项目总概算＝$\sum$单项工程概算造价＋其他工程费用概算＋预备费＋建设期利息＋固定资产投资方向调节税＋流动资金。

二、工程量清单计价模式

(一)工程量清单计价的基本过程

工程量清单计价是根据《建设工程工程量清单计价规范》(GB 50500—2013)(以下简称《计价规范》)要求及施工图纸计算各个清单项目的工程量，形成工程量清单，再根据招标文件中的工程量清单和有关要求、施工现场实际及拟定的施工方案或施工组织设计，依据定额资料、工程造价信息和经验数据计算得到工程造价。工程量清单计价的基本过程如图1-1所示。

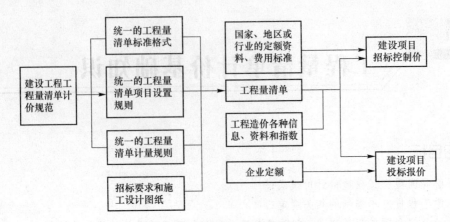

图 1-1 工程量清单计价过程示意图

工程量清单计价是根据《计价规范》第 3.1.1 条强制性条文规定"使用国有资金投资的建设工程发承包,必须采用工程量清单计价"。根据《工程建设项目招标范围和规模标准规定》(国家计委第 3 号令)的规定,国有资金投资的工程建设项目包括使用国有资金投资和国家融资资金的工程建设项目。

国有资金投资的工程建设项目包括:

①使用各级财政预算资金的项目;

②使用纳入财政管理的各种政府性专项建设资金的项目;

③使用国有企事业单位自有资金,并且国有资产投资者实际又有控制权的项目。

国家融资资金投资的工程建设项目包括:

①使用国家发行债券所筹资金的项目;

②使用国家对外借款或者担保所筹资金的项目;

③使用国家政策性贷款的项目;

④国家授权主体融资的项目;

⑤国家特许的融资项目。

建设工程工程量
清单计价规范

以国有资金(含国家融资资金)为主的工程建设项目是指国有资金占投资 50% 以上,或虽不足 50% 但国有投资者实际拥有控股权的工程建设项目。

《计价规范》第 3.1.2 条规定"非国有资金投资的建设工程,宜采用工程量清单计价"。这一条款包括以下三层含义:

(1)对于非国有资金投资的工程建设项目,是否采用工程量清单方式计价由项目业主自主确定。

(2)当确定采用工程量清单计价时,则应执行《计价规范》。

(3)对于确定不采用工程量清单方式计价的非国有投资工程建设项目,可不执行工程量清单计价的专门性规定,但仍应执行《计价规范》中关于工程价款调整、工程计量和价款支付、索赔与现场签证、竣工结算以及工程造价争议处理等条文。

从工程量清单计价的过程示意图中可以看出,其基本过程可以分为两个阶段,即工程量清单的编制和利用工程量清单来编制投标报价(招标控制价)。

招标人的主要任务:正确编制工程量清单;按当时当地规定的有关定额、费用标准、资源市场价格等计价依据,合理确定工程招标控制价。

投标人的主要任务:根据招标人提供的工程量清单,结合现场实际和施工组织设计或施工方案,按照企业定额资源消耗水平、资源市场价及其他造价资料,自主确定投标报价。

(二)工程量清单计价的特点

与传统定额计价模式相比,招标投标阶段采用的工程量清单计价模式具有如下特点:

(1)招标人为投标人提供了共同的竞争平台。招标人提供的工程量清单,是投标人报价的共同平台,可以减少投标人计算工程量的重复劳动和失误,有利于提高工作效率。

(2)有利于企业自主报价。工程量清单计价模式下,投标人投标报价不必依靠统一的预算定额,而是按照企业的施工组织设计、企业定额、人材机市场价及企业自主确定的管理水平、利润水平计算投标价。

(3)有利于业主在极限竞争状态下获得最合理的工程造价。在清单计价模式下,采用经评审最低价中标评标方法,增加了综合实力强、社会信誉好企业的中标机会,更能体现招标的宗旨。

(4)有利于实现风险的合理分担。采用工程量清单计价方式后,招标人提供工程量清单,对清单的准确性负责;投标人根据工程量清单和企业自身情况填报价格。在这种模式下,招标人也要承担工程量变化的风险,投标人对报价的准确性和完备性负责,这种格局符合风险合理分担的一般原则。

(5)实行最高限价制度。招标控制价是招标人根据国家或省级、行业建设主管部门办法的有关计价依据和办法,以及拟定的招标文件和招标工程量清单,结合工程具体情况编制的招标工程的最高投标限价。实施工程量清单计价的工程招标时,为避免投标人串标,哄抬标价,招标人应编制招标控制价并在招标文件中公布,同时规定若投标人报价超出招标控制价,其投标将作废标处理。

(6)有利于激发企业创新工艺、提高管理水平的积极性。在清单计价模式下,企业的竞争力通过较低的投标价来体现,要想在低价的情况下保证一定的利润,必须不断改进,革新施工工艺,改善施工组织和管理,以逐步降低企业成本,增强企业竞争力。

三、定额计价模式与清单计价模式的联系与区别

(一)两种计价模式的联系

清单计价模式是在定额计价模式基础上发展起来的,适应市场经济条件的新计价模式,两种计价模式之间具有一定的传承性。具体如下:

(1)目标相同。两种计价模式目标都是准确确定工程造价。

(2)计价程序主线相同。两种计价模式都要经过识图、计算工程量、套用定额、计算费用、汇总造价等主要程序。

(3)两种计价方法的重点都是要准确计算工程量。工程量计算是两种计价方法的共同重点。因为该项工作涉及的知识面较宽,计算的依据较多,花费的时间较长,技术含量较高。

两种计价方式计算工程量的不同点主要是项目划分的内容不同,采用的工程量计算规则不同,清单工程量依据计价规范的附录进行列项和计算工程量;定额计价工程量依据预算定额来列项和计算工程量。应该指出,在清单计价模式下,也会产生上述两种不同的工程量计算,即清单工程量依据计价规范计算,计价工程量依据采用的定额计算。

(4)两种计价方法发生的费用基本相同。无论是清单计价方式或者是定额计价方式,其共同点是,都必然要计算直接费、间接费、利润和税金。其不同点是,两种计价方式划分费用的方法不一样,计算基数不一样,采用的费率不一样。

(5)两种计价方法的取费方法基本相同。通常来讲,取费方法是指哪些费用、取费基数是什么、取费费率是多少等。在清单计价方式和定额计价方式中都存在如何取费、取费基数、取费费率的规定。不同的是,各项费用的取费基数及费率有差别。

(二)两种计价模式的区别

1. 计价依据不同(表 1-1)

表 1-1 两种计价模式的计价依据

项目	定额计价	清单计价
依据定额	按照政府主管部门颁发的预算定额	按照企业定额或选择其他合适的定额计算各项消耗量
工料机单价	预算定额基价或政府指导价	市场价(投标人据实际情况确定)
费用项目计算	费用计算根据政府主管部门颁发的费用计算程序规定的项目和费率计算	费用计算按《计价规范》的规定,并结合拟建项目和本企业的具体情况由企业自主确定实际的费用项目和费率

2. 费用划分不同(表 1-2)

表 1-2 两种计价模式费用划分对比表

清单计价		定额计价	
分部分项工程费	人工费 材料费 机械使用费	直接工程费	人工费 材料费 机械使用费
	管理费		
	利润		
措施项目费	单价措施项目 总价措施项目	措施费	可竞争的措施项目 不可竞争的措施项目
其他项目费	暂列金额 暂估价 计日工 总承包服务费	企业管理费	管理人员工资等
		利润	
规费	工程排污费 住房公积金 社会保险费	规费	工程排污费 住房公积金 社会保险费等
税金	税金	税金	税金

3. 费用内容不同

定额计价方法常采用单位估价法和实物金额法计算直接费、然后再计算间接费、利润和税金。而工程量清单计价则采用综合单价法计算分部分项工程量清单项目费,然后再计算措施项目费、其他项目费、规费和税金。

4. 本质特性不同

定额计价方式确定的工程造价,具有计划价格的特性,是政府定量、市场定价;工程量清单计价方式确定的工程造价,具有市场价格的特性,是企业自主报价、竞争性价格。两者有着本质上的区别。

5. 单价形式不同

定额计价采用工料机单价只包括人工费、材料费和机械使用费;而工程量清单计价采用综合单价包括人工费、材料费、机械使用费、管理费、利润和一定范围的风险费。

任务二 工程量清单编制概述

《计价规范》规定了工程量清单定义、工程量清单编制人及其资格、工程量清单组成内容、编制依据及编制要求。

一、工程量清单的相关概念和作用

1. 工程量清单的概念

根据《计价规范》，工程量清单是指载明建设工程的分部分项工程项目、措施项目、其他项目的名称和相应数量以及规范、税金项目等内容的明细清单。工程量清单是招标工程量清单和已标价工程量清单的统称。

2. 招标工程量清单的概念

根据《计价规范》，招标工程量清单是指招标人依据国家标准、招标文件、设计文件以及施工现场实际情况编制的，随招标文件发布供投标报价的工程量清单，包括其说明和表格。这里是指工程量清单的编制依据和重要作用。

3. 已标价工程量清单的概念

根据《计价规范》，已标价工程量清单是指构成合同文件组成部分的投标文件中已标明价格，经算术性错误修正（如有）且承包人已确认的工程量清单，包括其说明和表格。这里特指承包人中标后的工程量清单，不是所有投标人的标价工程量清单。

4. 工程量清单的作用

工程量清单是工程量清单计价活动的重要依据之一，贯穿于建设工程的招标投标阶段和施工阶段。具体表现在以下几项：

(1)作为编制招标控制价(标底)、投标报价、签订合同价的依据之一。在招标投标阶段，工程量清单作为招标文件的组成部分，一个最基本的功能是作为信息的载体，为编制招标控制价和潜在投标人投标报价提供必要的计价信息。由于工程量清单由招标人统一提供，统一的工程量避免了由计算不准确和项目不一致等人为因素造成的不公正影响，使投标者站在同一起跑线上，创造了一个公开、公平、公正的竞争平台。

(2)作为施工过程中计算工程量、支付工程进度款、调整合同价款的依据之一。

(3)作为办理竣工结算以及工程索赔等的依据之一。

二、工程量清单的编制人、编制依据及组成

1. 工程量清单的编制人

工程量清单应由具有编制能力的招标人或受其委托具有相应资质的工程造价咨询人编制。招标人是进行工程建设的主要责任主体，其责任包括负责编制工程量清单。若招标人不具备编制工程量清单的能力，可以委托依法取得工程造价咨询资质，并在其资质许可的范围内从事工程造价咨询活动的工程造价咨询人编制，但是工程量清单准确性和完备性的责任仍应由招标人承担。工程造价咨询人应承担的具体责任应由招标人与工程造价咨询人通过合同约定处理或协商解决。

2. 工程量清单的编制依据

(1)《计价规范》和河北省《建设工程工程量清单编制与计价规程》[DB13(J)T/150—2013]以下简称《计价规程》。

(2)国家或省级、行业建设主管部门颁发的计价定额和办法。

(3)建设工程设计文件及相关资料。

(4)与建设工程有关的设计、施工标准。

(5)拟定的招标文件。

(6)施工现场情况、地勘水文资料、工程特点及常规施工方案。

(7)其他相关资料。

3. 工程量清单的组成

工程量清单应由分部分项工程量清单、措施项目清单、其他项目清单组成。

(1)分部分项工程量清单。分部分项工程量清单必须根据相关工程现行国家计量规范规定的项目编码、项目名称、项目特征、计量单位和工程量计算规则进行编制。

应明确拟建工程的全部分项实体工程名称和相应工程数量,编制应避免错漏。分部分项工程量清单为不可调整的闭口清单,投标人对招标文件提供的分部分项工程清单必须逐一计价,对清单所列内容不允许做任何更改变动。投标人如果认为清单内容有不妥或遗漏,只能通过质疑的方式由清单编制人统一修改更正,并将修改后的工程量清单发往所有投标人。例如,某工程现浇 C20 钢筋混凝土基础梁:167.26 m³。

(2)措施项目清单。措施项目清单是指为完成工程项目施工,发生于该工程施工准备和施工过程中技术、生产、安全、环境保护等方面的项目。其由单价措施项目和总价措施项目组成。单价措施项目即根据设计图纸(含设计变更)和相关工程现行国家计量规范、省住房城乡建设主管部门规定的工程量计算规则进行计量,与已标价工程量清单相应的综合单价进行价款计算的项目;总价措施项目即此类项目在相关工程现行国家计量规范、省住房城乡建设主管部门无工程量计算规则,以总价(或计算基础乘费率)计算的项目。

鉴于工程建设施工特点和承包人组织施工生产的施工装备水平、施工方案及其管理水平的差异,同一工程、不同承包人组织施工采用的施工措施有时并不完全一致,因此,措施项目清单应根据拟建工程的实际情况列项。例如,某工程大型施工机械设备(塔式起重机)进场及安拆、脚手架搭拆等。

(3)其他项目清单。其他项目清单主要体现招标人提出的一些与拟建工程有关的特殊要求,这些特殊要求所需费用计入工程报价中。其他项目清单包括暂列金额、暂估价(材料暂估单价、工程设备暂估单价和专业工程暂估价)、计日工、总承包服务费等内容。

三、工程量清单的编制方法

(一)分部分项工程量清单编制

(1)工程量清单应根据附录规定的项目编码、项目名称、项目特征、计量单位和工程量计算规则进行编制。

(2)工程量清单的项目编码,应采用十二位阿拉伯数字表示,一至九位应按附录的规定设置,十至十二位应根据拟建工程的工程量清单项目名称和项目特征设置,同一招标工程的项目编码不得有重码。例如,砖基础清单工程量计算规范的编码为"010401001"九位数,某工程砖基础清单工程量的编码为"010401001001"十二位数,最后三位"001"是工程量清单编制人加上的。

(3)工程量清单的项目名称应按附录的项目名称结合拟建工程的实际确定。

(4)工程量清单项目特征应按附录中规定的项目特征,结合拟建工程的实际予以描述。

(5)工程量清单中所列工程量应按附录规定的工程量计算规则计算。

(6)工程量清单的计量单位应按附录中规定的计量单位确定。

(二)措施项目编制的规定

措施项目分"单价措施项目"和"总价措施项目"两种情况确定。

单价措施项目中列出了项目编码、项目名称、项目特征、计量单位、工程量计算规则,编制工程量清单时,应按《计价规范》分部分项工程量清单编制的规定执行。

总价措施项目中仅列出项目编码、项目名称,未列出项目特征、计量单位和工程量计算规则的项目,编制工程量清单时,应按《计价规范》附录的措施项目规定的项目编码、项目名称确定。

(三)有关模板项目的约定

例如,现浇混凝土工程项目"工作内容"中包括模板工程的内容,同时又在措施项目中单列了现浇混凝土模板工程项目。对此,招标人应根据工程实际情况选用。若招标人在措施项目清单中未编列现浇混凝土模板项目清单,即表示现浇混凝土模板项目不单列,现浇混凝土工程项目的综合单价中应包括模板工程费用。

四、房屋建筑与装饰工程工程量计算规范所包括的内容

《房屋建筑与装饰工程工程量计算规范》(GB 50854—2013)(以下简称《计算规范》)从附录 A~附录 Q 共有 17 个分部工程。每一附录的主要内容包括:附录名称;小节名称;统一要求;工程量分节表名称;分节表中的工程量项目编码、项目名称、项目特征、计量单位、工程量计算规则、工作内容;注明;附加表等。

例如,下列《计算规范》的附录 A 中的"A.1 土方工程"的主要内容为:

(1)附录名称:附录 A 土石方工程。

(2)小节名称:A.1 土方工程。

(3)统一要求:"土方工程工程量清单项目设置、项目特征描述的内容、计量单位及工程量计算规则,应按表 A.1 的规定执行。"

房屋建筑与装饰工程
工程量计算规范

(4)工程量分节表名称:表 A.1 土方工程(编码:010101)。

(5)分节表中的工程量项目编码、项目名称、项目特征、计量单位、工程量计算规则、工作内容:例如,项目名称为"平整场地"项目编码为"010101001"、项目特征为"土壤类别、弃土运距、取土运距"。

(6)注明:例如,注 2"建筑物场地厚度≤±300 mm 的挖、填、运、找平,应按本表中平整场地项目编码列项。厚度>±300 mm 的竖向布置挖土或山坡砌土应按本表中挖一般土方项目编码列项。"

(7)附加表:附加了"表 A.1-1 土壤分类表""表 A.1-2 土方体积折算系数表""表 A.1-3 放坡系数表""表 A.1-4 基础施工所需工作面宽度计算表""表 A.1-5 管沟施工每侧所需工作面宽度计算表"。

任务三 工程量清单计价概述

一、工程量清单计价一般规定

1. 工程量清单计价包含的主要内容

《计价规范》主要内容包括:工程量清单编制、招标控制价、投标报价、合同价款约定、工程计量、合同价款调整、合同价款期中支付、竣工结算与支付、合同价款争议的解决、工程造价鉴定等内容。

2. 工程量清单的计价的相关概念

工程量清单计价主要指招标控制价、投标价、签约合同价和竣工结算价等。

(1)招标控制价。招标控制价是指招标人根据国家或省级、行业建设主管部门颁发的有关计价依据和办法，以及拟定的招标文件和招标工程量清单，结合工程具体情况编制的招标工程的最高投标限价。

(2)投标价。投标价是指投标人投标时，响应招标文件要求所报出的对已标价工程量清单汇总后标明的总价。投标价是投标人根据国家或省级、行业建设主管部门颁发的计价办法，企业定额、国家或省级、行业建设主管部门颁发的计价定额，招标文件、工程量清单及其补充通知、答疑纪要，建设工程设计文件及相关资料，施工现场情况、工程特点及拟定的投标施工组织设计或方案，与建设相关的标准、规范等技术资料，市场价格信息或工程造价管理机构发布的工程造价信息编制的投标时报出的工程总价。

(3)签约合同价。签约合同价是指发承包双方在工程合同中约定的工程造价，即包括了分部分项工程费、措施项目费、其他项目费、规费和税金的合同总金额。

(4)竣工结算价。竣工结算价是指发承包双方依据国家有关法律、法规和标准规定，按照合同约定确定的，包括在履行合同过程中按合同约定进行的合同价款调整，是承包人按合同约定完成了全部承包工作后，发包人应付给承包人的合同总金额。

(5)合同价款调整。合同价款调整是指在合同价款调整因素出现后，发承包双方根据合同约定，对合同价款进行变动的提出、计算和确认。

3. 清单计价下的建筑安装工程造价组成与计算

(1)清单计价下的建筑安装工程造价组成。采用工程量清单计价，建设工程造价由分部分项工程费、措施项目费、其他项目费、规费和税金组成，见表1-3。

《计价规范》规定的建筑安装工程造价构成是基于建筑安装工程在工程交易和工程实施阶段工程造价的组价要求，包括索赔等内容，但是在费用项目组成上还是和《建筑安装费用项目组成》的规定是一致的，只是在计算角度上存在差异。

(2)清单计价下的建筑安装工程造价计算。采用工程量清单计价模式，建筑安装工程造价计算方法见表1-3。

表1-3　建筑安装工程造价计算方法

序号	费用名称	计算方法
建筑安装工程造价	分部分项工程费	各项清单工程量×分部分项工程综合单价
	措施项目费	以综合单价计价的措施项目费＝措施项目工程量×措施项目综合单价
		以"项"计价的措施项目费＝计算基础×费率
	其他项目费	暂列金额＋暂估价＋计日工＋总承包服务费
	规费	计算基础×费率
	税金	(分部分项工程费＋措施项目费＋其他项目费＋规费)×税率

单位工程报价＝分部分项工程费＋措施项目费＋其他项目费＋规费＋税金

单项工程报价＝$\sum$单位工程报价

建设项目总报价＝$\sum$单项工程报价

二、掌握工程量清单计价方法的关键

只要我们在较成熟的定额计价方式的基础上认真学习清单计价方法，就可以在较短的时间内掌握好清单计价方法。

(1)掌握本质特征是理解清单计价方法的钥匙。清单计价方法的本质特征是通过市场竞争形成建筑产品价格。这一本质特征决定了该方法必须符合市场经济规律，必须体现清单报价的竞争性。竞争性带来了自主报价。自主报价就决定了投标工程的人工、材料等价格由企业根据市场价格自主确定，决定了自主确定工程实物消耗量，决定了自主确定措施项目费、管理费、利润等费用。理解了这一本质特征是学好清单计价方法的基本前提。

(2)熟悉工程内容和掌握工程量计算规则是关键。熟悉工程内容和掌握工程量计算规则是正确计算工程量的关键。定额计价方式的工程量计算规则和工程内容的范围与清单计价方式的工程量计算规则和工程内容的范围是不相同的。从历史上看，定额计价方式在先，清单计价方式在后，因此，其工程量计算规则具有一定的传承性。了解了这一点，我们就可以在掌握定额计价方式的基础上通过分解清单计价方式的不同点后，较快地掌握清单计价方式下的计算规则和列项方法。

(3)编制综合单价是清单计价方式的关键技术。定额计价方式，一般是先计算各分部工程直接费，汇总成单位工程直接费后再计算间接费、利润和税金。而清单计价方式将管理费和利润综合在每一个分部分项工程量清单项目中。这是清单计价方式的重要特点，也是清单报价的关键技术。所以我们必须在定额计价方式的基础上掌握综合单价的编制方法，把握清单报价的关键技术。

综合单价编制是的两个难点：一是如何根据市场价和企业自身的特点确定人工、材料、机械台班单价及管理费费率和利润率；二是要根据清单工程量和所选定的定额计算计价工程量，以便准确报价。

(4)自主确定措施项目费。与施工有关和与工程有关的措施项目费是企业根据自己的施工生产水平和管理水平及工程具体情况自主确定的。因此，清单计价方式在计算措施项目费上与定额计价方式相比，具有较大的灵活性和适当的难度。

三、招标控制价(最高限价)

(一)工程建设项目招标控制价编制和使用的原则

(1)"国有资金投资的建设工程招标，招标人必须编制招标控制价。"国有资金投资的工程在进行招标时，根据《中华人民共和国招标投标法》第二十二条第二款的规定，"招标人设有标底的，标底必须保密"。但由于实行工程量清单招标后，由于招标方式的改变，招标控制价(标底)保密这一法律规定已不能起到有效遏止哄抬标价的作用，我国有的地区和部门已经发生了在招标项目上所有投标人的报价均高于招标控制价(标底)的现象，致使中标人的中标价高于招标人的预算，给招标工程的项目业主带来了困扰。因此，为有利于客观、合理地评审投标报价和避免哄抬标价，造成国有资产流失，招标人应编制招标控制价，作为招标人能够接受的最高交易价格。

(2)"招标控制价超过批准的概算时，招标人应将其报原概算审批部门审核。"我国对国有资金投资项目的投资控制实行的是投资概算控制制度，项目投资原则上不能超过批准的投资概算。因此，国有资金投资的工程在招标过程中，当招标人编制的招标控制价超过批准的概算时，招标人应当将超过概算的招标控制价报原概算审批部门重新审核。

(3)"投标人的投标报价高于招标控制价的,其投标应予以拒绝。"《计价规范》规定在国有资金投资工程的招投标活动中,投标人的投标报价不能超过招标控制价,否则,其投标将被拒绝。

(二)招标控制价编制人和编制依据

1. 招标控制价编制人要求

"招标控制价应由具有编制能力的招标人或受其委托具有相应资质的工程造价咨询人编制和复核。"招标控制价应由招标人负责编制,但当招标人不具备编制招标控制价的能力时,则应委托具有相应工程造价咨询资质的工程造价咨询人编制。此次所说的具有相应资质的工程造价咨询人是指根据《工程造价咨询企业管理办法》(住房和城乡建设部令第24号)的规定,依法取得工程造价咨询企业资质,并在其资质许可的范围内接受招标人的委托,编制招标控制价的工程造价咨询企业。即取得甲级工程造价咨询资质的咨询人可承担各类建设项目的招标控制价编制,取得乙级(包括乙级暂定)工程造价咨询资质的咨询人,则只能承担5 000万元以下的招标控制价的编制。

另外,需要说明的是工程造价咨询人接受招标人委托编制招标控制价,不得再就同一工程接受投标委托编制投标报价。

2. 招标控制价的编制依据

(1)《计价规范》和河北省《计价规程》;

(2)国家和河北省统一的工程量计算规则、项目划分及计价办法;

(3)省级建设行政主管部门发布的计价依据中的消耗量定额;

(4)招标文件;

(5)建设工程设计文件及相关资料;

(6)国家、行业和河北省的标准;

(7)工程量清单及有关要求;

(8)施工现场情况、合理的施工组织设计或施工方案;

(9)工程造价管理机构代表政府发布的人工、材料、设备、机械市场价格信息。

(三)招标控制价汇总计算

招标控制价是按招标文件规定,完成工程量清单所列项目的全部费用,其内涵可从以下几个方面来理解:

(1)费用项目组成包括分部分项工程费、措施项目费、其他项目费、规费和税金。

(2)包括完成工程量清单中每分项工程所含全部工程内容的费用。

(3)包括完成工程量清单中每项工程内容所需的全部费用。

(4)包括工程量清单中没有体现的施工中又必须发生的工程内容所需的费用。

(5)考虑由于约定范围内风险而增加的费用。

招标控制价的计算是一个逐级组合汇总的过程:

$$单位工程招标控制价=分部分项工程费+措施项目费+其他项目费+规费+税金$$

$$单项工程招标控制价=\sum 单位工程招标控制价$$

$$工程项目招标控制价=\sum 单项工程招标控制价$$

综上可以看出,工程项目招标控制价汇总计算的基础是分别计算单位工程的分部分项工程费、措施项目费、其他项目费、规费和税金。

1. 分部分项工程费计价

$$分部分项工程费=\sum 分部分项工程量\times 综合单价$$

分部分项工程量应是招标文件中工程量清单提供的工程量；综合单价应根据工程量清单中的分部分项工程量清单项目的特征描述及有关要求确定综合单价。

为使招标控制价与投标报价所包含的内容一致，综合单价中应包括招标文件中招标人要求投标人承担的风险内容及其范围(幅度)产生的风险费用，可以风险费率的形式进行计算。招标文件提供了暂估单价的材料，按暂估的单价计入综合单价。

分部分项工程费计价是招标控制价编制的主要内容和工作。其实质就是综合单价的组价问题。在编制分部分项工程量清单计价表时，项目编码、项目名称、项目特征、计量单位、工程数量，应该与招标文件中的分部分项工程量清单的内容完全一致，特别是不得增加项目、不得减少项目、不得改变工程数量的大小。应该认真填写每一项的综合单价，然后计算出每一项的合价，最后得出分部分项工程量清单的合计金额。

综合单价组价时，应该根据与组价有关的施工方案或施工组织设计、工程量清单的项目特征描述，结合依据的定额子目的有关工作内容进行。

2. 措施项目费计价

措施项目清单费应根据拟定的招标文件中的措施项目清单按《计价规范》的规定计价。

对措施项目清单内的项目，编制人可以根据编制的具体施工方案或施工组织设计，认为不发生者费用可以填为零，认为需要增加者可以自行增加。例如，措施项目清单中的大型机械设备进出场及安拆费，如果正常的施工组织设计中使用了某种大型机械，而措施项目清单中没有列出大型机械进出场及安拆费项目，则可以在编制时自行增加。

措施项目费可分为单价措施项目费和总价措施项目费。单价措施项目费应根据招标文件和招标工程量清单项目中的特征描述及有关要求确定综合单价；总价措施项目费应根据招标文件和常规施工方案，按《计价规范》和《计价规程》规定计价。其中，安全生产、文明施工费必须按国家或省级、行业住房城乡建设主管部门规定的标准计取。

3. 其他项目费计价

(1)暂列金额。为保证工程施工建设的顺利实施，应对施工过程中可能出现的各种不确定因素对工程造价的影响，在招标控制价中需估算一笔暂列金额。暂列金额可根据工程的复杂程度、设计深度、工程环境条件(包括地质、水文、气候条件等)进行估算，一般可按分部分项工程费的10%～15%作为参考。招标控制价应按工程量清单中列出的金额填写。

(2)暂估价。暂估价包括材料暂估价、设备暂估价和专业工程暂估价。招标人提供暂估价的材料、设备是指在工程量清单中必然发生，但不能确定价格的材料、设备，这部分材料、设备由投标人负责采购。材料按暂估的单价进入综合单价，设备按暂估的单价填入主要材料、设备明细表内。设备费计算税金后填入工程项目总计表。暂估价中的专业工程金额应按工程量清单中列出的金额填写。

(3)计日工。计日工包括计日工人工、材料和施工机械。在编制招标控制价时，计日工应按工程量清单中列出的项目根据工程特点和有关计价依据确定综合单价计算。对计日工中的人工单价和施工机械台班单价应按省级、行业建设主管部门或其授权的工程造价管理机构公布的单价计算；材料应按工程造价管理机构发布的工程造价信息中的材料单价计算，工程造价信息未发布材料单价的材料，其价格应按市场调查确定的单价计算。

(4)总承包服务费。编制招标控制价时，招标人应根据招标文件列出的内容和向总承包人提出的要求，参照下列标准估算总承包服务费：

1)招标人仅要求对分包的专业工程进行总承包管理和协调时，按分包的专业工程估算造价的3%以内计算。

2)招标人自行供应材料的，按招标人供应材料总价的1%以内计算。

3)招标人自行供应设备的，按招标人供应设备总价的0.3%以内计算。

4. 规费和税金

规费和税金应按国家或省级、行业建设主管部门规定的标准计算，不得竞争。

四、工程量清单投标报价

(一)投标报价的确定与填写原则

(1)投标报价自主确定，但不得低于成本。投标报价应由投标人或受其委托具有相应资质的工程造价咨询人编制。投标价由投标人自主确定，但不得低于成本，且必须执行《计价规范》的强制性条文(如不能将不可竞争性费用参与竞争)。

投标人自主报价是市场竞争形成价格的体现。投标人应当根据本企业的具体经营状况、技术装备水平、管理水平和市场价格信息，结合工程的实际情况、合同价款方式、风险范围及幅度，自主确定人工单价、材料单价、机械单价、管理费、利润和约定的风险费用，并按规定记取规费和安全生产、文明施工费，提出报价。管理费、利润计算方法应符合省住房建设主管部门的规定。

(2)按招标人提供的工程量清单填报价格应符合以下要求：

1)要求投标人在投标报价中按招标工程量清单填报价格。

2)序号、项目编码、项目名称、项目特征、计量单位、工程量必须与工程量清单一致。但允许投标人增补的总价措施项目除外。

3)工程量清单与计价表中列明的所有需要填写的单价和合价，投标人均应填写，未填写的单价和合价视为此项费用已包含在工程量清单的其他单价和合价中。在施工过程中此项费用得不到支付，在竣工结算时，此项费用将不被承认。

(二)投标报价的编制依据

(1)《计价规范》和河北省《计价规程》。

(2)国家和河北省行业建设主管部门颁发的计价办法。

(3)招标文件、招标工程量清单及其补充通知、答疑纪要。

(4)建设工程设计文件及相关资料。

(5)与建设项目相关的标准、规范等技术资料。

(6)施工现场情况、工程特点及投标时拟定的施工组织设计或施工方案。

(7)市场价格信息或工程造价管理机构发布的工程造价信息。

(8)企业定额，国家或河北省行业建设主管部门颁发的计价定额和计价方法。

(9)其他的相关资料。

上述投标报价编制依据的规定体现了投标报价的基本特点：第一，《计价规范》和国家或省级、行业建设主管部门颁发的计价办法应当执行；第二，使用定额应是企业定额，也可以使用国家或省级、行业建设主管部门颁发的计价定额；第三，采用价格应是市场价格，也可以使用工程造价管理机构发布的工程造价信息。第一个特点体现了政府的宏观调控要求，后两个特点则体现了企业自主报价的要求。

(三)投标报价的汇总计算

投标报价包括应按招标文件规定，完成工程量清单所列项目的全部费用，其汇总计算流程与招标控制价汇总流程相同，但是各单位工程分部分项工程费、措施项目费、其他项目费计算依据不同。

1. 分部分项工程费报价

分部分项工程费报价的核心是确定综合单价。计算综合单价的主要依据包括以下几项：

（1）工程量清单项目特征描述。工程量清单中项目特征描述决定了清单项目的实质，直接决定了工程的价值，是投标人确定综合单价最重要的依据。在招标投标过程中，当出现招标文件中分部分项工程量清单特征描述与设计图纸不符时，投标人应以分部分项工程量清单的项目特征描述为准，确定投标报价的综合单价。当施工中施工图纸或设计变更与工程量清单项目特征描述不一致时，发承包双方应按实际施工的项目特征，依据合同约定重新确定综合单价。

（2）企业定额。企业定额是施工企业根据本企业具有的管理水平、拥有的施工技术和施工机械装备水平而编制的，完成一个规定计量单位的工程项目所需的人工、材料、施工机械台班等的消耗标准，是施工企业内部进行施工管理的标准，也是施工企业投标报价时确定综合单价的依据之一。

（3）资源可获取价格。综合单价中的人工费、材料费、机械费是以企业定额的人、材、机消耗量乘以相应人、材、机的实际价格得出的，因此，投标人拟投入的人、材、机等资源的可获取价格直接影响综合单价高低。

（4）企业管理费、利润率。企业管理费费率可由投标人根据本企业近年的企业管理费核算数据自行测定，当然也可以参照当地造价管理部门发布的平均参考值。

利润率可由投标人根据本企业当前盈利情况、施工水平、拟投标工程的竞争情况以及企业当前经营策略自主地确定。

（5）风险费用。招标文件中要求投标人承担的风险费用，投标人应在综合单价中给予考虑，通常以风险费率的形式进行计算。风险费率的测算应根据招标人要求结合投标企业当前风险控制水平进行定量测算。在施工过程中，当出现的风险内容及其范围（幅度）在招标文件规定的范围（幅度）内时，综合单价不得变动，工程价款不作调整。

（6）材料暂估价。招标文件中提供了暂估单价的材料，按暂估的单价进入综合单价。

2. 措施项目费报价

《计价规范》规定"投标人可根据工程实际情况结合施工组织设计对招标人所列的措施项目进行增补"。由于各投标人拥有的施工装备、技术水平和采用的施工方法有所差异，招标人提出的措施项目清单是根据一般情况确定的，没有考虑不同投标人的"个性"，投标人投标时应根据自身编制的投标施工组织设计（或施工方案）确定措施项目，并对招标人提供的措施项目进行调整。投标人根据投标施工组织设计（或施工方案）调整和确定的措施项目应通过评标委员会的评审。

措施项目费的计算应注意以下几点：

（1）措施项目的内容应考虑齐全。首先，应依据招标人提供的措施项目清单和投标人投标时拟定的施工组织设计或施工方案，以确定材料的二次搬运、夜间施工、大型机具进出场及安拆、混凝土模板与支架、脚手架、施工排水、施工降水、垂直运输机械等项目。其次，参阅相关的施工规范与工程验收规范，确定施工技术方案没有表述的，但是为了实现施工规范与工程验收规范要求而必须发生的技术措施。另外，考虑招标文件中提出的某些必须通过一定的技术措施才能实现的要求或设计文件中一些不足以写进技术方案的，但是要通过一定的技术措施才能实现的内容。

（2）措施项目费的计价方式应根据招标文件的规定，可以计算工程量的措施清单项目采用综合单价方式报价，其余的措施清单项目采用以"项"为计量单位的方式报价。

（3）措施项目费由投标人自主确定，但其中安全文明施工费应按国家或省级、行业建设主管部门的规定确定。

3. 其他项目费报价

（1）暂列金额。暂列金额应按招标工程量清单中列出的金额填写，不得变动。

（2）暂估价。暂估价包括材料暂估价、设备暂估价和专业工程暂估价。招标人提供暂估价的材料、设备是指在工程量清单中必然发生，但不能确定价格的材料、设备，这部分材料、设备由投标人负责采购。材料按暂估的单价进入综合单价，设备按暂估的单价填入主要材料、设备明细表内。设备费计算税金后填入工程项目总计表。暂估价中的专业工程金额应按工程量清单中列出的金额填写。

（3）计日工。计日工包括计日工人工、材料和施工机械。在编制投标报价时，计日工应按工程量清单中列出的项目根据工程特点和有关计价依据确定综合单价计算。对于计日工表中招标人填写的项目与数量，投标人不得随意更改，且必须进行报价。如果不报价，招标人有权认为投标人就未报价内容无偿为自己服务。当投标人认为招标人列项不全时，投标人可自行增加列项并确定本项目的工程数量及计价。

（4）总承包服务费。总承包服务费应由投标人视招标范围、招标人供应的材料、设备情况参照相关标准估算总承包服务费，具体标准同前面的"其他项目费计价"中的总承包服务费的规定。

4. 规费和税金报价

规费和税金应按国家或省级、行业建设主管部门的规定计算，不得作为竞争性费用。规费和税金的计取标准是依据有关法律、法规和政策规定制定的，具有强制性。投标人是法律、法规和政策的执行者，不能改变，更不能制定，而必须按照法律、法规、政策的有关规定执行。

总结：实行工程量清单招标，工程量清单与计价表中列明的所有需要填写的单价和合价的项目，投标人均应填写且只允许有一个报价，未填写单价和合价的项目，视为此项费用已包含在工程量清单中其他项目的单价和合价之中。投标人的投标总价应当与分部分项工程费、措施项目费、其他项目费和规费、税金的合计金额相一致，即投标人在进行工程量清单招标的投标报价时，不能进行投标总价优惠（或降价、让利），投标人对投标报价的任何优惠（或降价、让利）均应反映在相应清单项目的综合单价中。

任务四　工程量清单计价表格

工程量清单计价表格包括工程量清单、招标控制价、投标报价、竣工结算等各个阶段计价使用的 22 种表样。

一、计价表格的组成

（一）封面

1. 工程量清单　（封-1）

招标人自行编制工程量清单时，由招标人单位注册的造价人员编制。招标人盖单位公章，法定代表人或其授权人签字或盖章；编制人是造价工程师的，由其签字盖执业专用章；编制人是造价员的，在编制人栏签字盖专用章，应由造价工程师复核，并在复核人栏签字盖执业专用章。

招标人委托工程造价咨询人编制工程量清单时，由工程造价咨询人单位注册的造价人员编制。工程造价咨询人盖单位资质专用章，法定代表人或其授权人签字或盖章；编制人是造价工程师的，由其签字盖执业专用章；编制人是造价员的，在编制人栏签字盖专用章，应由造价工程师复核，并在复核人栏签字盖执业专用章。

2. 招标控制价 （封-2）

招标人自行编制招标控制价时，由招标人单位注册的造价人员编制。招标人盖单位公章，法定代表人或其授权人签字或盖章；编制人是造价工程师的，由其签字盖执业专用章；编制人是造价员的，由其在编制人栏签字盖专用章，应由造价工程师复核，并在复核人栏签字盖执业专用章。

招标人委托工程造价咨询人编制招标控制价时，由工程造价咨询人单位注册的造价人员编制。工程造价咨询人盖单位资质专用章，法定代表人或其授权人签字或盖章；编制人是造价工程师的，由其签字盖执业专用章；编制人是造价员的，在编制人栏签字盖专用章，应由造价工程师复核，并在复核人栏签字盖执业专用章。

3. 投标总价 （封-3）

投标人编制投标报价时，由投标人单位注册的造价人员编制。投标人盖单位公章，法定代表人或其授权人签字或盖章；编制的造价人员（造价工程师或造价员）签字盖执业专用章。

4. 竣工结算总价 （封-4）

承包人自行编制竣工结算总价，由承包人单位注册的造价人员编制。承包人盖单位公章，法定代表人或其授权人签字或盖章；编制的造价人员（造价工程师或造价员）在编制人栏签字盖执业专用章。

发包人自行核对竣工结算时，由发包人单位注册的造价工程师核对。发包人盖单位公章，法定代表人或其授权人签字或盖章，造价工程师在核对人栏签字盖执业专用章。

发包人委托工程造价咨询人核对竣工结算时，由工程造价咨询人单位注册的造价工程师核对。发包人盖单位公章，法定代表人或其授权人签字或盖章；工程造价咨询人盖单位资质专用章，法定代表人或其授权人签字或盖章，造价工程师在核对人栏签字盖执业专用章。

(二)总说明 （表-01）

《计价规范》虽然只列出了一个总说明表，但是在工程计价的不同阶段，说明的内容是有差别的，要求是不同的。

(1)工程量清单，总说明的内容包括：①工程概况，如建设地址、建设规模、工程特征、交通状况、环保要求等；②工程发包、分包范围；③工程量清单编制依据，如采用的标准、施工图纸、标准图集等；④使用材料设备、施工的特殊要求等；⑤其他需要说明的问题。

(2)招标控制价，总说明的内容应包括：①采用的计价依据；②采用的施工组织设计；③采用的材料价格来源；④综合单价中风险因素、风险范围(幅度)；⑤其他。

(3)投标报价，总说明的内容应包括：①采用的计价依据；②采用的施工组织设计；③综合单价中包含的风险因素，风险范围(幅度)；④措施项目的依据；⑤其他有关内容的说明。

(4)竣工结算，总说明的内容应包括：①工程概况；②编制依据；③工程变更；④工程价款调整；⑤索赔；⑥其他。

(三)汇总表

《计价规范》规定了招标控制价、投标报价使用的6个汇总表表样。

(1)工程项目总价表见表1-4。

表 1-4　工程项目总价表

工程名称：

序号	名称	金额/元	其中	
			规费	安全文明施工费/元
1	单项工程 1 合计			
1.1	单项工程 1 工程费			
1.2	单项工程 1 设备费及其税金			
2	单项工程 2 合计			
2.1	单项工程 2 工程费			
2.2	单项工程 2 设备费及其税金			
	合计			

注：本表适用于工程项目招标控制价或投标报价的汇总。

(2)单项工程招标控制价(投标报价)汇总表见表 1-5。

表 1-5　单项工程费汇总表

工程名称：

序号	单位工程名称	金额/元	其中	
			规费	安全生产、文明施工费
1	单项工程 1 合计			
1.1	单位工程 1 合计			
1.2	单位工程 2 合计			
2	单项工程 2 合计			
2.1	单位工程 1 合计			
2.2	单位工程 2 合计			
	合计			

注：本表适用于单项工程招标控制价或投标报价的汇总。

（3）单位工程招标控制价（投标报价）汇总表见表1-6。

表 1-6 单位工程费汇总表

工程名称：

序号	名称	计算基数	费率/%	金额/元	其中：/元		
					人工费	材料费	机械费
1	单位工程1合计						
1.1	分部分项工程量清单计价合计						
1.2	措施项目清单计价合计						
1.2.1	单价措施项目工程量清单计价合计						
1.2.2	其他总价措施项目清单计价合计						
1.3	其他项目清单计价合计						
1.4	规费						
1.5	安全生产、文明施工费						
1.6	税前工程造价						
1.6.1	其中进项税额						
1.7	销项税额						
1.8	应纳税额						
1.9	附加税费						
	税金						
2	单位工程2合计						
2.1	分部分项工程量清单计价合计						
2.2	措施项目清单计价合计						
2.2.1	单价措施项目工程量清单计价合计						
2.2.2	其他总价措施项目清单计价合计						
2.3	其他项目清单计价合计						
2.4	规费						
2.5	安全生产、文明施工费						
2.6	税前造价						
2.6.1	其中进项税额						
2.7	销项税额						
2.8	应纳税额						
2.9	附加税费						
	税金						
	合计						

注：本表适用于单位工程招标控制价或投标报价的汇总，如无单位工程的划分，单项工程汇总也使用本表汇总。

本表说明：本工程仅为一栋综合实验楼，故单项工程即为工程项目。

由于招标控制价和投标报价包含的内容相同，只是对价格的处理不同，所以，对招标控制价和投标报价汇总表的设计使用同一表格。在工程量清单计价实践中，可以单独印刷招标控制价汇总表或投标报价汇总表。

另外，需要说明的是，投标报价汇总表与投标函中投标报价金额应当一致。因为投标函是投标文件最重要的组成文件，其他部分都是投标函的支持性文件，投标函是必须经过投标人签字画押，并且在开标会上必须当众宣读的文件。如果投标报价汇总表的投标总价与投标函填报的投标总价不一致，应以投标函中填写的大写金额为准，通常招标人宜在"投标人须知"中预先作出这一要求，以避免出现争议。

(四)分部分项工程量清单表

1. 分部分项工程量清单与计价表(表 1-7)

分部分项工程量清单与计价表是编制招标控制价、投标报价、竣工结算的最基本用表。

(1)编制工程量清单时，在"工程名称"栏应填写详细具体的工程称谓，对于房屋建筑而言，习惯上并无标段划分，可不填写"标段"栏，但相对于管道铺设、道路施工，则往往以标段划分，此时，应填写"标段"栏，其他各表涉及此类设置，处理方法相同。

1)"项目编码"栏应按附录规定另加3位顺序码填写。

2)"项目名称"栏应按附录规定根据拟建工程实际确定填写。

3)"项目特征描述"栏应按附录规定根据拟建工程实际予以描述。

4)"计量单位"栏应按附录规定填写，附录中该项目有两个或两个以上计量单位的，应选择最适宜计量的方式决定其中一个填写。

5)"工程量"栏应按附录规定的工程量计算规则计算后填写。

(2)编制招标控制价时，使用分部分项工程量清单与计价表的"综合单价""合价"栏。

(3)编制投标报价时，投标人对分部分项工程量清单与计价表中的"项目编码""项目名称""项目特征描述""计量单位""工程量"均不应作改动。"综合单价""合价"自主决定填写，对其中的"暂估价"，投标人应将招标文件中提供了暂估材料单价的暂估价进入综合单价，并应计算出暂估单价的材料在"综合单价"及其"合价"中的具体数额。

表 1-7 分部分项工程量清单与计价表

序号	项目编码	项目名称	项目特征描述	计量单位	工程量	金额/元	
						综合单价	合价
		A.1 土(石)方工程					
1	010101001001	平整场地	Ⅱ、Ⅲ类土综合，土方就地挖填找平	m²	2 800	0.98	2 744
		其他略					
		分部小计					400 000
		A.2 桩与地基基础工程					
		略		元			218 616.67
		A.3 砌筑工程(其他略)					
		略					
		A.4 混凝土和钢筋混凝土工程					
	010416001001	现浇构件钢筋	HPB300 圆钢 φ10 mm、φ8 mm	t	194.175	5 006.78	972 192
	010416001002	现浇构件钢筋	HRB335 螺纹钢 φ12～20 mm	t	446.602	4 592.05	2 050 818

序号	项目编码	项目名称	项目特征描述	计量单位	工程量	金额/元	
						综合单价	合价
	010416001003	现浇构件钢筋	HRB335 螺纹钢 φ22～25 mm	t	233.010	4 406.61	1 026 784
			(其他略)				
		分部小计					
			本页小计				
			合计				9 195 000

2. 分部分项工程量清单综合单价分析表(表1-8)

工程量清单单价分析表是评标委员会评审和判别综合单价组成和价格完整性、合理性的主要基础,对因工程变更调整综合单价也是必不可少的基础价格数据来源。采用经评审的最低投标价法评标时,该分析表的重要性更加突出。

工程量清单综合单价分析表反映了构成每一个清单项目综合单价的各个价格要素的价格及主要的"工、料、机"。投标人在投标报价时,需要对每一个清单项目进行组价;为了使组价工作具有可追溯性(回复评标质疑时尤其需要),需要表明每一个数据的来源。该分析表实际上是投标人投标组价工作的一个阶段性成果文件,通常可借助计算机辅助包机系统自动生成。

表1-8 分部分项工程量清单综合单价分析表

工程名称:

序号	项目编码（定额编号）	项目名称	单位	数量	综合单价/元	合计/元	综合单价组成/元				人工单价（元/工日）
							人工费	材料费	机械费	管理费和利润	

该分析表一般随投标文件一同提交,作为竞标价的工程量清单的组成部分。以便中标后,作为合同文件的附属文件,投标人须知中需要规定该分析表的提交方式,规定时应考虑是否有必要对该分析表的合同地位给予定义。

1)编制招标控制价时，使用省级或行业建设主管部门发布的计价定额，在综合单价分析表中应填写定额名称。

2)编制投标报价时，可使用省级或行业建设主管部门发布的计价定额，也可不使用此种定额，使用时在综合单价分析表中填写定额名称，不使用时，不用填写。

(五)措施项目清单表

《计价规范》规定了措施项目清单表的两种表格，分别是单价措施项目工程量清单与计价表和总价措施项目清单与计价表。

1. 单价措施项目工程量清单与计价表(表 1-9)

表 1-9　单价措施项目工程量清单与计价表

序号	项目编码	项目名称	项目特征	计量单位	工程量	金额/元	
						综合单价	合价
		本页合计					
		合　计					

2. 总价措施项目清单与计价表(表 1-10)

表 1-10　总价措施项目清单与计价表

工程名称：

序号	项目编码	项目名称	金额/元
1. 安全生产、文明施工费			
		安全生产、文明施工费	
		小计	
2. 其他总价措施项目			
		冬期施工增加费	
		雨期施工增加费	
		夜间施工增加费	
		小计	

3. 单价措施项目工程量清单综合单价分析表(表 1-11)

表 1-11 单价措施项目工程量清单综合单价分析表

工程名称:

序号	项目编码 (定额编号)	项目 名称	单位	数量	综合 单价 /元	合计 /元	综合单价组成				人工单价 (元/工日)
							人工费	材料费	机械费	管理费 和利润	

4. 总价措施项目分析表(表 1-12)

表 1-12 总价措施项目分析表

工程名称:

序号	项目编码 (定额编号)	项目 名称	计算基数 /元	费率/%	金额/元	其中: /元				人工单价 (元/工日)
						人工费	材料费	机械费	管理费 和利润	

表 1-12 适用于以"项"计价的措施项目。编制工程量清单时,表 1-12 中的项目可根据工程实际情况进行增减。编制招标控制价时,计费基础、费率应按省级或行业建设行政主管部门的规定记取。编制投标报价时,除"安全文明施工费"必须按《计价规范》的强制性规定,按省级、行业建设主管部门的规定记取外,其他措施项目均可根据施工组织设计自主报价。

(六)其他项目清单表

《计价规范》规定了其他项目清单的 9 种表格。

1. 其他项目清单与计价表(表1-13)

表1-13 其他项目清单与计价表

工程名称：

序号	项目名称	金额/元
1	暂列金额	
2	暂估价	
2.1	材料暂估价	
2.2	专业工程暂估价	
2.3	设备暂估价	
3	计日工	
4	总承包服务费	
	合　计	
注：材料暂估单价进入清单项目综合单价，此处不汇总。		

使用表时，由于计价阶段的差异，应注意：

(1)编制工程量清单，应汇总"暂列金额"和"专业工程暂估价"，以提供给投标人报价。

(2)编制招标控制价，应按有关计价规定估算"计日工"和"总承包服务费"。如工程量清单中未列"暂列金额"和"专业工程暂估价"，应按有关规定编列。

(3)编制投标报价，应按招标文件工程量清单提供的"暂列金额"和"专业工程暂估价"填写金额，不得变动。"计日工""总承包服务费"自主确定报价。

2. 暂列金额明细表(表1-14)

表1-14 暂列金额明细表

工程名称：

序号	项目名称	暂定金额/元	备注
1	工程量清单中漏项或非承包人员因工程变更引起的新增清单项目		
2	工程量清单工程量偏差或非承包人原因引起的工程量变化		
3	政策调整或价格风险		
4	其他		
	合计		
注：此表由招标人填写，也可只列暂定金额总额，投标人应将上述暂列金额计入投标总价中。			

暂列金额在实际履约过程中可能发生，也可能不发生。表1-14要求招标人能将暂列金额与拟用项目列出明细，但如确实不能详列也可只列暂定金额总额，投标人应将上述暂列金额计入投标总价中。

对于工程量清单中给出的暂列金额及拟用项目，投标人只需要直接将工程量清单中所列的暂列金额纳入投标总价，并且不需要在工程量清单中所列的暂列金额以外再考虑任何其他费用。

上述的暂列金额，尽管包含在投标总价中（也将包含在中标人的合同总价中），但并不属于承包人所有和支配，是否属于承包人所有，受合同约定的开支程序的制约。

3. 暂估价表（表1-15）

表1-15 暂估价表

工程名称：

序号	暂估价名称	规格或工程内容	单位	暂估价	备注
1	材料暂估价				
1.1					
1.2					
2	设备暂估价				
2.1					
2.2					
3	专业工程暂估价				
3.1					
3.2					
	小计				

暂估价是在招标阶段预见肯定要发生，只是因为标准不明确或者需要由专业承包人完成，暂时无法确定具体价格。暂估价数量和拟用项目应当在表备注栏给予补充说明。

《计价规范》要求招标人针对每一类暂估价给出相应的拟用项目，即按照材料设备的名称分别给出，这样的材料设备暂估价能够纳入项目综合单价中。

有时招标人编制工程量清单时，只给出一个原则性的说明，编制时比较简单，能降低招标人出错的概率；但是，对投标人而言，就很难准确把握招标人的意图和目的，很难保证投标报价的质量，轻则影响合同的可执行力，极端的情况下，可能导致招标失败，最终受损失的也包括招标人自己，因此，这种处理方式并不可取。

专业工程暂估价应在表内填写工程名称、工程内容、暂估金额，投标人应将专业工程暂估金额计入投标总价。表中所列专业工程暂估价，是指分包人实施专业分包工程的除规费、税金外的完整价（即包含了该分包工程中所有供应、安装、完工、调试、修复缺陷等全部工作），但不包括合同约定的承包人应承担的总包管理、协调、配合和服务责任所对应的总承包服务费用。

4. 总承包服务费计价表(表 1-16)

(1)编制工程量清单时，招标人应将拟定进行专业分包的专业工程、自行采购的材料设备等确定清楚，填写项目名称、服务内容，以便投标人确定报价。

(2)编制招标控制价时，招标人按有关计价规定计价。

(3)编制投标报价时，由投标人根据工程量清单中的总承包服务内容，自主确定报价。

表 1-16　总承包服务费计价表

工程名称：

序号	项目名称	项目金额/元	费率/%	金额/元
1	招标人另行发包专业工程			
1.1				
1.2				
	小计			
2	招标人供应材料			
3	招标人供应设备			
	合计			

5. 计日工表(表 1-17)

(1)编制工程量清单时，"项目名称""计量单位""数量"由招标人填写。

(2)编制招标控制价时，人工、材料、机械台班单价由招标人按有关计价规定填写并计算合价。

(3)编制投标报价时，人工、材料、机械台班单价由投标人自主确定，按已给暂估数量计算合价计入投标总价中。

表 1-17　计日工表

工程名称：

序号	项目名称	规格型号	计量单位	数量	综合单价/元	合价
1	人工					
1.1						
1.2						
1.3						
			人工小计			
2	材料					
2.1						
2.2						
2.3						

序号	项目名称	规格型号	计量单位	数量	综合单价/元	合价
	材料小计					
3	机械					
3.1						
3.2						
3.3						
	机械小计					
	总计					

注：此表项目名称、数量由招标人填写，编制招标控制价时，单价由招标人按有关规定确定；投标时，单价由投标人自主报价，计入投标总价中。

6. 索赔与现场签证计价汇总表(表1-18)

表1-18是对发、承包双方签证认可的"费用索赔申请(核准)表"和"现场签证表"的汇总。

表1-18　索赔与现场签证计价表

工程名称：

序号	签证及索赔项目名称	计量单位	数量	综合单价/元	合价/元	索赔及签证依据
	本页小计					
	合　计					

使用本表时，承包人代表应按合同条款的约定，阐述原因，附上索赔证据、费用计算报发包人，经监理工程师复核(按照发包人的授权不论是监理工程师或发包人现场代表均可)，经造价工程师(此处造价工程师可以是发包人现场管理人员，也可以是发包人委托的工程造价咨询企业的人员)复核具体费用，经发包人审核后生效。

表1-18对"计日工"的具体化，考虑到招标时，招标人对计日工项目的预估难免会有遗漏，带来实际施工发生后，无相应的计日工单价时，现场签证只能包括单价一并处理，因此，在汇总时，有计日工单价的，可归并于计日工，如无计日工单价，归并于现场签证，以示区别。当然，现场签证全部汇总于计日工也是一种可行的处理方式。

二、计价表格的使用规定

1. 工程量清单与计价宜采用统一格式

各省、自治区、直辖市建设行政主管部门和行业建设主管部门可根据本地区、本行业的实际情况，在《计价规范》计价表格的基础上补充完善。

2. 工程量清单的编制应符合下列规定

(1)工程量清单编制使用表格包括：封-1、表 1-4、表 1-5、表 1-6、表 1-7、表 1-9、表 1-10、表 1-13、表 1-14、表 1-15、表 1-17。

(2)封面应按规定的内容填写、签字、盖章，造价员编制的工程量清单应有负责审核的造价工程师签字、盖章。

3. 总说明应按下列内容填写

(1)工程概况：建设规模、工程特征、计划工期、施工现场实际情况、自然地理条件、环境保护要求等。

(2)工程招标和分包范围。

(3)工程量清单编制依据。

(4)工程质量、材料、施工等的特殊要求。

(5)其他需要说明的问题。

4. 招标控制价、投标报价、竣工结算的编制应符合下列规定

(1)使用表格。

1)招标控制价使用表格包括：封-2、表 1-4、表 1-5、表 1-6、表 1-7、表 1-9、表 1-10、表 1-13、表 1-14、表 1-15、表 1-16、表 1-17、表 1-18、表 1-11、表 1-12。

2)投标报价使用的表格包括：封-3、表 1-4、表 1-5、表 1-6、表 1-7、表 1-9、表 1-10、表 1-13、表 1-14、表 1-15、表 1-16、表 1-17、表 1-18、表 1-11、表 1-12。

3)竣工结算使用的表格包括：封-4、表 1-4、表 1-5、表 1-6、表 1-7、表 1-9、表 1-10、表 1-13、表 1-14、表 1-15、表 1-16、表 1-17、表 1-18、表 1-11、表 1-12。

(2)封面应按规定的内容填写、签字、盖章，除承包人自行编制的投标报价和竣工结算外，受委托编制的招标控制价、投标报价、竣工结算若为造价员编制的应有负责审核的造价工程师签字、盖章以及工程造价咨询人盖章。

(3)总说明应按下列内容填写。

1)工程概况：建设规模、工程特征、计划工期、合同工期、实际工期、施工现场及变化情况、施工组织设计的特点、自然地理条件、环境保护要求等。

2)编制依据等。

(4)投标人应按招标文件的要求，附工程量清单综合单价分析表。

 测试题

一、单选题

1.《计价规范》中规定建筑工程的第一级分类码为（　　）。

    A. 01　　　　　　　　　　　　B. 02

    C. 03　　　　　　　　　　　　D. 04

2. 工程量清单是招标文件的组成部分，其组成部分不包括（　　）。

    A. 分部分项工程量清单　　　　B. 措施项目清单

    C. 其他项目清单　　　　　　　D. 直接工程费用清单

3. 工程量清单的提供者是（　　）。

    A. 建设主管部门　　　　　　　B. 招标人

    C. 投标人　　　　　　　　　　D. 以上都是

4. 我国现行的《计价规范》中所采用的单价是（　　）。

A. 指数单价   B. 综合单价

C. 工料单价   D. 不限制

5. 按照我国目前的确定，在工程量清单计价过程中，分部分项工程综合单价包括( )。

    A. 利润   B. 风险因素

    C. 规费   D. 管理费

6. 在我国目前工程量清单计价过程中，分部分项工程单价由( )和一定范围的风险费用组成。

    A. 人工费、材料费、机械费

    B. 人工费、材料费、机械费、管理费

    C. 人工费、材料费、机械费、管理费、利润

    D. 人工费、材料费、机械费、管理费、利润、规费和税金

7. 在工程量清单的其他项目清单中，应包括( )。

    A. 环境保护费   B. 夜间施工费

    C. 施工排水、降水费   D. 总承包服务费

8. 投标报价采用工程量清单计价方式时，下列说法不正确的是( )。

    A. 投标人对招标人所列的措施项目可以增补

    B. 投标人应考虑承担的风险费用

    C. 投标报价不得低于工程成本

    D. 投标人自主确定计日工的数量和综合单价

9. 分部分项工程量清单的项目特征可不进行描述的是( )。

    A. 涉及正确计量计价的   B. 涉及材质要求的

    C. 涉及施工难易程度的   D. 涉及由施工措施解决的

10. 招标人与中标人应根据招投标文件订立的书面合同，应自中标通知书发出( )日内完成。

    A. 30   B. 15

    C. 14   D. 7

二、判断题

1. 最高投标限价必须符合目标工期和满足招标方的质量要求。 ( )

2. 总承包服务费是分包商为配合协调业主进行的工程分包和自行采购的材料、设备等进行管理服务所需的费用。 ( )

3. 清单工程量是招标人计算的数量，工程结算的数量是按合同双方认可的实际完成的工程量确定。 ( )

4. 措施项目清单中没有的项目承包商可以自行补充填报。 ( )

5. 工程量清单中的项目特征的描述即是工程内容的描述。 ( )

三、多选题

1. 工程量清单作为招标文件的组成部分，主要包括( )。

    A. 直接项目工程量清单   B. 间接项目工程量清单

    C. 分部分项工程量清单   D. 措施项目工程量清单

2. 分部分项工程量清单构成包括( )。

    A. 项目编码   B. 项目名称

    C. 计量单位   D. 工程数量

    E. 工程特征

3. 其他项目清单的暂列金额包括(　　)的费用。
A. 不可预见的材料的采购　　　　　B. 工程变更
C. 工程价款调整　　　　　　　　　D. 专业工程
E. 现场签证
4. 最高投标限价，又称为(　　)。
A. 拦标价　　　　B. 招标价控制　　　C. 投标价　　　　D. 标底价
E. 预算控制价
5. 措施项目组价方法有(　　)组价。
A. 定额计价　　　　B. 综合单价　　　C 费率形式　　　　D. 完全单价
E. 实物计价

项目二　工程量清单编制方法

学习目标

1. 了解国家颁布的工程量计算规范，了解规范目录的主要内容；
2. 掌握分部分项工程量清单的六大要素，熟悉工程量清单编制的列项步骤；
3. 熟悉措施项目清单和其他项目清单编制的有关规定。

任务一　如何使用工程量计算规范

一、概述

2013年住房和城乡建设部共颁发了9个专业的工程量计算规范。它们是：《房屋建筑与装饰工程工程量计算规范》(GB 50854—2013)(以下简称《计算规范》)，《仿古建筑工程工程量计算规范》(GB 50855—2013)，《通用安装工程工程量计算规范》(GB 50856—2013)，《市政工程工程量计算规范》(GB 50857—2013)，《园林绿化工程工程量计算规范》(CB 50858—2013)，《矿山工程工程量计算规范》(GB 50859—2013)，《构筑物工程工程量计算规范》(GB 50860—2013)，《城市轨道交通工程工程量计算规范》(CB 50861—2013)，《爆破工程工程量计算规范》(GB 50862—2013)。

一般情况下，一个民用建筑或工业建筑(单项工程)，需要使用房屋建筑与装饰工程、通用安装工程等工程量计算规范。每个专业工程量计算规范主要包括"总则""术语""工程计量""工程量清单编制"和"附录"等内容。附录按"附录A、附录B、附录C……"划分，每个附录编号就是一个分部工程，包含若干个分项工程清单项目。每个分项工程清单项目包括"项目编码、项目名称、项目特征、计量单位、工程量计算规则、工作内容"六大要素。

附录是工程量计算规范的主要内容，我们在学习中重点是尽可能熟悉附录内容、尽可能使用附录内容，时间长了自然就会熟能生巧。

二、《计算规范》附录中的主要内容

《计算规范》附录中的主要内容框架见表2-1。

表2-1　《计算规范》内容框架表

序号 (分部编号)	目录	示例
1	总则	1.0.1 为规范房屋建筑与装饰工程造价计量行为，统一房屋建筑与装饰工程工程量计算规则、工程量清单的编制方法，制定本规范； 1.0.2 本规范适用于工业与民用的房屋建筑与装饰工程发承包及实施阶段计价活动中的工程计量和工程量清单编制； 1.0.3 房屋建筑与装饰工程计价，必须按本规范规定的工程量计算规则进行工程计量； 1.0.4 房屋建筑与装饰工程计量活动，除应遵守本规范外，尚应符合国家现行有关标准的规定

序号 （分部编号）	目　录	示　例
2	术语	**2.0.1　工程量计算** 指建设工程项目以工程设计图纸、施工组织设计或施工方案及有关技术经济文件为依据，按照相关工程国家标准的计算规则、计量单位等规定，进行工程数量的计算活动，在工程建设中简称工程计量。 **2.0.2　房屋建筑** 在固定地点，为使用者或占用物提供庇护覆盖以进行生活、生产或其他活动的实体，可分为工业建筑与民用建筑。 **2.0.3　工业建筑** 提供生产用的各种建筑物，如车间、厂区建筑、动力站、与厂房相连的生活间、厂区内的库房和运输设施等。 **2.0.4　民用建筑** 非生产性的居住建筑和公共建筑，如住宅、办公楼、幼儿园、学校、食堂、影剧院、商店、体育馆、旅馆、医院、展览馆等。
3	工程计量	**3.0.1　工程量计算除依据本规范各项规定外，尚应依据以下文件：** 1. 经审定通过的施工设计图纸及其说明； 2. 经审定通过的施工组织设计或施工方案； 3. 经审定通过的其他有关技术经济文件。 **3.0.2　工程实施过程中的计量应按照现行国家标准《建设工程工程量清单计价规范》（GB 50500—2013）的相关规定执行**
4	工程量 清单编制	**4.1.1　编制工程量清单应依据：** 1. 本规范和现行国家标准《建设工程工程量清单计价规范》（GB 50500—2013）。 2. 国家或省级、行业建设主管部门颁发的计价依据和办法。 3. 建设工程设计文件。 4. 与建设工程项目有关的标准、规范、技术资料。 5. 拟定的招标文件。 6. 施工现场情况、工程特点及常规施工方案。 7. 其他相关资料。 **4.1.2　其他项目、规费和税金项目清单应按照现行国家标准《建设工程工程量清单计价规范》（GB 50500—2013）的相关规定编制** **4.3.1　措施项目中列出了项目编码、项目名称、项目特征、计量单位、工程量计算规则的项目，编制工程量清单时，应按照本规范4.2分部分项工程的规定执行。** **4.3.2　措施项目中仅列出项目编码、项目名称，未列出项目特征、计量单位和工程量计算规则的项目，编制工程量清单时，应按本规范附录S措施项目规定的项目编码、项目名称确定**
附录A	土石方 工程	**表 A.1　土方工程（编号：010101）** 见下表

表 A.1　土方工程（编号：010101）

项目编码	项目名称	项目特征	计量单位	工程量计算规则	工作内容
010101001	平整场地	1. 土壤类别 2. 弃土运距 3. 取土运距	m²	按设计图示尺寸以建筑物首层建筑面积计算	1. 土方挖填 2. 场地找平 3. 运输

序号 (分部编号)	目　录	示　例					
附录B	地基处理 与边坡 支护工程	表 B.1　地基处理(编号：010201)					

项目编码	项目名称	项目特征	计量单位	工程量计算规则	工作内容
010201001	换填垫层	1. 材料种类及配比 2. 压实系数 3. 掺加剂品种	m³	按设计图示尺寸以体积计算	1. 分层铺填 2. 碾压、振密或夯实 3. 材料运输

三、《计算规范》使用方法

在建筑工程招标投标过程中，由招标人发布的工程量清单是重要的内容，工程量清单必须根据工程量计算规范编制，所以要掌握计算规范的使用方法。

(1)熟悉工程量计算规范是造价人员的基本功。《计算规范》的内容包括正文、附录、条文说明三部分。其中，正文包括总则、术语、工程计量、工程量清单编制共计 29 项条款，附录共有17 个分部、557 个清单工程项目。

工程量计算规范的分项工程项目的划分与计价定额的分项工程项目的划分在范围上大部分都相同，少部分是不同的。要记住，计算规范的项目可以对应于一个计价定额项目，也可以对应几个计价定额项目，它们之间的工作内容不同，所以没有一一对应的关系，初学者一定要重视这方面的区别，以便今后准确编制清单报价的综合单价。

房屋建筑与装饰工程工程量计算规范中的 557 个分项工程项目不是编制每个单位工程工程量清单都要使用，一般一个单位工程只需要选用其中的一百多个项目，就能完成一个单位工程的清单编制任务。但是，由于每个工程选用的项目是不相同的，所以每个造价员必须熟悉全部项目，这需要长期的积累。有了熟悉全部项目的基本功才能成为一个合格的造价员。

(2)根据拟建工程施工图，按照工程量计算规范的要求，列全分部分项清单项目是造价员的业务能力。拿到一套房屋施工图后，就需要根据工程量计算规范，看看这个工程根据计算规范的项目划分，应该有多少个分项工程项目。

想一想，要正确将项目全部确定出来(简称为"列项")，你需要什么能力？如何判断有无漏项？如何判断是否重复列了项目？解决这些问题体现了造价员的业务能力。

那么解决这些问题的方法是什么呢？其实要具备这种能力也不难，主要是要具备正确理解工程量计算规范中每个分项工程项目的"项目特征、工作内容"的能力。其重点是要在掌握建筑构造、施工工艺、建筑材料等知识的基础上全面理解计算规范附录中每个项目的"工作内容"。因为"工作内容"规定了一个项目的完整工作内容，划分了与其他项目的界限。因此，我们要在学习中抓住这个重点。

应该指出，掌握好"列项"的方法，需要在完成工程量清单编制或使用工程量清单的过程中不断积累经验，不可能编制一两个工程量清单或清单报价就能完全掌握工程量计算规范的全部内容。

(3)工程量清单项目的准确性是相对的。为什么说工程量清单项目的准确性是相对的呢？主要是由以下几个方面的因素决定的：

1)由于每一个房屋建筑工程的施工图是不同的，所以也造成了每个工程的分部分项工程量清单项目也是不同的。没有一个固定的模板来套用，需要造价员确定和列出项目。但由于每个造价员的理解不同、业务能力不同，所以一个工程找100个造价员来编制工程量清单，编制出的清单项目不会完全相同。所以工程量清单项目的准确性是相对的。

2)由于每一个房屋建筑工程的施工图是不同的，所以造价员每次都要计算新工程的工程量，不能使用曾经计算的工程量。由于每个造价员的识图能力不同、业务水平不同，他们计算出的工程数量也是不同的，两个造价员之间计算同一个项目的工程量肯定会出现差别。所以，工程量清单的准确性是相对的。

3)由于图纸的设计深度不够，有些问题需要进一步确认或者需要造价员按照自己的理解处理，而每个造价员的理解有差别，计算出的工程量会有差别，所以工程量清单的准确性是相对的。

工程量清单的准确性是相对的这一观点告诉我们，工程造价的工作成果不可能绝对准确，只能相对准确。这种相对性主要可以通过总的工程造价来判断，即采用概率的方法来判断，假如同一工程由100个造价员计算工程造价，如果算出的工程造价是在100个造价平均值的1%的范围内，那么我们就可以判断工程造价的准确程度是99%。

(4)工程量清单项目的权威性是绝对的。虽然工程量清单项目的工程量不能绝对准确，但是工程量清单项目的权威性是绝对的。因为，当招标工程量清单发布以后，投标人必须按照其项目和数量进行报价，投标时发现数量错了也不能自己去改变或纠正。这一规定体现了招标工程量清单的权威性。

"统一性"是发布工程量清单的根本原因。即使投标前发现了清单工程量有错误，那也要在投标截止前，发布修改后的清单工程量统一修改，或者在工程实施中按照《计价规范》"工程计量"的规定进行调整。

任务二　分部分项清单工程量计算及编制方法

一、分部分项工程清单项目六大要素

分部分项工程量清单应包括项目编码、项目名称、项目特征、计量单位、工程量和工作内容。

分部分项工程量清单应根据《计价规范》和河北省《计价规程》等规定的项目编码、项目名称、项目特征、计量单位和工程量计算规则进行编制。

1. 项目编码的设置

项目编码是分部分项工程量清单项目名称的数字标识，应采用十二位阿拉伯数字表示。

一至九位应按照《计价规范》和河北省《计价规程》的规定设置，其中，一、二位为分类顺序码(附录顺序码)(01—房屋建筑与装饰工程；02—仿古建筑工程；03—通用安装工程；04—市政工程；05—园林绿化工程等)；三、四位为附录中的分类顺序码；五、六位为附录中的分部工程顺序码；七、八、九位为分项工程项目顺序码。例如，010101001表示建筑与装饰工程(01)土石方工程(01)土方工程(01)平整场地(001)。十至十二位为工程量清单项目顺序码，应根据建设工程的工程量清单项目名称设置，同一招标工程的项目编码不得有重码。当同一标段(或合同段)只含有一个单位工程时，若该工程设计有两种不同强度等级的现浇混凝土矩形柱，可以用五级编码分别列项。如用010502001001表示C25现浇混凝土矩形柱；用010502001002（现浇矩形柱清单项目第二项）表示C30现浇混凝土矩形柱。

当一个标段（或合同段）的工程量清单含有多个单项或单位工程，且工程量清单是以单项或单位工程为编制对象时，在编制工程量清单时对项目编码十到十二位的设置不得有重码。例如，一个标段含有两个单位工程，每一个单位工程中都有项目特征相同的实心砖墙砌体，在工程量清单中需要反映两个不同单位工程的实心砖墙工程量，此时工程量清单应以单位工程为编制对象，第一个单位工程的实心砖墙的项目编码为010401003001，第二个单位工程的实心砖墙的项目编码为010401003002。

补充项目的编码，一至六位按规范规定设置，不得变动；第七位设为"B"，第八、九位根据补充清单项目名称结合《计算规范》由清单编制人设置从01开始。第十至十二位应根据拟建工程的工程量清单项目名称设置，并自001起按顺序编制。河北省计价规程：隐形防盗窗010807B01（《计价规程》5.1.7）。

2. 项目名称的确定

项目名称应按相关国家计量规范规定根据拟建工程的实际情况确定。

清单编制时，应以附录的项目名称为主体，考虑该项目的规格、型号、材质等特征要求，结合拟建工程的实际情况，使其工程量清单项目名称具体化、细化，尽量能反映影响工程造价的主要因素。例如，对于独立基础的土方开挖，项目名称可以具体化为挖独立基础土方。所以，我们在表述完整的清单项目名称时，就需要使用项目特征的内容来描述。

3. 计量单位的选择

分部分项工程量清单的计量单位应按《计价规范》和河北省《计价规程》中规定的计量单位确定。当计量单位有两个或两个以上时，应根据所编工程量清单项目的特征要求，选择最适宜表现该项目特征并方便计量的单位。

计量单位应采用基本单位，除各专业另有特殊规定外均按以下单位计量：以质量计算的项目——t或kg；以体积计算的项目——m^3；以面积计算的项目——m^2；以长度计算的项目——m；以自然计量单位计算的项目——个、套、块、樘、组、台等；没有具体数量的项目以宗、项计量；各专业有特殊计量单位的再加以说明。分项清单项目计量单位的特点是"一个计量单位"，没有扩大计量单位。也就是说，综合单价的计量单位按"一个计量单位"计算，没有扩大。

工程数量的有效位数应遵守下列规定：以"t"为单位，应保留小数点后三位数字，第四位四舍五入；以"m^3""m^2""m""kg"为单位，应保留小数点后两位数字，第三位四舍五入；以"个""件""根""组""系统"等为单位，应取整数。

4. 工程量计算

工程量应按《计价规范》和河北省《计价规程》中规定的工程量计算规则计算。工程量计算规则是指对清单项目工程量的计算规定。除另有说明外，所有清单项目的工程量应以实体工程量为准，以完成以后的净值计算，投标人在报价时，应在单价中考虑施工中的各种损耗和需要增加的工程量。

工程量计算规则规定了清单工程量计算方法和计算结果。例如，内墙砖基础长度按内墙净长计算的工程量计算规则的规定就确定了内墙基础长度的计算方法；其内墙净长的规定，重复计算了与外墙砖基础大放脚部分的砌体，也影响了砖基础实际工程量的计算结果。清单工程量计算规则与计价定额的工程量计算规则是不一定完全相同的。例如，平整场地清单工程量的计算规则是"按设计图示尺寸以建筑物首层建筑面积计算"，某地区计价定额的平整场地工程量计算规则是"以建筑物底面积包括外墙保温计算面积"，两者之间是有差别的。

需要指出的是，这两者之间的差别是由不同角度的考虑引起的。工程量计算规则的设置主要考虑在切合工程实际的情况下，方便地准确地计算工程量，发挥其"清单工程量统一报价基础"的作用；而计价定额工程量计算规则是结合了工程施工的实际情况确定的。

5. 项目特征描述

项目特征是指构成分部分项工程量清单项目、措施项目自身价值的本质特征。项目特征是确定一个清单项目综合单价的重要依据，在工程量清单中必须对清单项目的项目特征进行准确和全面的描述。所以，项目特征是区分不同分项工程的判断标准。因此，我们要准确地填写说明该项目本质特征的内容，为分项工程清单项目列项和准确计算综合单价服务。招标人应该重视分部分项工程量清单项目特征的描述，任何不描述或描述不清，均会在施工合同履约过程中产生分歧，导致纠纷、索赔。

(1)工程量清单项目特征描述的意义。

1)项目特征是区分清单项目的依据。项目特征描述是用来表述分部分项清单项目的实质内容，用于区分《计价规范》中同一清单条目下各个具体的清单项目。

2)项目特征是确定综合单价的前提。由于工程量清单项目的特征决定了工程实体的实质内容，必然直接决定了工程实体的自身价值。因此，工程量清单项目特征描述的准确与否，对于工程量清单项目综合单价的准确确定具有决定性作用。

3)项目特征是履行合同义务的基础。实行工程量清单计价，工程量清单及其综合单价是施工合同的组成部分，因此，如果工程量清单项目特征的描述不清楚甚至错误或遗漏，从而引起在施工过程中的更改，都会引起分歧，导致纠纷。

(2)项目特征描述的要求。项目特征的描述，应根据《计价规范》附录中有关项目特征的要求，结合技术规范、标准图集、施工图纸，按照工程结构、使用材质及规格或安装位置等拟建工程的实际要求，予以详细而准确的表述和说明。编制人在描述项目特征时，应明确以下几个方面：

1)必须描述的内容。

①涉及正确计量的内容：如门窗洞口尺寸或框外围尺寸，当门窗采用"樘"计量时，1樘门或窗有多大，直接关系到门窗的价格，因此，必须明确描述门窗洞口或框外围尺寸。

②涉及结构要求的内容：如混凝土构件的混凝土强度等级，因为使用的混凝土强度等级不同，其价格也不同，所以必须描述。

③涉及材质要求的内容：如油漆的品种，是调和漆，还是聚氨酯漆等；管材的材质，是碳钢管，还是塑料管、不锈钢钢管等；还需要对管材的规格、型号进行描述。

④涉及安装方式的内容：如管道工程中的钢管的连接方式是螺纹连接还是焊接；塑料管是粘接连接还是热熔连接等必须描述。

2)可不详细描述的内容。

①无法准确描述的内容：如土壤类别，由于我国幅员辽阔，南北东西差异较大，甚至在同一地点，表层土与表层土以下土壤的类别也不尽相同，要求清单编制人准确判定某类土壤的所占比例比较困难的，在这种情况下，可考虑将土壤类别描述为综合，但注明由投标人根据地勘资料自行确定土壤类别，自主报价。

②施工图纸、标准图集标注明确的内容：对于采用标准图集或施工图纸能够全部或部分满足项目特征描述要求的，项目特征描述可直接采用详见××图集××做法或××图号的方式；对于不能满足项目特征描述要求的部分，应用文字补充描述。由于施工图纸、标准图集是发包、承包双方都应遵守的技术文件，采用这一方法描述，既可以提高清单编制效率，又可以减少在施工过程中对项目理解的不一致。

③可描述为由投标人自行考虑的内容：如土方工程中的"取土运距""弃土运距"等。若招标人指定了取土或弃土地点时，编制人应明确描述运距；若招标人没有指定的取土或弃土地点时，编制人应将运距描述为"投标人自行考虑"，以充分体现鼓励投标人竞争的要求。

3) 可不描述的内容如下：

①对项目特征或计量计价没有实质影响的内容可以不描述：如混凝土柱高度、断面大小等。

②应由投标人根据施工方案确定的可不描述：如预裂爆破的单孔深度及装药量等。

③应由投标人根据当地材料确定的可不描述：如混凝土拌合料使用的石子种类及粒径、砂的种类等。

④应由施工措施解决的不可描述：如现浇混凝土板、梁的标高等。

总之，项目特征是与项目名称相对应的。预算定额的项目，一般按施工工序或工作过程、综合工作过程设置，包含的工程内容相对来说较单一，据此规定了相应的工程量计算规则。工程量清单项目的划分，一般按"综合实体"来考虑，一个项目中包含了多个工作过程或综合工作过程，据此也规定了相应的工程量计算规则。这两者的工程内容和工程量计算规则有较大的差别，使用时应充分注意。所以，相对地说，工程量清单项目的工程内容综合性较强。例如，在工程量清单项目中，砖基础项目的工程内容包括：砂浆制作与运输；材料运输；砌砖基础；防潮层铺设等。上述项目可由2个预算定额项目构成。在项目特征中，每一个工作对象都有不同的规格、型号和材质，这些必须说明。所以，每个项目名称都要表达出项目特征。例如，清单项目中的砖基础项目，其项目特征包括：砖品种、规格、强度等级；基础类型；基础深度；砂浆强度等级等。

(3)《计价规范》规定多个计量单位的描述。有些清单项目《计价规范》给出了多个计量单位，在编制该项目清单时，清单编制人可以根据具体情况选择，但是选用不同的计量单位，其特征描述是不一样的。如附录C中的C.1打桩的"预制钢筋混凝土方桩"计量单位有"m""根""m³"三个计量单位，当以"根"为计量单位，单桩长度应描述为确定值，只描述单桩长度即可；当以"m"为计量单位，单桩长度可以按范围值描述，并注明根数。在编制该项目的清单时，应根据《计价规范》的规定或工程实际选用适当的计量单位，并按照选定的计量单位进行恰当的特征描述。

另外，对于同一个清单项目，不同的编制人可能采用不同的特征描述方式，无论何种方式，体现项目本质区别的特征和对确定项目综合单价有实质性影响的内容必须描述。

6. 工作内容

每个分项工程清单项目都有对应的工作内容。通过工作内容我们可以知道该项目需要完成哪些工作任务。工作内容具有两大功能，一是通过对分项工程清单项目工作内容的解读，可以判断施工图中的清单项目是否列全了。例如，施工图中"预制混凝土矩形柱"需要"制作、运输、安装"，清单项目列几项呢？通过对该清单项目(010509001)的工作内容进行解读，知道已经将"制作、运输、安装"合并为一项了，不需要分别列项；二是在编制清单项目的综合单价时，可以根据该项目的工作内容判断需要几个定额项目组合才完整计算了综合单价。例如，砖基础清单项目(010401001)的工作内容既包括砌砖基础还包括基础防潮层铺设。因此砖基础综合单价的计算要将砌砖基础和铺设基础防潮层组合在一个综合单里。又如，如果计价定额的预制混凝土构件的"制作、运输、安装"分别是不同定额，那么"预制混凝土矩形柱"(010509001)项目综合单价就要将计价定额预制混凝土构件的"制作、运输、安装"定额项目综合在一起。

应该指出，清单项目中的工作内容是综合单价由几个计价定额项目组合在一起的判断依据。

1. 分部分项清单工程量项目列项步骤

第一步，先将常用的项目找出来。如平整场地、挖地槽(坑)土方、现浇混凝土构件等项目；

第二步，将图纸上的内容对应计算规范附录的项目，一一对应列出来；

第三步，施工图上的内容与计算规范附录对应时，拿不稳的项目，查看计量规范附录后再敲定。例如，砖基础清单项目除包括防潮层外，还包不包括混凝土基础垫层？经过查看砖基础清单项目的工作内容不包括混凝土基础垫层，于是将砖基础作为一个项目后，混凝土基础垫层也是一个清单项目；

第四步，列项工作基本完成后，还要将施工图全部翻开，一张一张地在图纸上复核，列了项目的画一个勾，仔细检查，发现"漏网"的项目，赶紧补上，确保项目的完整性。

2. 采用列项表完成列项工作

采用列项表列项的好处是规范，并可以将较完整的信息填在表内。分部分项工程量清单列项表见表2-2。

表 2-2　分部分项工程量清单列项表

序号	项目编码	项目名称	项目特征	计量单位
1	010401001001	砖基础	1. 砖品种、规格、强度等级：烧结普通砖标准砖 240×115×53、MU7.5 2. 基础类型：带形 3. 砂浆强度等级：M5 4. 防潮层材料种类：1∶2 水泥砂浆	m³

任务三　措施项目清单编制方法

一、概述

措施项目清单应根据拟建工程的具体情况及合理的施工组织设计或方案，参照《计算规范》和河北省《计价规程》列项，按不同的单位工程分别编制。若出现《计价规范》未列的项目，可根据工程实际情况补充。

措施项目中可以计算工程量的清单项目即单价措施项目宜采用分部分项工程量清单的方式编制，列出项目编码、项目名称、项目特征、计量单位和工程量计算规则；不能计算工程量的清单项目即总价措施项目，以"项"为计量单位编制，并列出工作内容及包含范围。

《计价规范》将非实体项目划分为措施项目，非实体项目又可分为两类：第一类，其费用的发生和金额大小与使用时间、施工方法或者两个以上工序有关，与实际完成的实体工程量的多少关系不大，如大中型机械进出场及安拆费、环境保护、文明施工、临时设施等；第二类，其费用的发生和金额大小与完成的工程实体有直接关系，并且是可以精确计量的项目，如混凝土浇筑的模板工程。实际上，完成第二类措施项目和完成分部分项工程量清单项目的资源消耗都与工程量密切相关，只是第二类措施项目的资源消耗并不直接构成工程实体而已。第二类措施项目采用综合单价形式计价，便于在实体工程量发生变化时，合理调整措施费，更有利于合同管理。对于措施项目是否采用分部分项工程量清单的方式取决于后期是否会发生大的变更，如脚手架，如果判断工程变更的风险不大，就可以按"项"来计算，直接包死价格，后期就不用调整了。

如果按照分部分项工程量清单的方式，由于《计价规范》中没有给出对应的清单项，所以应执行补充清单的相关规定。

关于措施项目编制，河北省计价规程规定如下：

（1）河北省《计价规程》计算列出的措施项目按河北省规程规定执行，规程没有列出的措施项目按《计算规范》规定执行。

（2）单价措施项目应按《计算规范》和河北省《计价规程》附录表 2-2 规定的项目编码、项目名称、项目特征、计量单位、工程量计算规则、工作内容确定。

（3）总价措施项目中仅列出项目编码、项目名称和工作内容及包含范围，未列出项目特征、计量单位和工程量计算规则，编制清单时，应按河北省《计价规程》附录二表 2-3 规定的项目编码、项目名称确定。

脚手架工程和安全生产文明施工费及其他总价措施项目按河北省《计价规程》执行。

二、单价措施项目编制

"单价项目"是指可以计算工程量，列出了项目编码、项目名称、项目特征、计量单位、工程量计算规则和工作内容的措施项目。例如，"房屋建筑和装饰工程工程量计算规范"附录 S 的措施项目中，"综合脚手架"措施项目的编码为"011701001"、项目特征包括"建筑结构形式和檐口高度"、计量单位"m"、工程量计算规则为"按建筑面积计算"、工程内容包括"场内、场外材料搬运，搭、拆脚手架"等。

单价措施项目主要包括"S.1 脚手架工程""S.2 混凝土模板及支架（撑）""S.3 垂直运输""S.4 超高施工增加""S.5 大型机械设备进出场及安拆""S.6 施工排水、降水"等项目。

单价措施项目需要根据工程量计算规范的措施项目确定编码和项目名称，需要计算工程量，采用"分部分项工程和措施项目清单与计价表"发布单价措施项目清单。

1. 综合脚手架

"综合脚手架"是对应于"单项脚手架"的项目。其是综合考虑了施工中需要脚手架的项目和包含了斜道、上料平台、安全网等工料机的内容。某地区工程造价主管部门规定：凡能够按《建筑工程建筑面积计算规范》(GB 50353—2013)计算建筑面积的建筑工程，均按综合脚手架项目计算脚手架摊销费。综合脚手架已综合考虑了砌筑、浇筑、吊装、抹灰、油漆、涂料等脚手架费用。某些地区规定，装饰脚手架需要另外单独计算。

综合脚手架工程量按建筑面积计算。

2. 单项脚手架

单项脚手架是指分别按双排、单排、里脚手架列项，单独计算搭设工程量的项目。某地区规定：凡不能按《建筑工程建筑面积计算规范》(GB 50353—2013)计算建筑面积的建筑工程，但施工组织设计规定需搭设脚手架时，均按相应单项脚手架定额计算脚手架摊销费。单项脚手架综合了斜道、上料平台、安全网等工料机的内容。

单项脚手架工程量根据工程量计算规范规定，一般按搭设的垂直面积或水平投影面积计算。

3. 混凝土模板与支架

混凝土模板与支架是现浇混凝土构件的措施项目。该项目一般按模板的接触面积计算工程量。应该指出，准确计算模板接触面积，需要了解现浇混凝土构件的施工工艺和熟悉结构施工图的内容。《计算规范》规定，混凝土模板与支架措施项目是按计算规范措施项目的编码、项目名称、项目特征、计量单位、工程量计算规则、工作内容列项和计算的。例如，某工程的现浇混凝土带形基础模板的工程量为 69.25 m²，项目编码为"011702001001"，工作内容为模板制作、安装、拆除、整理堆放和场外运输等等。

混凝土模板与支架工程量按混凝土与模板接触面积以平方米计算。

4. 垂直运输

一般情况下，除檐高 3.60 m 以内的单层建筑物不计算垂直运输措施项目外，其他檐口高度的建筑物都要计算垂直运输费，因为这一规定是与计价定额配套的，计价定额的各个项目中没有包含垂直运输的费用。

计价定额中的垂直运输包括单位工程在合理工期内完成所承包的全部工程项目所需的垂直运输机械费。

垂直运输一般按工程的建筑面积计算工程量，然后套用对应檐口高度的计价定额项目计算垂直运输费。如何计算檐口高度和如何套用计价定额，应结合本地区的措施项目细则和计价定额确定。

5. 超高施工增加费

为什么还要计算超高施工增加费呢？这与计价定额的内容有关。一般情况下，各地区的计价定额只包括单层建筑物高度 20 m 以内或建筑物 6 层以内高度的施工费用。当单层建筑物高度超过 20 m 或建筑物超过 6 层时需要计算超高施工增加费。

超高施工增加费的内容包括：建筑物超高引起的人工工效降低以及由于人工工效降低引起的机械降效、高层施工用水加压水泵的安装和拆除及工作台班、通信联络设备的使用及摊销费用。

建筑物超高施工增加费根据建筑物的檐口高度套用对应的计价定额，按建筑物的建筑面积计算工程量。

6. 大型机械设备进出场及安拆

大型机械设备的安拆费包括施工机械、设备在现场进行安装拆卸所需人工、材料、机械和试运转费用以及机械辅助设施的折旧、搭设、拆除等费用。进出场费包括施工机械、设备整体或分体自停放地点运至施工现场或由一施工地点运至另一施工地点所发生的运输、装卸、辅助材料等费用。

由于计价定额中只包含了中小型机械费，没有包括大型机械设备的使用费。所以，施工组织设计要求使用大型机械设备时，按规定就要计算"大型机械设备进出场及安拆费"。这时该工程的大型机械设备的台班费不需另行计算，但原计价定额的中小型机械费也不扣除，两者相互抵扣了。当某工程发生大型机械设备进出场及安拆项目时，一般可能要根据计价定额的项目分别计算"进场费""安拆费"和"大型机械基础费用"项目。如果本工程施工结束后，机械要到下一个工地施工，那么将出场费作为下一个工地的进场费计算，本工地不需要计算出场费。如果没有后续工地可以去，那么该机械要另外计算一次拆卸费和出场费。

"进场费""安拆费"和"大型机械基础费用"项目按"台次"计算工程量。

7. 施工排水、降水

当施工地点的地下水水位过高或低洼积水影响正常施工时，需要采取降低水位满足施工的措施，从而发生施工排水、降水费。一般施工降水采用"成井"降水；排水采用"抽水"排水。成井降水一般包括：准备钻孔机械、埋设、钻机就位、泥浆制作、固壁，成孔、出渣、清孔；对接上下井管（滤管），焊接，安放，下滤料，洗井，连接试抽等发生的费用。

排水一般包括：管道安装、拆除，场内搬运，抽水、值班、降水设备维修的费用。

当编制招标工程量清单时，施工排水、降水的专项设计不具备时，可按暂估量计算。

《计算规范》规定，"成井"降水工程量按米计算；排水工程量按"昼夜"单位计算。

"总价项目"是指不能计算工程量，仅列出了项目编码、项目名称，未列出项目特征、计量单位、工程量计算规则的措施项目。例如，《计算规范》附录S的措施项目中，"安全文明施工"措施项目的编码为"011707001"、工程内容及包含范围包括"环境保护、文明施工"等。

只有根据规定的费率和取费基数计算一笔总价的措施项目称为总价措施项目。

1. 安全文明施工

安全文明施工费是承包人按照国家法律、法规等规定，在合同履行中为保证安全施工、文明施工，保护现场内外环境等所采用的措施发生的费用。

安全文明施工费应按照国家或省级、行业建设主管部门的规定计算，不得作为竞争性费用。

安全文明施工费主要包括环境保护费、文明施工费、安全施工费、临时设施费等。主要内容有：环境保护项目包含现场施工机械设备降低噪声、防扰民措施等内容发生的费用；文明施工包含"五牌一图"、现场围挡的墙面美化（包括内外粉刷、刷白、标语等）、压顶装饰等的内容发生的费用；安全施工包含安全资料、特殊作业专项方案的编制，安全施工标志的购置及安全宣传等内容发生的费用；临时设施包含施工现场临时建筑物、构筑物的搭设、维修、拆除或摊销等内容发生的费用。

安全文明施工费按基本费、现场评价费两部分计取。

(1)基本费。基本费为承包人在施工过程中发生的安全文明措施的基本保障费用，根据工程所在位置分别执行工程在市区时，工程在县城、镇时，工程不在市区、县城、镇时三种标准，具体标准及使用说明按所在地区的规定进行。

(2)现场评价费。现场评价费是指承包人执行有关安全文明施工规定，经住房城乡建设主管部门建筑施工安全监督管理机构依据《建筑施工安全检查标准》(JGJ 59—2011)和《××省建筑施工现场安全监督检查暂行办法》(地区规定细则)对施工现场承包人执行有关安全文明施工规定现场评价，并经安全文明施工费费率测定机构测定费率后获取的安全文明施工措施增加费。

现场评价费的最高费率同基本费的费率。建筑施工安全监督管理机构依据检查评价情况确定最终综合评价得分及等级。最终综合评价等级分为优良、合格、不合格三级。

建设工程安全文明施工费为不参与竞争的费用。所在编制招标控制价时应足额计取，即安全文明施工费费率按基本费费率加现场评价费最高费率(同基本费费率)计列，即

$$环境保护费费率=环境保护基本费费率×2$$
$$文明施工费费率=文明施工基本费费率×2$$
$$安全施工费费率=安全施工基本费费率×2$$
$$临时设施费费率=临时设施基本费费率×2$$

安全文明施工费的取费基数(河北省)按照分部分项工程费、措施项目费、其他项目费和规费之和作为计算基数，乘以规定百分率计算。

2. 夜间施工

夜间施工措施项目包括夜间固定照明灯具和临时可移动照明灯具的设置、拆除，夜间施工时施工现场交通标志、安全标牌、警示灯等的设置、移动、拆除，夜间照明设备摊销及照明用电、施工人员夜班补助、夜间施工劳动效率降低等内容发生的费用。

夜间施工可以按分部分项工程费和单价措施项目费的人工费和机械费之和为基数，乘以规定的费率计算。

3. 二次搬运

二次搬运措施项目是由于施工场地条件限制而发生的材料、成品、半成品等一次运输不能

到达堆放地点，必须进行二次或多次搬运的工作。

二次搬运费可以按工程的定额人工费或定额直接费为基数，乘以规定的费率计算。

4. 冬雨期施工

冬雨期施工费措施项目包括：冬雨（风）期施工时增加的临时设施（防寒保温、防雨、防风设施）的搭设、拆除，对砌体、混凝土等采用的特殊加温、保温和养护措施，施工现场的防滑处理、对影响施工的雨雪的清除，增加的临时设施的摊销，施工人员的劳动保护用品，冬雨（风）期施工劳动效率降低等发生的费用。

任务四　其他项目清单编制方法

工程建设标准的高低、工程的复杂程度、工程的工期长短、工程的组成内容、发包人对工程管理要求等都直接影响其他项目清单的具体内容。因此，其他项目清单应根据拟建工程的具体情况，参照《计价规范》提供的下列 4 项内容列项参考，其不足部分，编制人可根据工程具体情况进行补充。

1. 暂列金额

暂列金额是指招标人在工程量清单中暂定并包括在合同价款中的一笔款项。用于施工合同签订时尚未确定或者不可预见的所需材料、设备、服务的采购，施工中可能发生的工程变更、合同约定调整因素出现时的工程价款调整以及发生的索赔、现场签证确认等的费用。暂列金额可根据工程的复杂程度、市场情况分别由招标人估算列出，如不能详列，也可只列暂列金额总额。暂列金额一般不超过拟建工程估算价的 20%。暂列金额由招标人掌握和支配。

2. 暂估价

暂估价是指招标人在工程量清单中提供的用于支付必然发生但暂时不能确定的材料或设备的单价以及专业工程的金额。其包括材料暂估价、设备暂估价和专业工程的暂估价。该项目在招标阶段预见肯定要发生，只是因为标准不明确或者需要由专业的承包人完成，暂时无法确定其价格或金额。

暂估价表由招标人填写。暂估价中材料、工程设备暂估价应根据工程造价信息或参照市场价格估算；专业工程暂估价以"项"为单位，应区分不同项目，根据工程的复杂程度、市场情况分别估算列出；专业工程暂估价应计入工程总价，其金额应包括管理费、利润。

3. 计日工

计日工是为了解决现场发生的零星工作的计价而设立的，是指承包人完成发包人提出的工程合同范围以外的零星项目或工作。

这里所说的零星工作一般是指合同约定之外的或者因变更而产生的、工程量清单中没有相应项目的额外工作，尤其是那些时间不允许事先商定价格的额外工作。

编制工程量清单时，计日工表中的人工应按工种，材料和机械应按规格、型号详细列项。其中人工、材料、机械数量，应由招标人根据拟建工程的具体情况，列出人工、材料、机械的名称、规格型号、计量单位、数量。工程结算时，工程量按承包人实际完成的计算，单价按承包人中标时填报的单价计价支付。

4. 总承包服务费

总承包服务费是指总承包人为配合协调招标人另行发包的专业工程项目实施、招标人供应材料或设备时所发生的管理费用、服务费用、采购保管费用。不包括招标人另行发包的专业工程施工单位使用总承包人的机械、脚手架等而支付的费用。

总承包服务费是为了解决招标人在法律、法规允许的条件下进行专业工程发包以及自行采购供应材料、设备时，要求总承包人对发包的专业工程提供协调和配合服务（如分包人使用总包人的脚手架、水电接驳等），对供应的材料、设备提供收、发和保管服务以及对施工现场进行统一管理，对竣工资料进行统一汇总整理等发生并向总承包人支付的费用。招标人应当预计该项费用并按投标人投标报价向投标人支付该项费用。

编制其他项目清单时，《计价规范》提供的其他项目仅作为列项的参考，出现《计价规范》未列的项目，工程量清单编制人可根据工程实际情况进行补充。如在竣工结算时，将索赔、现场签证列入其他项目中。

任务五　规费、税金项目清单编制方法

一、规费、税金项目清单的内容

1. 规费

规费是根据国家法律、法规规定，由省级政府或省级有关权力部门规定必须缴纳的，应计入建筑安装工程造价的费用。

规费项目清单项目由下列内容构成：社会保险费，包括养老保险费、失业保险费、医疗保险费、工伤保险费、生育保险费；住房公积金和工程排污费。

2. 税金

根据住房和城乡建设部、财政部颁发的《建筑安装工程费用项目组成》的规定，我国税法规定，应计入建筑安装工程造价内的税种包括增值税、城市维护建设税、教育费附加和地方教育附加。如果国家税法发生变化，税务部门依据增加了税种，就要对税金项目清单进行补充。

二、规费、税金的计算

1. 规费

规费应按照国家或省级、行业建设主管部门的规定计算。一般计算方法如下：

规费＝分部分项工程费和措施项目费中的定额人工费之和×对应的费率

2. 税金

税金应按照国家或省级、行业建设主管部门的规定计算。一般计算方法如下：

税金＝应纳税额＋附加税费

应纳税额＝（销项税额－进项税额）×对应费率

附加税费＝应纳税额×对应费率

销项税额＝（税前造价－进项税额）×对应费率

 测试题

一、单选题

1.《建设工程工程量清单计价规范》(GB 50500—2013)的发布时间和实施时间分别是(　　)。

　　A. 2013 年 3 月 25 日和 2013 年 5 月 1 日

B. 2013 年 3 月 25 日和 2013 年 7 月 1 日

C. 2012 年 12 月 25 日和 2013 年 5 月 1 日

D. 2012 年 12 月 25 日和 2013 年 7 月 1 日

2. 使用国有资金投资的建设工程发承包，（   ）采用工程量清单计价。

    A. 宜   B. 必须   C. 可以   D. 不得

3. 招标工程量清单必须作为招标文件的组成部分，其准确性和完整性应由（   ）负责。

    A. 招标人   B. 投标人   C. 招标代理机构   D. 招标监督机构

4. 投标人经复核认为招标人公布的招标控制价未按照规范规定进行编制的，应在招标控制价公布后（   ）天内向招投标监督机构和工程造价管理机构投诉。

    A. 3   B. 5   C. 7   D. 10

5. 投标报价不得低于（   ）。

    A. 招标控制价   B. 结算价   C. 工程成本   D. 工程收入

6. 若在合同履行期间出现设计图纸与招标工程量清单项目的特征描述不符时，应（   ）。

    A. 按照招标工程量清单项目描述的项目特征施工，并按照原有的综合单价计价

    B. 按照招标工程量清单项目描述的项目特征施工，并按照工程量清单计价规范规定重新确定综合单价

    C. 按照实际施工的项目特征施工，并按照工程量清单计价规范规定重新确定综合单价

    D. 按照实际施工的项目特征施工，并按照原有综合单价计价

7. 发包人在招标工程量清单中给定暂估价的材料、工程设备属于依法必须招标的，应当由（   ）以招标方式选择供应商，确定价格，并以此为依据取代暂估价，调整合同价款。

    A. 招标代理人   B. 发包人   C. 承包人   D. 发承包双方

8. 安全文明施工费由（   ）承担，不得以任何形式扣减该部分费用。

    A. 发包人   B. 承包人   C. 监理人   D. 个人

9. 发包人应该在合同约定的（   ）终止后，将剩余的质量保证金返还给承包人。

    A. 质量保修期   B. 缺陷责任期   C. 合同工期   D. 竣工验收期

10. 发承包双方不论在任何场合对与工程计价有关的事项所给予的批准、证明、同意、指令、商定、确认、通知和请求，或表示同意、否定、提出要求和意见等，均应采用（   ）形式。

    A. 口头   B. 书面   C. 传真   D. 电子邮件

11. 工程量清单应采用（   ）计价。

    A. 定额工料机单价   B. 固定单价

    C. 综合单价   D. 总价

12. 由于国家法律、法规、规章和政策发生变化影响合同价款调整的，应由（   ）承担。

    A. 发包人   B. 承包人

    C. 发承包双方合理   D. 发承包双方对半

13. 实行工程量清单计价的工程，应采用（   ）合同。

    A. 总价   B. 单价   C. 成本加酬金   D. 可调价

14. 施工中进行工程计量，当发现招标工程量清单中出现工程量增减时，应按（   ）计算。

    A. 发包人人招标工程量清单数量   B. 承包人投标工程量清单数量

    C. 承包人计量报告中所列的工程量   D. 承包人在履行合同义务中完成的工程量

15. 因承包人原因导致工期延误的，在合同工程原定竣工时间之后发生了法律法规、规章和政策的变化，且引起工程造价增减变化的（   ）。

A. 合同价款调增的予以调增，合同价款调减的予以调减

B. 合同价款调增的予以调增，合同价款调减的不予调减

C. 合同价款调增的不予调增，合同价款调减的予以调减

D. 不予调整合同价款

16. 招标工程承包人的报价浮动率可按下列( )公式计算。

A. 承包人报价浮动率 $L=($ 招标控制价/中标价$-1)\times100\%$

B. 承包人报价浮动率 $L=(1-$ 中标价/招标控制价$)\times100\%$

C. 承包人报价浮动率 $L=(1+$ 中标价/招标控制价$)\times100\%$

D. 承包人报价浮动率 $L=(1-$ 中标价/预算价$)\times100\%$

17. 承包人采购材料和工程设备的，应在合同中约定主要材料、工程设备价格变化的范围或幅度，当没有约定，且材料、工程设备单价变化超过( )%时，超过部分的价格应按照清单计价规范要求调整。

A. 3   B. 5   C. 10   D. 15

18. 因不可抗力事件导致的人员伤亡、财产损失及其费用增加，应由( )承担。

A. 发包人   B. 承包人   C. 发承包双方分别   D. 保险公司

19. 已签约合同价中的暂列金额应由( )掌握使用。

A. 承包人   B. 发包人   C. 监理人   D. 设计人

20. 工程完工后，承包人应编制完成竣工结算文件，且应在( )的同时向发包人提交竣工结算文件。

A. 竣工验收   B. 竣工验收合格

C. 提交竣工验收申请   D. 提交竣工结算申请

二、判断题

1. 工程量清单应采用综合单价计价。   ( )

2. 建设规模较小、技术难度较低、工期较短，且施工图设计已审查批准的建设工程可采用总价合同。   ( )

3. 工程计量、合同价款调整、合同价款结算与支付等工程造价文件的编制与核对，可以由非专业资格的人员承担。   ( )

4. 非国有资金投资的建设工程，宜采用工程量清单计价。   ( )

5. 由于市场物价波动影响合同价款的风险，应由承包人承担。   ( )

6. 承包人对安全文明施工费应专款专用，并在财务账目中应单独列项备查，不得挪作他用。   ( )

7. 暂列金额由投标人根据工程特点按有关计价规定估算。   ( )

8. 由于承包人使用机械设备、施工技术以及组织管理水平等自身原因造成施工费用增加的，应由发包人全部承担。   ( )

9. 招标文件与中标人投标文件不一致的地方，应以招标文件为准。   ( )

10. 投标人可以进行总价让利，而不需将让利部分调整到分部分项清单子目中。   ( )

11. 发包人在招标工程量清单中给定暂估价的材料、工程设备不属于依法必须招标的，应由承包人按照合同约定采购，经发包人确认单价后取代暂估价，调整合同价款。   ( )

12. 工程量必须按照相关工程现行国家计量规范规定的工程量计算规则计算。   ( )

13. 不论合同专用条款如何约定，市场价格波动超过约定范围的均可以按规范要求进行调整。   ( )

14. 招标工程量清单与计价表中列明的所有需要填写单价和合价的项目，投标人均应填写

且只允许有一个报价，未填写单价和合价的项目，可视为此项费用已包含在已标价工程量清单中其他项目的单价和合价之中。当竣工结算时，此项目不得重新组价予以调整。　　　（　　）

15. 措施项目中的所有费用必须按照国家或省级、行业建设主管部门的规定计算，不得作为竞争性费用。　　　（　　）

16. 已标价工程量清单中没有适用的也没有类似于变更工程项目的，应由承包人根据变更工程资料、计量规则和计价办法、工程造价管理机构发布的信息价格和承包人报价浮动率提出变更工程项目的单价，并应报发包人确认后调整。　　　（　　）

17.《建设工程工程量清单计价规范》(GB 50500—2013)规定工程量偏差超过15％时，可进行调整，当工程量增加15％以上时，增加部分的工程量的综合单价应予提高，当工程量减少15％以上时，减少后剩余部分工程量的综合单价应予降低。　　　（　　）

18. 经发承包双方确认调整的合同价款，作为追加（减）合同价款，应与工程进度款或结算款同期支付。　　　（　　）

19. 因承包人原因造成的超出合同工程范围施工或返工的工程量，发包人不予计量。
　　　（　　）

20. 合同工程发生现场签证事项，未经发包人书面签证确认同意，承包人擅自施工发生的费用应由承包人承担。　　　（　　）

21. 当承包人费用索赔与工期索赔要求相关联时，发包人可以只作出费用赔偿决定，而不需作工期延期决定。　　　（　　）

22. 发承包双方在合同工期实施过程中已经确认的工程计量结果和合同价款，在竣工结算办理时应直接进入结算。　　　（　　）

23. 工程完工后，发承包双方必须在发包方确定的时间内办理工程竣工结算。　　　（　　）

24. 合同工程竣工结算核对完成，发承包双方签字确认后，发包方可以要求承包人与另一个或多个工程造价咨询人重复核对竣工结算。　　　（　　）

25. 不可抗力解除后复工的，若不能按期交工，发包人可以要求赶工，承包人应采取必要的赶工措施并承担相应费用。　　　（　　）

三、多选题

1.《建设工程工程量清单计价规范》(GB 50500—2013)适用于建设工程(　　)阶段的计价活动。
   A. 设计　　　　　　B. 规划　　　　　　C. 发承包　　　　　　D. 实施
   E. 决策

2. 由于下列因素出现，影响合同价款调整的，应由发包人承担的有(　　)。
   A. 国家法律、法规、规章和政策发生变化
   B. 省级或行业建设主管部门发布的人工费调整，但承包人对人工费或人工单价的报价高于发布价格
   C. 由于承包人原因造成施工费用增加
   D. 由政府定价或政府指导价管理的原材料等价格进行了调整
   E. 由于市场物价波动引起材料价格调整

3. 综合单价包含的内容有(　　)。
   A. 人工费、材料费、机械费　　　　　　B. 企业管理费
   C. 预备费　　　　　　　　　　　　　　D. 利润
   E. 一定范围内的风险费用

4. 以下费用必须按国家或省级、行业建设主管部门的规定计算，不得作为竞争性费用的有(　　)。

A. 安全施工费　　　　　　　　　　B. 企业管理费

C. 文明施工费　　　　　　　　　　D. 规费

E. 税金

5. 招标工程量清单应由( )组成。

A. 分部分项工程项目清单　　　　　B. 措施项目清单

C. 风险项目清单　　　　　　　　　D. 其他项目清单

E. 规费和税金项目清单

6. 其他项目清单中包含( )项目。

A. 暂列金额　　B. 暂估价　　　C. 计日工　　　　D. 规费

E. 总承包服务费

7. 以下属于发承包双方应在合同中约定的事项有( )。

A. 工程价款的调整因素、方法、程序、支付及时间

B. 承担计价风险的内容、范围以及超出约定内容、范围的调整方法

C. 投标保证金的数额、支付方式及时间

D. 工程竣工价款结算编制与核对、支付及时间

E. 违约责任以及发生合同价款争议的解决方法及时间

8. 发生下列( )事项，发承包双方应当按照合同约定调整合同价款。

A. 工程变更和现场签证　　　　　　B. 工程量清单缺项和工程量偏差

C. 不可抗力　　　　　　　　　　　D. 承包人项目亏损

E. 计日工

9. 发生合同工程工期延误的，应按照下列( )规定确定合同履行期的价格调整。

A. 因非承包人原因导致工期延误的，计划进度日期后续工程的价格，应采用计划进度
与实际进度日期两者的较高者

B. 因非承包人原因导致工期延误的，计划进度日期后续工程的价格，应采用计划进度与
实际进度日期两者的较低者

C. 因承包人原因导致工期延误的，计划进度日期后续工程的价格，应采用计划进度与实
际进度日期两者的较高者

D. 因承包人原因导致工期延误的，计划进度日期后续工程的价格，应采用计划进度与实
际进度日期两者的较低者

E. 因承包人原因导致工期延误的，计划进度日期后续工程的价格，应采用计划进度与实
际进度日期两者的平均值

10. 因不可抗力事件导致的人员伤亡、财产损失及其费用增加，应由发包人承担的
有( )。

A. 合同工程本身的损害

B. 承包人人员伤亡

C. 承包人的施工机械设备损坏及停工损失

D. 承包人应发包人要求留在现场的必要的管理人员及保卫人员的费用

E. 运至施工场地用于施工的材料和待安装的设备的损害

11. 索赔三要素有( )。

A. 正当的索赔理由　　　　　　　　B. 有效的索赔证据

C. 优秀的索赔团队　　　　　　　　D. 在合同约定的时间内提出

E. 索赔无时效

12. 物价变化合同价款的调整方法有( )。
    A. 平均价格调整法
    B. 价格指数调整法
    C. 造价信息调整法
    D. 双倍增值法
    E. 系数调整法

13. 已完工程进度款支付申请应包括( )。
    A. 累计已完成的合同价款
    B. 累计已实际支付的合同价款
    C. 本周期合计应扣减的金额
    D. 本周期应预留的质量保证金
    E. 本周期合计完成的合同价款

14. 以下属于工程竣工结算编制和复核的依据的是( )。
    A. 投标文件
    B. 工程合同
    C. 资格预审文件
    D. 发承包双方实施过程中已确认调整后追加(减)的合同价款
    E. 发承包双方实施过程中已确认的工程量及其结算的合同价款

15. 发承包双方送达书面文件的方法有( )。
    A. 挂号邮寄
    B. 特快专递
    C. 现场签收
    D. 不记名投递
    E. 使用双方指定的电子邮箱发送电子邮件

16. 以下关于招标控制价错误的有( )。
    A. 招标控制价必须委托造价咨询机构编制
    B. 招标控制价不得公布
    C. 招标控制价可以上调或下浮
    D. 拟定的招标文件和招标工程量清单是编制招标控制价的依据之一
    E. 投标人经复核认为招标控制价未按照规范规定进行编制的,可以进行投诉

17. 以下文件的编制与核对,应由具有专业资格的工程造价人员承担的有( )。
    A. 招标控制价
    B. 投标报价
    C. 工程计量
    D. 签证变更
    E. 合同价款调整与结算

18. 因工程变更引起已标价工程量清单项目或其工程数量发生变化时,应按照下列( )规定调整。
    A. 有适用于变更工程项目的,应采用该项目单价;但当工程变更导致该清单项目的工程数量发生变化,且工程量偏差超过15%时,该项目单价应予调整
    B. 没有适用但有类似于变更工程项目的,可在合理范围内参照类似项目的单价
    C. 没有适用也没有类似于变更工程项目的,应由承包人根据变更工程资料、计量规则和计价办法、工程造价管理机构发布的信息价格和承包人报价浮动率提出变更工程项目的单价,并应报发包人确认后调整
    D. 没有适用也没有类似于变更工程项目的,且工程造价管理结构发布的信息价格缺项的,应由承包人根据变更工程资料、计量规则、计价办法和通过市场调查等取得有合法依据的市场价格提出变更工程项目的单价,并应报发包人确认后调整
    E. 没有适用也没有类似于变更工程项目的,应由发包人根据变更工程资料、计量规则和计价办法、工程造价管理机构发布的信息价格等提出变更工程项目的单价,并应报承包人确认后调整

19. 承包人索赔时，可以选择下列( )方式获得赔偿。

    A. 延长工期   B. 延长质量缺陷修复期限

    C. 要求承包人按合同约定支付违约金   D. 要求发包人支付实际发生的额外费用

    E. 要求发包人支付合理的预期利润

20. 以下情况可视为竣工结算办理完毕的有( )。

    A. 发承包双方对竣工结算经核对复核结果无异议，且均在复核 7 天内在竣工结算文件上签字确认

    B. 发包人在收到承包人竣工结算文件后的 28 天内，不核对竣工结算或未提出核对意见的，应视为承包人提交的竣工结算文件已被发包人认可

    C. 发包人委托工程造价咨询人核对工程竣工结算的，工程造价咨询人在 28 天内核对完毕，直接调整并出具审核报告

    D. 发包人委托的工程造价咨询人指派的专业人员与承包人指派的专业人员经核对后无异议并签名确认的竣工结算文件

    E. 承包人在收到发包人提出的核实意见后的 28 天内，不确认也未提出异议的，应视为发包人提出的核实意见已被承包人认可

建筑工程工程量清单编制实例

学习目标

1. 能够准确地识读建筑、结构施工图，掌握并正确列出土建工程的工程量清单项目；
2. 掌握土建工程清单工程量计算规则并正确地计算各项清单的工程量；
3. 掌握土建工程招标工程量清单的编制方法。

任务一　土方工程工程量清单编制

一、知识目标

(1)能够准确识读建筑首层平面图、基础平面图、基础剖面详图，并正确列清单项目。
(2)能够准确计算土方的清单工程量。
(3)掌握土方部分工程量清单计价规范的应用方法。

二、能力目标

能够准确计算土方各分项的清单工程量，并依据清单计价规范编制土方工程的招标工程量清单。

三、学习导航

布置任务—相关知识学习—工作任务的实施—检查并总结。

(一)布置任务

1. 工程基本概况

本工程为一栋二层砖混结构办公楼，详见建筑及结构施工图，图中标注尺寸标高以 m 为单位计，其余以 mm 为单位计，所注室外地坪标高为 −0.450，室内地坪标高为 ±0.000，认真看建筑设计说明可知外墙为聚苯板保温，保温层厚度为 50 mm。图一建筑首层平面图、图二基础平面图、图三基础剖面图。

2. 工作任务要求

(1)按照《计算规范》的有关内容列项、计算清单工程量。
(2)依据《计算规范》结合图纸及土方施工组织设计填写分部分项工程量清单与计价表，完成土方部分招标工程量清单的编制。

(二)相关知识学习

1. 概述

土石方工程包括土方工程、石方工程和回填，适用于房屋建筑与装饰工程的土石方开挖及回填工程。

土石方工程除场地、房心回填外，其他土石方工程不构成工程实体。土石方工程是建筑物修建中实实在在的必须发生的施工工序。

计算土石方工程量前，应明确以下资料：

(1)确定土壤及岩石类别。

(2)地下水水位标高。

(3)土方、沟槽、地坑挖(填)土起止标高、施工方法及运距。

(4)其他相关资料。

2. 注意事项

(1)土壤类别。在自然界中，土壤的种类繁多，分布复杂。地基土通常不是均匀分布的一种土类，而往往分若干层，各层土的组成及状态也不一样。因而，其强度、密实度、透水性等物理性质和力学性质也有很大差别，直接影响到土石方工程的施工方法。因此，单位工程土石方施工所消耗的人工、机械台班有很大差别，综合反映的施工费用也不同。

《计算规范》中的土壤类别，是按照国家标准《岩土工程勘察规范(2009年版)》(GB 50021—2001)定义的，分为一、二类土，三类土和四类土，按表3-1确定。

表3-1 土壤分类表

土壤类别	土壤名称	开挖方法
一、二类土	粉土、砂土(粉砂、细砂、中砂、粗砂、砾砂)、粉质黏土、弱中盐渍土、软土(淤泥质土、泥炭、泥炭质土)、软塑红黏土、冲填土	用锹，少许用镐、条锄开挖。机械能全部直接铲挖满载者
三类土	黏土、碎石土(圆砾、角砾)混合土、可塑红黏土、硬塑红黏土、强盐渍土、素填土、压实填土	主要用镐、条锄，少许用锹开挖。机械需部分刨松方能铲挖满载者或可直接铲挖但不能满载者
四类土	碎石土(卵石、碎石、漂石、块石)、坚硬红黏土、超盐渍土、杂填土	全部用镐、条锄挖掘，少许用撬棍挖掘。机械须普遍刨松方能铲挖满载者

注：本表土的名称及其含义按国家标准《岩土工程勘察规范(2009年版)》(GB 50021—2001)定义。

当土壤及岩石类别不能准确划分时，招标人可注明为综合，由投标人根据地质勘查报告决定报价。

(2)土方体积应按挖掘前的天然密实体积计算。

(3)挖土平均厚度应按自然地面测量标高至设计地坪标高的平均厚度确定。基础土方开挖深度应按基础垫层底表面标高至交付施工场地标高确定，无交付施工场地标高时，应按自然地面标高确定。

(4)建筑物场地厚度≤±300 mm的挖、填、运、找平，应按表A.1中平整场地项目编码列项。挖土厚度>±300 mm的应按表A.1中挖一般土方项目编码列项。

(5)沟槽、基坑、一般土方的划分为：底宽≤7 m，底长>3倍底宽为沟槽；底长≤3倍底宽，底面积≤150 m² 为基坑；超出上述范围则为一般土方。

(6)桩间挖土不扣除桩的体积，并在项目特征中加以描述。

(7)弃、取土运距可以不描述，但应注明由投标人根据施工现场实际情况自行考虑，决定报价。

(8)挖沟槽、基坑、一般土方因工作面和放坡增加的工程量(管沟工作面增加的工程量),是否并入各土方工程量中,按各省、自治区、直辖市或行业建设主管部门的规定实施,如并入各土方工程量中,办理工程结算时,按经发包人认可的施工组织设计规定计算。

3. 计算规则

土方工程工程量清单项目设置、项目特征描述的内容、计量单位及工程量计算规划,应按表 3-2 的规定执行。

表 3-2 土方工程(编号:010101)

项目编码	项目名称	项目特征	计量单位	工程量计算规则	工作内容
010101001	平整场地	1. 土壤类别 2. 弃土运距 3. 取土运距	m²	按设计图示尺寸以建筑物首层建筑面积计算	1. 土方挖填 2. 场地找平 3. 运输
010101002	挖一般土方	1. 土壤类别 2. 弃土运距 3. 取土运距	m³	按设计图示尺寸以体积计算	1. 排地表水 2. 土方开挖 3. 围护(挡土板及拆除) 4. 基底钎探 5. 运输
010101003	挖沟槽土方			按设计图示尺寸以基础垫层底面积乘以挖土深度计算	
010101004	挖基坑土方				

回填工程量清单项目设置、项目特征描述的内容、计量单位及工程量计算规划,应按表 3-3 的规定执行。

表 3-3 回填(编号:010103)

项目编码	项目名称	项目特征	计量单位	工程量计算规则	工作内容
010103001	回填方	1. 密实度要求 2. 填方材料品种 3. 填方粒径要求 4. 填方来源、运距	m³	按设计图示尺寸以体积计算 　1. 场地回填:回填面积乘以平均回填厚度 　2. 室内回填:主墙间面积乘以回填厚度,不扣除间隔墙 　3. 基础回填:按挖方清单项目工程量减去自然地坪以下埋设的基础体积(包括基础垫层及其他构筑物)	1. 运输 2. 回填 3. 压实
010103002	余方弃置	1. 废弃料品种 2. 运距		按挖方清单项目工程量减利用回填方体积(正数)计算	余方点装料运输至弃置点

(1)平整场地 010101001。"平整场地"项目适用于建筑场地厚度≤±300 mm 的挖、填、运、找平。其清单项目设置及工程量计算规则见表 3-2。

项目特征描述包括:土壤类别、弃土运距、取土运距。其中土壤类别应按表 3-1 确定。

特别提示

可能出现±300 mm 以内的全部是挖土或全部是填方,需外运土方或借土回填时,在工程量清单项目中应描述弃土运距(或弃土地点)或取土运距(或取土地点),这部分的运输应包括在"平整场地"项目报价中；另外，工程量"按建筑物首层建筑面积计算"，如施工组织设计规定超面积平整场地时，超出部分应包括在报价内。

（2）挖土方分为挖一般土方，挖沟槽土方，挖基坑土方，冻土开挖，挖淤泥、流沙和管沟土方六个项目。其清单项目设置及工程量计算规则见表3-2。

厚度＞±300 mm的竖向布置的挖土或山坡切土，应区分沟槽、基坑、一般土方，按相应的项目编码列项。

特别提示

根据河北省工程建设标准《建设工程工程量清单编制与计价规程》[DB13(J)T/150—2013]规定：挖一般土方、沟槽土方、基坑土方、管沟土方因工作面和放坡增加的工程量不计算在工程量清单数量中，在报价中考虑，其工作面、放坡系数按河北省建设工程计价依据规定计算。办理结算时，按经发包人认可的施工组织设计规定计算。土方开挖、弃土运距、排地表水、围挡（挡土板）及拆除、基底钎探等工作内容的费用，均应包含在挖土方的报价中。

（3）回填。回填分为回填方和余方弃置两个项目。其清单项目设置及工程量计算规则见表3-3。

1）回填方适用于场地回填、室内回填和基础回填。

2）填方密实度要求，在无特殊要求情况下，项目特征的描述为满足设计和规范的要求。

3）填方材料品种可以不描述，但应注明由投标人根据设计要求验方后方可填入，并符合相关工程的质量规范要求。

4）填方粒径要求，在无特殊要求情况下，项目特征可不描述。

5）如买土回填应在项目特征填方来源描述，并注明买土方数量。

（三）工作任务实施

1. 土方工程量清单编制步骤和方法

（1）熟悉施工图纸。

（2）熟悉施工组织设计。

（3）熟悉《计算规范》。

（4）列清单项目。

（5）清单工程量计算。

（6）填写分部分项工程量清单与计价表，包括项目编码、项目名称、项目特征描述、计量单位和工程量。

2. 编制土方工程量清单

（1）清单工程量计算。建筑工程土方清单工程量计算表实例见表3-4。

表3-4　建筑工程土方清单工程量计算表实例

序号	项目编码	项目名称	单位	工程数量	计算式
附录A　土石方工程　A.1　土方工程　A.2　石方工程　A.3　回填					
1	010101001001	平整场地	m²	163.16	$S=11\times14.6+0.05\times(11+14.6)\times2=163.16(m^2)$
2	010101003001	挖沟槽土方	m³	183.52	基础垫层底面积$=1.3\times14.23\times2+1.2\times10.63\times2+1.4\times13.03\times2+1.2\times6.53\times2=114.7(m^2)$ 基础挖深$h=2.05-0.45=1.6(m)$ 挖沟槽土方$=114.7\times1.6=183.52(m^3)$

序号	项目编码	项目名称	单位	工程数量	计算式
3	010103001001	人工基础回填土	m³	108.84	V＝挖方体积－室外地坪以下基础体积＝183.52－114.7×0.1(垫层)－(1.1×14.23×2＋1×10.63×2＋1.2×13.23×2＋1×7.13×2)×0.25(带形基础)－[0.477×(14.23×2＋10.63×2)＋0.314×(14.23－0.37)×2＋0.314×(10.63－0.37－0.24×2)×2](砖基础)＝108.84(m³)
4	010103001002	人工室内回填土	m³	42.63	V＝主墙间净面积×回填土厚度＝[(6－0.24)×(3.9－0.24)×3＋(3.9－0.24)×6＋(6－0.24)×(2.7－0.24)＋6×(2.7－0.24)＋(10.5－0.24)×(2.1－0.24)](0.45－0.1－0.02－0.01)＝42.63(m³)

(2)土方工程清单编制。分部分项(土方)工程量清单与计价表见表3-5。

表3-5　分部分项(土方)工程量清单与计价表

序号	项目编码	项目名称	项目特征描述	计量单位	工程量	金额/元	
						综合单价	合价
附录A　土石方工程							
1	010101001001	平整场地	土壤类别：Ⅱ、Ⅲ类土综合 弃土、取土距离：土方就地挖填找平	m²	163.16		
2	010101003001	挖沟槽土方	土壤类别：Ⅲ类土 挖土深度：1.6 m 弃土运距：5 km	m³	183.52		
3	010103001001	基础回填土	土质要求：含砾石粉质黏土 密实度要求：密实 粒径要求：10～40 mm砾石 夯填：分层夯填 填方来源、运距：就地回填	m³	108.84		
4	010103001002	室内回填土	土质要求：含砾石粉质黏土 密实度要求：密实 粒径要求：10～40 mm砾石 夯填：分层夯填 填方来源、运距：就地回填	m³	42.63		

 课后练习题

某多层砖混结构土方工程，土壤类别为三类土，基础为砖大放脚带形基础，垫层宽度为

920 mm，挖土深度为 1.8 m，弃土运距为 4 km，基础总长度为 1 590.6 m，试编制其挖基础土方的工程量清单。

总　结

本工作任务介绍了《计算规范》中的土方工程的内容、工程量计算规则及规范使用中应注意的问题。以典型工作项目为载体对计算规则应用进一步深化。本工作任务中的重点、难点是平整场地、挖沟槽土方的清单工程量计算，其清单的计算规则不同于定额的计算规则。通过本工作任务的学习，应具备土方工程量清单的编制能力。

任务二　砌筑工程工程量清单编制

一、知识目标

(1)能够准确识读建筑和结构设计说明、建筑首层及二层平面图、建筑立面图及剖面图、基础平面图、基础剖面详图、一层和二层结构平面图，并列正确清单项目。

(2)能够准确计算砖基础、砖墙的清单工程量。

(3)掌握砌筑工程部分工程量清单计算规范的应用方法。

二、能力目标

能够准确计算砌筑工程各分项的清单工程量，并依据清单计价规范编制砌筑工程的招标工程量清单。

三、学习导航

布置任务—相关知识学习—工作任务的实施—检查并总结。

(一)布置任务

1. 工程基本概况

本工程为一栋二层砖混结构办公楼，详见建筑及结构施工图，图中标注尺寸标高以 m 为单位计，其余以 mm 为单位计，所注室外地坪标高为 -0.450，室内地坪标高为 ±0.000，墙体为蒸压灰砂砖，±0.000 以下为 MU10 砖，M7.5 水泥砂浆；±0.000 以上为 MU10 砖，M5 混合砂浆。一层和二层层高为 3.6 m。认真看建筑设计说明可知。

2. 工作任务要求

(1)按照《计算规范》的有关内容列项、计算清单工程量。

(2)依据《计算规范》结合图纸填写分部分项工程量清单与计价表，完成砌筑部分招标工程量清单的编制。

(二)相关知识学习

1. 概述

砌筑工程主要指由砖和砂浆组成，形成砖墙、砖柱等构件。

建筑物的墙体既起围护、分隔作用，又起承重构件作用。按墙体所处平面位置不同，可分为外墙和内墙；按受力情况不同，可分为承重墙和非承重墙；按装修做法不同，可分为清水墙和混水墙；按组成方法不同，可分为实心砖墙、空斗墙、空花墙和填充墙等。砖柱按材料可分为实心砖柱和多孔砖柱。

砌筑工程共5节，分为砖砌体、砌块砌体、石砌体、垫层、相关问题及说明。其适用于建筑物的砌筑工程。

2. 注意事项

(1)"砖基础"项目适用于各种类型砖基础，即柱基础、墙基础和管道基础。

(2)基础与墙(柱)身划分应以设计室内地面为界(有地下室的，按地下室室内设计地面为界)，以下为基础，以上为墙(柱)身。基础与墙身使用不同材料，位于设计室内地面±300 mm以内时，以不同材料为界；超过±300 mm，应以设计室内地面为界。

(3)砖围墙应以设计室外地坪为界，以下为基础，以上为墙身。

(4)框架外表面的镶贴砖部分，应单独按砖砌体工程的工程量清单项目设置及工程量计算规则中相关零星项目编码列项。

(5)附墙烟囱、通风道、垃圾道，应按设计图示尺寸以体积(扣除孔洞所占体积)计算，并入所依附的墙体体积内。当设计规定孔洞内需抹灰时，应按《计算规范》附录M中零星抹灰项目编码列项。

(6)空斗墙的窗间墙、窗台下、楼板下等的实砌部分，应按砖砌体工程的工程量清单项目设置及工程量计算规则中零星砌砖项目编码列项。

(7)台阶、台阶挡墙、梯带、锅台、炉灶、蹲台、池槽、池槽腿、花台、花池、楼梯栏板、阳台栏板、地垄墙和≤0.3 m² 孔洞填塞等，应按零星砌砖项目编码列项。砖砌锅台与炉灶可按外形尺寸以"个"计算，砖砌台阶可按水平投影面积以"平方米"计算，小便槽、地垄墙可按长度计算，其他工程按"立方米"计算。

(8)砖砌体内钢筋加固，应按《计算规范》附录E中相关项目编码列项。

(9)砖砌体勾缝按《计算规范》附录M中相关项目编码列项。

3. 计算规则

砖砌体工程量清单项目设置、项目特征描述的内容、计量单位及工程量计算规划，应按表3-6的规定执行。

表3-6　砖砌体(编号：010401)

项目编码	项目名称	项目特征	计量单位	工程量计算规则	工作内容
010401001	砖基础	1. 砖品种、规格、强度等级 2. 基础类型 3. 砂浆强度等级 4. 防潮层材料种类	m³	按设计图示尺寸以体积计算。 包括附墙垛基础宽出部分体积，扣除地梁(圈梁)、构造柱所占体积，不扣除基础大放脚T形接头处的重叠部分及嵌入基础内的钢筋、铁件、管道、基础砂浆防潮层和单个面积≤0.3 m² 的孔洞所占体积，靠墙暖气沟的挑檐不增加。 基础长度：外墙按外墙中心线，内墙按内墙净长线计算	1. 砂浆制作、运输 2. 砌砖 3. 防潮层铺设 4. 材料运输

项目编码	项目名称	项目特征	计量单位	工程量计算规则	工作内容
010401003	实心砖墙	1. 砖品种、规格、强度等级 2. 墙体类型 3. 砂浆强度等级	m³	按设计图示尺寸以体积计算。 扣除门窗，洞口，嵌入墙内的钢筋混凝土柱、梁、圈梁、挑梁、过梁及凹进墙内的壁龛、暖气槽、消火栓箱所占体积，不扣除梁头、板头、檩头、垫木、木楞头、沿缘木、木砖、门窗走头、砖墙内加固钢筋、木筋、铁件、钢管及单个面积≤0.3 m² 的孔洞所占体积，凸出墙面的腰线、挑檐、压顶、窗台线、虎头砖、门窗套的体积亦不增加。凸出墙面的砖垛并入墙体体积内计算。 1. 墙长度：外墙按中心线，内墙按净长计算。 2. 墙高度： 　(1)外墙：斜(坡)屋面无檐口天棚者算至屋面板底；有屋架且室外均有天棚者算至屋架下弦底另加 200 mm；无天棚者算至屋架下弦底另加 300 mm，出檐宽度超过 600 mm 时按实砌高度计算；与钢筋混凝土楼板隔层者算至板顶。平屋顶算至钢筋混凝土板底。 　(2)内墙：位于屋架下弦者，算至屋架下弦底；无屋架者算至天棚底另加 100 mm；有钢筋混凝土楼板隔层者算至楼板顶；有框架梁时算至梁底。 　(3)女儿墙：从屋面板上表面算至女儿墙顶面(如有混凝土压顶时算至压顶下表面)。 　(4)内、外山墙：按其平均高度计算。 3. 框架间墙：不分内外墙按墙体净尺寸以体积计算。 4. 围墙：高度算至压顶上表面(如有混凝土压顶时算至压顶下表面)，围墙柱并入围墙体积内	1. 砂浆制作、运输 2. 砌砖 3. 刮缝 4. 砖压顶砌筑 5. 材料运输
010401004	多孔砖墙				
010101005	空心砖墙				

(1)砖基础。"砖基础"是由基础墙和大放脚组成，其剖面一般都做成阶梯形，这个阶梯形通常被称为大放脚。砖基础具有造价低、施工简便的特点，一般用在荷载不大、基础宽度小、土质较好、地下水水位较低的情况。

砖基础项目适用于各种类型砖基础，如柱基础、墙基础、管道基础等。其清单项目设置及工程量计算规则见表 3-6。

1)砖墙基础工程量的计算。

计算公式为：砖墙基础工程量＝砖基础长度×基础断面面积±应并入(扣除)体积。

砖基础长度：外墙砖基础按外墙中心线，内墙砖基础按内墙净长线计算。遇有偏轴线时，应将轴线移为中心线计算。

$$砖基础断面面积＝基础墙厚度×(基础高度＋大放脚折加高度)$$

或 $$砖基础断面面积＝基础墙厚度×基础高度＋大放脚折算面积$$

式中，基础墙厚度为标准砖时，按表查用；基础高度为大放脚地面至基础顶面(即分界面)的高度。

2)应扣除或不扣除的体积。

应扣除：单个面积在 $0.3\ m^2$ 以上孔洞所占的体积，砖基础中嵌入的钢筋混凝土柱(包括独立柱、框架柱、构造柱及柱基等)、梁(包括基础梁、圈梁、过梁、挑梁等)。

不扣除：不扣除基础大放脚T形接头处的重叠部分及嵌入基础内的钢筋、铁件、管道、基础砂浆防潮层和单个面积在 $0.3\ m^2$ 以内的孔洞所占体积。

应并入：附墙垛基础宽出部分体积。

不增加：靠墙暖气沟的挑檐不增加体积。

(2)实心砖墙。实心砖墙项目适用于各种类型实心砖墙，可分为外墙、内墙、围墙、直形墙、弧形墙以及不同的墙厚，砌筑砂浆分为水泥砂浆、混合砂浆等。砖品种、规格、强度等级、配合比，应在项目特征中进行描述。实心砖墙项目设置及工程量计算规则见表3-6。

1)实心砖墙工程量计算。

实心砖墙工程量计算公式为

$$V=L×H×B-V_扣+V_增$$

式中 L——墙长：外墙按中心线，内墙按净长线；

H——墙高：

①外墙：斜(坡)屋面无檐口天棚者算至屋面板底；有屋架且室外均有天棚者算至屋架下弦底另加 200 mm。

无天棚者算至屋架下弦底另加 300 mm，出檐宽度超过 600 mm 时按实砌高度计算；与钢筋混凝土楼板隔层者算至板顶。平屋顶算至钢筋混凝土板底。

②内墙：位于屋架下弦者，算至屋架下弦底；无屋架者算至天棚底另加 100 mm；有钢筋混凝土楼板隔层者算至楼板顶；有框架梁时算至梁底。

③女儿墙：从屋面板上表面算至女儿墙顶面(如有混凝土压顶时算至压顶下表面)。

④内、外山墙：按其平均高度计算。

B——墙厚：实心砖墙若采用标准砖砌筑，其厚度按表规定确定，使用非标准砖时，其厚度应按实际规格和设计厚度计算。标准砖尺寸应为 240 mm×115 mm×53 mm。标准砖墙厚度应按表3-7计算。

表 3-7　标准砖墙厚度

砖数(厚度)	1/4	1/2	3/4	1	1.5	2	2.5	3
计算厚度/mm	53	115	180	240	365	490	615	740

2)应扣除或不扣除的体积。

应扣除：门窗，洞口，嵌入墙内的钢筋混凝土柱、梁、圈梁、挑梁、过梁及凹进墙内的壁龛、暖气槽、消火栓箱所占体积。

不扣除：梁头、板头、檩头、垫木、木楞头、沿缘木、水砖、门窗走头、砖墙内加固钢筋、木筋、铁件、钢管及单个面积≤ $0.3\ m^2$ 的孔洞所占体积。

应增加：凸出墙面的砖垛。

不增加：凸出墙面的腰线、挑檐、压顶、窗台线、虎头砖、门窗套的体积。

特别提示

凸出墙面的腰线、挑檐、压顶、窗台线、虎头转、门窗套均不计算体积；内墙算至楼板隔层板顶，围墙的砖压顶突出墙面部分不计算体积，压顶顶面凹进墙面的部分也不扣除。墙内砖平拱、砖弧拱及砖过梁的体积不扣除，应包括在报价内。

（3）垫层：在工程上，经常采用的有灰土垫层和混凝土垫层。垫层工程量按设计图示尺寸以立方米计算。其清单项目设置及工程量计算规则见表3-8。

表3-8　垫层（编号：010404）

项目编码	项目名称	项目特征	计量单位	工程量计算规则	工作内容
010404001	垫层	垫层材料种类、配合比、厚度	m³	按设计图示尺寸以立方米计算	1. 垫层材料的拌制 2. 材料铺设 3. 材料运输

特别提示

混凝土垫层应按混凝土及钢筋混凝土工程中相关项目编码外，其他垫层的清单项目应按表3-8垫层项目编码列项。

（三）工作任务实施

1. 砌筑工程工程量清单编制步骤和方法

（1）熟悉施工图纸。

（2）熟悉《计算规范》。

（3）列清单项目。

（4）清单工程量计算。

（5）填写分部分项工程量清单与计价表，包括项目编码、项目名称、项目特征描述、计量单位和工程量。

2. 编制砌筑工程量清单

（1）清单工程量计算。建筑工程清单工程量计算表实例见表3-9。

表3-9　建筑工程清单工程量计算表实例

工程名称：保定东廉良办公楼工程

序号	项目编码	项目名称	单位	工程数量	计算式
附录D　砌筑工程　D.1砖砌体					
1	010401001001	M7.5水泥砂浆砌筑砖基础	m³	43.8	外墙砖基础=$[(0.37+0.06\times2)\times0.12+(1.7-0.12-0.24)\times0.37]\times[(10.5+0.065\times2)+(14.1+0.065\times2)]\times2=27.57(m^3)$ 内墙砖基础=$[(0.24+0.06\times2)\times0.12+(1.7-0.12-0.24)\times0.24]\times[(14.23-0.37)\times2+(10.63-0.37-0.24\times2)\times2]=17.25(m^3)$

序号	项目编码	项目名称	单位	工程数量	计算式
1	010401001001	M7.5水泥砂浆砌筑砖基础	m³	43.8	扣除：嵌入砖基础构造柱＝0.24×0.24×(1.7−0.24)×9+(0.03×3×4+0.03×3×2+0.03×2×3+0.03×2×1)×0.24×(1.7−0.24)＝1.03(m³)
2	010401003001	一层M5.0混合砂浆砌筑砖墙	m³	78.93	$V=($墙长×墙高−门窗面积$)×$墙厚−圈梁体积−预制过梁体积−构造柱体积 外墙 $V_1=[(10.5+0.065×2)+(14.1+0.065×2)]×2×0.365×3.6−(1.8×2.1×3+1.2×1.2+1.2×2.1×3+1.8×3.0)×0.365=65.33−9.40=55.93(m³)$ 扣除 QL1：0.24×0.18×(10.5+14.1)×2−0.24×0.24×6×0.18=2.06(m³) 内墙 $V_2=[(6−0.24)×4+(3.9×2−0.24)+(3.9−0.24)+(2.7−0.24)]×0.24×(3.6−0.18)−[1×2.4×3+1.2×(3.6−0.18)]×0.24=27.42(m³)$ 120隔墙 $V_3=0.115×(2.7−0.24)×(3.6−0.1)−0.75×3×0.115=0.73(m³)$ 扣除：构造柱＝0.24×0.24×(3.6−0.18)×9+(0.03×2×4+0.03×3×1+0.03×2×3+0.03×2×1)×0.24×(3.6−0.18)=2.24(m³) 扣除：预制过梁＝[(1.8+0.5)×4+(1.2+0.5)×4]×0.365×0.12+(1+0.5)×3×0.24×0.12+(0.75+0.5)×0.115×0.12=0.85(m³) 砖墙合计＝55.93−2.06+27.42+0.73−2.24−0.85=78.93(m³)
3	010401003002	二层M5.0混合砂浆砌筑砖墙	m³	81.92	$V=($墙长×墙高−门窗面积$)×$墙厚−圈梁体积−预制过梁体积−构造柱体积 外墙 $V_1=[(10.5+0.065×2)+(14.1+0.065×2)]×2×0.365×3.6−(1.8×2.1×4+1.2×1.2+1.2×2.1×3)×0.365=65.33−8.80=56.53(m³)$ 扣除 QL3：0.24×0.18×(10.5+14.1)×2−0.24×0.24×6×0.18=2.06(m³) 内墙 $V_2=[(6−0.24)×4+(3.9×2−0.24)+(3.9−0.24)×2+(2.7−0.24)]×0.24×(3.6−0.18)−[1×2.4×4+1.2×(3.6−0.18)]×0.24=33.14−3.29=29.85(m³)$ 120隔墙 $V_3=0.115×(2.7−0.24)×(3.6−0.1)−0.75×3×0.115=0.73(m³)$ 扣除：构造柱＝0.24×0.24×(3.6−0.18)×9+(0.03×2×4+0.03×3×1+0.03×2×3+0.03×2×1)×0.24×(3.6−0.18)=2.24(m³) 扣除：预制过梁＝[(1.8+0.5)×4+(1.2+0.5)×4]×0.365×0.12+(1+0.5)×4×0.24×0.12+(0.75+0.5)×0.115×0.12=0.89(m³) 56.53−2.06+29.85+0.73−2.24−0.89=81.92(m³)

序号	项目编码	项目名称	单位	工程数量	计算式
4	010401003003	女儿墙砖墙	m³	6.3	V＝墙长×墙高×墙厚－嵌入女儿墙的构造柱＝$[(10.5+0.25×2-0.12×2)+(14.1+0.25×2-0.12×2)]×2×0.24×0.56-0.24×0.24×0.56×14=6.3(m³)$

(2)砌筑工程清单编制。分部分项(砌筑)工程量清单与计价表见表 3-10。

表 3-10　分部分项(砌筑)工程量清单与计价表

序号	项目编码	项目名称	项目特征描述	计量单位	工程量	金额/元 综合单价	合价	其中 暂估价
附录 D　砌筑工程								
1	010401001001	砖基础	砖品种、规格、强度等级：MU10 标砖 基础类型：条形 砂浆强度等级：M7.5 水泥砂浆 防潮层材料种类：1∶2 的防水砂浆	m³	43.8			
2	010401003001	一层实心砖墙	砖品种、规格、强度等级：MU10 标砖 墙体类型：实砌标准砖墙 砂浆强度等级：M5 混合砂浆	m³	78.93			
3	010401003002	二层实心砖墙	砖品种、规格、强度等级：MU10 标砖 墙体类型：实砌标准砖墙 砂浆强度等级：M5 混合砂浆	m³	81.92			
4	010401003003	女儿墙	砖品种、规格、强度等级：MU10 标砖 墙体类型：实砌标准砖墙 砂浆强度等级：M5 混合砂浆	m³	6.3			
	合计							

 课后练习题

图 3-1 所示为现浇钢筋混凝土平顶砖墙结构住宅，室内净高为 2.9 m，门窗均用钢筋砖过梁，门窗洞口尺寸见图，内外墙厚均为 240 mm，用 M5.0 水泥混合砂浆砌筑。编制砖基础和砖墙的砌筑工程量清单。

总　结

本工作任务介绍了《计算规范》中的砌筑工程的内容、工程量计算规则及规范使用中应注意的问题。以典型工作项目为载体对计算规则应用进一步深化。本工作任务中的重点、难点是砖基础、砖墙的清单工程量计算及依据砖基础的清单工作内容进行列项，通过本工作任务的学习，应具备砌筑工程量清单的编制能力。

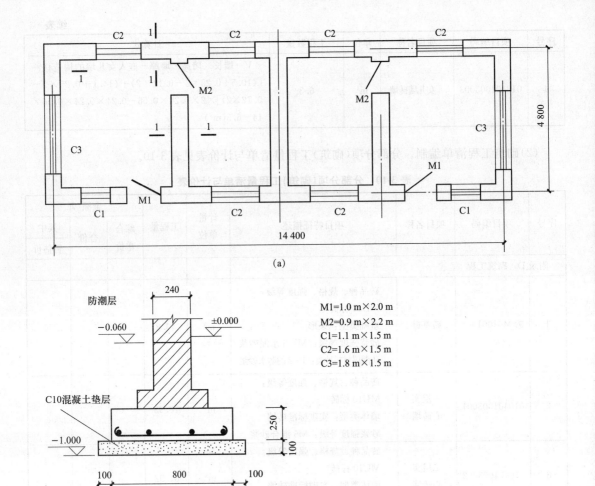

M1=1.0 m×2.0 m
M2=0.9 m×2.2 m
C1=1.1 m×1.5 m
C2=1.6 m×1.5 m
C3=1.8 m×1.5 m

防潮层
−0.060
±0.000
240
250
100
C10混凝土垫层
−1.000
100　800　100

(b)

图3-1　住宅平面、剖面示意图

任务三　混凝土及钢筋混凝土工程工程量清单编制

一、知识目标

（1）能够准确识读建筑及结构施工图，并正确列出混凝土工程的清单项目。

（2）能够准确计算所有混凝土构件的清单工程量。

（3）掌握混凝土及钢筋混凝土工程量清单计价规范的应用方法。

二、能力目标

能够准确计算混凝土及钢筋混凝土工程的各分项的清单工程量，并依据清单计价规范编制混凝土及钢筋混凝土工程的招标工程量清单。

布置任务—相关知识学习—工作任务的实施—检查并总结。

(一)布置任务

1. 工程基本概况

本工程为一栋二层砖混结构办公楼，详见建筑及结构施工图，图中标注尺寸标高以 m 为单位计，其余以 mm 为单位计，所注室外地坪标高为－0.450，室内地坪标高为±0.000。

2. 工作任务要求

(1)按照《计算规范》的有关内容列项、计算清单工程量。

(2)依据《计算规范》结合图纸及施工组织设计填写分部分项工程量清单与计价表，完成混凝土及钢筋混凝土工程部分招标工程量清单的编制。

(二)相关知识学习

1. 概述

混凝土及钢筋混凝土工程，按其施工方法不同，可分为现浇混凝土和预制混凝土工程。现浇混凝土的供应方式(现场搅拌和商品混凝土)以施工组织设计确定。预制混凝土工程又划分为普通预制钢筋混凝土和预应力钢筋混凝土，预应力钢筋混凝土工程根据张拉顺序不同可分为先张法预应力构件和后张法预应力构件。混凝土与钢筋混凝土工程中的项目包括现浇混凝土、预制混凝土和钢筋工程三部分内容。其中，现浇、预制混凝土工程按分项工程又可分为基础、柱、梁、墙、板、楼梯等；钢筋工程可分为现浇构件钢筋、预制构件钢筋、先张法预应力钢筋、后张法预应力钢筋等。

混凝土及钢筋混凝土的施工过程包括支模板、绑扎钢筋和浇筑混凝土三个主要工序。

2. 注意事项

(1)有肋带形基础、无肋带形基础均应按带形基础列项，并注明肋高。

(2)箱式满堂基础的满堂基础底板、柱、梁、墙、板，可按满堂基础、柱、梁、墙、板分别编码列项。

(3)毛石混凝土基础，项目特征应描述毛石所占比例。

(4)混凝土类别是指清水混凝土、彩色混凝土等，如在同一地区既使用预拌(商品)混凝土又允许现场搅拌混凝土时，也应注明。

(5)短肢剪力墙是指截面厚度不大于 300 mm、各肢截面高度与厚度之比的最值大于 4 但不大于 8 的剪力墙；各肢截面高度与厚度之比的最大值不大于 4 的剪力墙按柱项目编码列项。

(6)现浇挑檐、天沟板、雨篷、阳台与板(包括屋面板、楼板)连接时，以外墙外边线为分界线；与圈梁(包括其他梁)连接时，以梁外边线为分界线：外边线以外为挑檐、天沟、雨篷或阳台。

(7)现浇混凝土小型池槽、垫块、门框等，应按其他构件项目编码列项。

(8)现浇构件中伸出构件的锚固钢筋应并入钢筋工程量内：除设计(包括规范规定)标明的搭接外，其他施工搭接不计算工程量，在综合单价中综合考虑。

(9)现浇构件中固定位置的支撑钢筋、双层钢筋用的"铁马"在编制工程量清单时，如果设计未明确，其工程数量可为暂估量，结算时按现场签证数量计算。

(10)现浇或预制混凝土和钢筋混凝土构件，不扣除构件内钢筋、螺栓、预埋铁件、张拉孔道所占体积，但应扣除钢筋骨架的型钢所占体积。

3. 计算规则

现浇混凝土基础工程量清单项目设置、项目特征描述的内容、计量单位及工程量计算规则应按表 3-11 的规定执行。

表 3-11　现浇混凝土基础(编号：010501)

项目编码	项目名称	项目特征	计量单位	工程量计算规则	工作内容
010501001	垫层	1. 混凝土种类 2. 混凝土强度等级	m³	按设计图示尺寸以体积计算。不扣除伸入承台基础的桩头所占体积	1. 模板及支撑制作、安装、拆除、堆放、运输及清理模内杂物、刷隔离剂等 2. 混凝土制作、运输、浇筑、振捣、养护
010501002	带形基础				
010501003	独立基础				
010501004	满堂基础				
010501005	桩承台基础				

现浇混凝土柱工程量清单项目设置、项目特征描述的内容、计量单位及工程量计算规则应按表 3-12 的规定执行。

表 3-12　现浇混凝土柱(编号：010502)

项目编码	项目名称	项目特征	计量单位	工程量计算规则	工作内容
010502001	矩形柱	1. 混凝土种类 2. 混凝土强度等级	m³	按设计图示尺寸以体积计算。 柱高： 1. 有梁板的柱高，应自柱基上表面(或楼板上表面)至上一层楼板上表面之间的高度计算 2. 无梁板的柱高，应自柱基上表面(或楼板上表面)至柱帽下表面之间的高度计算 3. 框架柱的柱高，应自柱基上表面至柱顶高度计算 4. 构造柱按全高计算，嵌接墙体部分(马牙槎)并入柱身体积 5. 依附柱上的牛腿和升板的柱帽，并入柱身体积计算	1. 模板及支架(撑)制作、安装、拆除、堆放、运输及清理模内杂物、刷隔离剂等 2. 混凝土制作、运输、浇筑、振捣、养护
010502002	构造柱				

现浇混凝土梁工程量清单项目设置、项目特征描述的内容、计量单位及工程量计算规则应按表 3-13 的规定执行。

表 3-13　现浇混凝土梁(编号：010503)

项目编码	项目名称	项目特征	计量单位	工程量计算规则	工作内容
010503001	基础梁	1. 混凝土种类 2. 混凝土强度等级	m³	按设计图示尺寸以体积计算。伸入墙内的梁头、梁垫并入梁体积内 梁长： 1. 梁与柱连接时，梁长算至柱侧面 2. 主梁与次梁连接时，次梁长算至主梁侧面	1. 模板及支撑制作、安装、拆除、堆放及清理模内杂物、刷隔离剂等 2. 混凝土制作、运输、浇筑、振捣、养护
010503002	矩形梁				
010503003	异形梁				
010503004	圈梁				
010503005	过梁				

现浇混凝土墙工程量清单项目设置、项目特征描述的内容、计量单位及工程量计算规则应按表 3-14 的规定执行。

表 3-14　现浇混凝土墙(编号：010504)

项目编码	项目名称	项目特征	计量单位	工程量计算规则	工作内容
010504001	直形墙	1. 混凝土种类 2. 混凝土强度等级	m³	按设计图示尺寸以体积计算。 扣除门窗洞口及单个面积＞0.3 m² 的孔洞所占体积，墙垛及凸出墙面部分并入墙体体积内计算	1. 模板及支架(撑)制作、安装、拆除、堆放、运输及清理模内杂物、刷隔离剂等 2. 混凝土制作、运输、浇筑、振捣、养护
010504002	弧形墙				
010504003	短肢剪力墙				
010504004	挡土墙				

现浇混凝土板工程量清单项目设置、项目特征描述的内容、计量单位及工程量计算规则应按表 3-15 的规定执行。

表 3-15　现浇混凝土板(编号：010505)

项目编码	项目名称	项目特征	计量单位	工程量计算规则	工作内容
010505001	有梁板	1. 混凝土种类 2. 混凝土强度等级	m³	按设计图示尺寸以体积计算，不扣除单个面积≤0.3 m² 的柱、垛以及孔洞所占体积 有梁板(包括主、次梁与板)按梁、板体积之和计算，无梁板按板和柱帽体积之和计算，各类板伸入墙内的板头并入板体积内计算，薄壳板的肋、基梁并入薄壳体积内计算	1. 模板及支架(撑)制作、安装、拆除、堆放、运输及清理模内杂物、刷隔离剂等 2. 混凝土制作、运输、浇筑、振捣、养护
010505002	无梁板				
010505003	平板				
010505006	栏板				
010505007	天沟(檐沟)、挑檐板			按设计图示尺寸以体积计算	
010505008	雨篷、悬挑板、阳台板			按设计图示尺寸以墙外部分体积计算。包括伸出墙外的牛腿和雨篷反挑檐的体积	

现浇混凝土楼梯工程量清单项目设置、项目特征描述的内容、计量单位及工程量计算规则应按表 3-16 的规定执行。

表 3-16　现浇混凝土楼梯(编号：010506)

项目编码	项目名称	项目特征	计量单位	工程量计算规则	工作内容
010506001	直形楼梯	1. 混凝土种类 2. 混凝土强度等级	1. m² 2. m³	1. 以平方米计量，按设计图示尺寸以水平投影面积计算。不扣除宽度≤500 mm 的楼梯井，伸入墙内部分不计算 2. 以立方米计量，按设计图示尺寸以体积计算	1. 模板及支架(撑)制作、安装、拆除、堆放、运输及清理模内杂物、刷隔离剂等 2. 混凝土制作、运输、浇筑、振捣、养护
010506002	弧形楼梯				

现浇混凝土其他构件工程量清单项目设置、项目特征描述的内容、计量单位及工程量计算规则应按表 3-17 的规定执行。

表 3-17　现浇混凝土其他构件(编号：010507)

项目编码	项目名称	项目特征	计量单位	工程量计算规则	工作内容
010507001	散水、坡道	1. 垫层材料种类、厚度 2. 面层厚度 3. 混凝土种类 4. 混凝土强度等级 5. 变形缝填塞材料种类	m²	按设计图示尺寸以水平投影面积计算。不扣除单个面积≤0.3 m² 的孔洞所占面积	1. 地基夯实 2. 铺设垫层 3. 模板及支撑制作、安装、拆除、堆放、运输及清理模内杂物、刷隔离剂等 4. 混凝土制作、运输、浇筑、振捣养护 5. 变形缝填塞
010507004	台阶	1. 踏步高、宽 2. 混凝土种类 3. 混凝土强度等级	1. m² 2. m³	1. 以平方米计量，按设计图示尺寸以水平投影面积计算。 2. 以立方米计量，按设计图示尺寸以体积计算	1. 模板及支撑制作、安装、拆除、堆放、运输及清理模内杂物、刷隔离剂等 2. 混凝土制作、运输、浇筑、振捣、养护

钢筋工程工程量清单项目设置、项目特征描述的内容、计量单位及工程量计算规则应按表 3-18 的规定执行。

表 3-18　钢筋工程(编号：010515)

项目编码	项目名称	项目特征	计量单位	工程量计算规则	工作内容
010515001	现浇构件钢筋				1. 钢筋制作、运输 2. 钢筋安装 3. 焊接(绑扎)
010515002	预制构件钢筋				
010515003	钢筋网片	钢筋种类、规格		按设计图示钢筋(网)长度(面积)乘以单位理论质量计算	1. 钢筋网制作、运输 2. 钢筋网安装 3. 焊接(绑扎)
010515004	钢筋笼		t		1. 钢筋笼制作、运输 2. 钢筋笼安装 3. 焊接(绑扎)
010515005	先张法预应力钢筋	1. 钢筋种类、规格 2. 锚具种类		按设计图示钢筋长度乘以单位理论质量计算	1. 钢筋制作、运输 2. 钢筋张拉
010515009	支撑钢筋(铁马)	1. 钢筋种类 2. 规格		按钢筋长度乘单位理论质量计算	钢筋制作、焊接、安装

注：现浇构件中伸出构件的锚固钢筋并入钢筋工程量内。除设计(包括规范规定)标明的搭接外，其他施工搭接不计算工程量，在综合单价中综合考虑。

钢筋混凝土工程的工程量清单应分为混凝土和钢筋两部分或模板、混凝土和钢筋三部分。对于模板规范考虑了使用者方便计价及各专业的定额编制情况，对现浇混凝土模板采用两种方式编制，一方面混凝土工程"工作内容"中包括模板工程的内容，以立方米计量，与混凝土项目一起组成综合单价；另一方面又在措施项目中单列现浇混凝土模板工程项目，以平方米计量，单独组成综合单价。招标人有以下两种处理方法：

(1)招标人若采用单列现浇混凝土模板工程，必须按《计算规范》所规定的计量单位、项目编码、项目特征列出清单，同时，现浇混凝土项目中不含模板的工程费用。

(2)招标人若不单列现浇混凝土模板工程项目，现浇混凝土工程项目的综合单价中就应包括模板的工程费用。

(1)混凝土垫层。混凝土垫层清单项目设置及工程量计算规则见表3-11。其他垫层的清单项目设置及工程量计算规则见表3-8。

$$方形基础垫层工程量＝垫层底面积×垫层厚度$$
$$带形基础垫层工程量＝垫层长度×垫层断面面积$$

垫层长度：外墙按外墙中心线长度；内墙按内墙基础垫层的净长线。凸出部分的体积并入工程量内计算。

(2)混凝土基础：包括带形基础、独立基础、满堂基础、桩承台基础和设备基础。其中，带形基础、独立基础、满堂基础的清单工程量计算规则同定额。

桩承台基础：是在已打完的桩顶上，将桩顶部的混凝土剔凿掉，露出钢筋，浇灌混凝土使之与桩顶连成一体的钢筋混凝土基础。

工程量计算规则不同于定额：清单的工程量计算按图示桩承台尺寸以立方米计算，不扣除浇入承台体积内的桩头所占体积。

(3)现浇混凝土柱。现浇混凝土柱包括矩形柱、构造柱和异形柱。其清单项目设置及工程量计算规则见表3-12。

无梁板柱的高度计算至柱帽下表面，其他柱都算全高，柱帽部分的工程量计算在无梁板体积内。

(4)现浇混凝土梁：现浇混凝土梁包括基础梁、矩形梁、异形梁、圈梁、过梁、弧形梁、拱形梁等。其清单项目设置及工程量计算规则见表3-13。

各种梁项目的工程量，主梁与次梁连接时，次梁算至主梁侧面。简而言之，截面小的梁长度算至截面大的梁侧面。

(5)现浇混凝土墙。现浇混凝土墙包括直形墙、弧形墙、短肢剪力墙和挡土墙。需要注意的是，与墙相连的薄壁柱按墙项目编码列项。现浇混凝土墙清单项目设置及工程量计算规则见表3-14。

(6)现浇混凝土板。现浇混凝土板包括有梁板，无梁板，平板，拱板，栏板，天沟（檐沟）、挑檐板，雨篷、悬挑板、阳台板等。其清单项目设置及工程量计算规则见表3-15。

1）有梁板是指梁（包括主、次梁）与板构成一体并至少有三边是以承重梁支撑的板。

2）无梁板是指不带梁而直接用柱头支撑的板。

3）平板是指直接由墙（包括钢筋混凝土墙）承重的板。

特别提示

板与圈梁连接时，板算至圈梁的侧面。

有多种板连接时，应以墙的中心线为分界线，分别列项计算。

现浇挑檐、天沟板、雨篷、阳台与板（包括屋面板、楼板）连接时，以外墙身外边缘为分界线；当与圈梁（包括其他梁）连接时，以梁外边线为分界线。外边线以外为浇挑檐、天沟板、雨篷、阳台。

(7)现浇混凝土楼梯。现浇混凝土楼梯可分为直形楼梯和弧形楼梯两项。其清单项目设置及工程量计算规则见表3-16。

整体楼梯（包括直形楼梯和弧形楼梯）水平投影面积包括休息平台、平台梁、斜梁和楼梯的连接梁。当整体楼梯与现浇楼板无梯梁连接时，以楼梯最后一个踏步边缘加300 mm为界。

单跑楼梯如无休息平台时，应在工程量清单中描述。

(8)钢筋工程。钢筋工程应区分现浇构件钢筋、预制构件钢筋、钢筋网片、钢筋笼、预应力钢筋、支撑钢筋等项目，按钢筋的不同品种和规格分别计算。钢筋工程常见清单项目设置及工程量计算规则见表3-18。

特别提示

为了促进钢材升级换代以及减量使用，工业和信息化部与住房和城乡建设部已于2013年年初发布了关于停用HPB235和HRB335级钢筋的通知，此通知中明确指出，到2013年年底，在建筑工程中淘汰HPB235和HRB335级钢筋。2013年2月，国家发改委又发布《国家发展改革委关于修改〈产业结构调整指导目录(2011年本)〉》有关条款的决定，该决定强调，自2013年5月1日起，不得再生产、销售HPB235和HRB335级钢筋。目前HPB235级钢筋已基本退出市场，淘汰HRB335级钢筋仍需1～2年的缓冲期。

(三)工作任务实施

1.混凝土及钢筋混凝土工程工程量清单编制步骤和方法

(1)熟悉施工图纸。

(2)熟悉施工组织设计。

(3)熟悉《计算规范》。

(4)列清单项目。

(5)清单工程量计算。

(6)填写分部分项工程量清单与计价表，包括项目编码、项目名称、项目特征描述、计量单位和工程量。

2.编制混凝土及钢筋混凝土工程工程量清单

(1)清单工程量计算。建筑工程清单工程量计算表实例见表3-19。

表 3-19　建筑工程清单工程量计算表实例

序号	项目编码	项目名称	单位	工程数量	计算式
附录 E　混凝土及钢筋混凝土工程					
1	010501001001	C10 混凝土基础垫层	m³	11.47	$V=(1.3×14.23×2+1.2×10.63×2+1.4×13.03×2+1.2×6.53×2)×0.1=11.47(m^3)$
2	010501002001	现浇 C30 带型基础	m³	29.96	$V=$带形基础的截面面积$×$基础长$=1.1×0.25×14.23×2+1×0.25×2×10.63×2+1.2×0.25×13.23×2+1×0.25×7.13×2=29.96(m^3)$
3	010502002001	现浇 C20 构造柱	m³	6.20	$V=0.24×0.24×(1.7+7.2)×9+(0.03×2×4+0.03×3×1+0.03×2×3+0.03×2×1)×0.24×[(1.7-0.24)+(3.6-0.18)×2]=5.75(m^3)$ $V_女=0.24×0.24×0.56×14=0.45(m^3)$
4	010503004001	一层、二层现浇 C20 混凝土圈梁	m³	7.16	一层：$V_{QL1}=0.24×0.18×(10.5+14.1)×2=2.13(m^3)$ $V_{QL2}=0.24×0.18×[(6-0.24)×4+(3.9-0.24)+(2.7-0.24)+(3.9×2-0.24)]=1.586(m^3)$ 扣除圈梁兼过梁$=(1.2+0.5)×0.24×0.18=0.073(m^3)$ 扣除：构造柱$=0.24×0.24×0.18×6=0.06(m^3)$ $2.13+1.586-0.073-0.06=3.58(m^3)$ 二层同一层：$3.58 m^3$
5	010503004003	现浇 C30 混凝土地圈梁	m³	7.01	$V=0.37×0.24×(14.23+10.63)×2+0.24×0.24×(14.1-0.12×2)×2+0.24×0.24×(10.5-0.24×2-0.12×2)×2=7.38(m^3)$ 扣除构造柱：$0.24×0.24×0.24×9=0.124(m^3)$
6	010503003001	现浇 C20 混凝土矩形梁	m³	1.28	$V_1=0.24×0.4×(3.9-0.24)+0.24×0.3×(2.1-0.24)+0.24×0.3×(2.7-0.24)=0.66(m^3)$ $V_2=0.24×0.3×(2.1-0.24)+0.24×0.3×(2.7-0.24)+0.24×0.35×(3.9-0.24)=0.62(m^3)$
7	010510003001	预制过梁	m³	1.76	$V_1=[(1.8+0.5)×4+(1.2+0.5)×4]×0.37×0.12+(1+0.5)×3×0.24×0.12+(0.75+0.5)×0.12×0.12=0.86(m^3)$ $V_2=[(1.8+0.5)×4+(1.2+0.5)×4]×0.37×0.12+(1+0.5)×4×0.24×0.12+(0.75+0.5)×0.12×0.12=0.90(m^3)$

序号	项目编码	项目名称	单位	工程数量	计算式
8	010505003001	一层、二层现浇 C20 混凝土楼板	m³	28.17	$V_1=(3.9-0.24)\times(6-0.24)\times4\times0.12+(2.7-0.24)\times(6-0.24)\times0.1+(3.9\times2-0.24)\times(2.1-0.24)\times0.1+(2.7-0.24)\times(2.1-0.24)\times0.1=13.40(m^3)$ $V_2=(3.9-0.24)\times(6-0.24)\times4\times0.12+(2.7-0.24)\times(6-0.24)\times2\times0.1+(3.9\times2-0.24)\times(2.1-0.24)\times0.1+(2.7-0.24)\times(2.1-0.24)\times0.1-0.7\times0.6\times0.1=14.77(m^3)$
9	010505006001	现浇 C20 混凝土栏板	m³	0.25	雨篷上栏板 $=0.38\times0.06\times[(1.2-0.03)\times2+(3.0+0.24-0.06)]=0.13(m^3)$ 屋面上人孔栏板 $=0.5\times0.08\times[(0.7+0.08)+(0.6+0.08)]\times2=0.12(m^3)$
10	010505007001	现浇 C20 混凝土挑檐	m³	2.79	$V=0.5\times0.08\times[(11+14.6)\times2+4\times0.5]+0.12\times0.1\times[(11+14.6)\times2+8\times0.5]=2.79(m^3)$
11	010505008001	现浇 C20 混凝土雨篷	m³	0.60	$V=1.2\times(3.9+0.24)\times0.12=0.60(m^3)$
12	010506001001	现浇 C20 混凝土楼梯	m² 或 m³	12.74 或 2.66	$S=(2.7-0.24)\times(1.68+3.3+0.2)=12.74(m^2)$ 或者 $V=1.18\times L_{斜}\times0.14\times2+0.3\times0.15\times0.5\times1.18\times11\times2+(0.2\times0.35\times2.46\times2+0.15\times0.1\times1.18)+(1.68-0.2)\times2.46\times0.1=2.66(m^3)$ $L_{斜}=(3.3^2+1.8^2)^{0.5}=3.76(m)$ 或者 $V=1.18\times L_{斜}\times0.14\times2+0.3\times0.15\times0.5\times1.18\times11\times2+[0.2\times0.35\times2.46+0.2\times0.35\times(2.7+0.37)+0.15\times0.1\times1.18]+(1.8-0.2)\times2.7\times0.1=2.66(m^3)$
13	010505003003	楼梯间现浇 C20 混凝土楼板	m³	0.14	$V=(1.02-0.24-0.2)\times(2.7-0.24)\times0.1=0.14(m^3)$
14	010507001001	混凝土散水	m²	44.46	$S=[(11+14.6)\times2+4\times0.9-(4.2+0.3\times4)]\times0.9=44.46(m^2)$
15	010507004001	混凝土台阶	m²	4.32	$S=(4.2+0.3\times4)\times0.3\times2+0.3\times2\times1.8=4.32(m^2)$
16	010507005001	混凝土压顶	m³	2.13	$V=(0.24\times0.24-0.12\times0.12)\times(10.5+14.1)\times2=2.13(m^3)$
17	010503005001	现浇混凝土过梁(一层及二层)	m³	0.147	$V=(1.2+0.5)\times0.24\times0.18\times2=0.147(m^3)$
18	010515001001	现浇构件钢筋	t	同按定额计算出的工程量	区分不同构件进行重量统计

(2)混凝土及钢筋混凝土工程工程量清单编制。分部分项(混凝土及钢筋混凝土)工程量清单与计价表见表 3-20。

表 3-20　分部分项(混凝土及钢筋混凝土)工程量清单与计价表

序号	项目编码	项目名称	项目特征描述	计量单位	工程量	金额/元		其中
						综合单价	合价	暂估价
附录 E　混凝土及钢筋混凝土工程								
1	010501001001	混凝土垫层	混凝土种类：现浇 混凝土强度等级：C10	m³	11.47			
2	010501002001	混凝土带型基础	混凝土种类：现浇 混凝土强度等级：C30	m³	29.96			
3	010502002001	构造柱	混凝土强度等级：±0.000 以下 C30、±0.000 以上 C20 混凝土类别：现浇 有马牙槎	m³	6.2			
4	010503004001	一层、二层圈梁	混凝土强度等级：C20 混凝土类别：现浇	m³	7.16			
5	010503004003	地圈梁	混凝土强度等级：C20 混凝土类别：现浇	m³	7.01			
6	010503002001	矩形梁	混凝土强度等级：C20 混凝土类别：现浇	m³	1.28			
7	010510003001	预制过梁	混凝土强度等级：C20 混凝土类别：预制 截面：240 mm×120 mm、370 mm×120 mm 砂浆强度等级及配合比：1∶3 水泥砂浆 安装高度：3.6 和 7.2 m	m³	1.76			
8	010505003001	一层、二层平板	混凝土强度等级：C20 混凝土类别：现浇	m³	28.17			
9	010505006001	现浇 C20 混凝土栏板	混凝土类别：现浇 混凝土强度等级：C20	m³	0.25			
10	010505007001	现浇 C20 混凝土挑檐	混凝土类别：现浇 混凝土强度等级：C20	m³	2.79			
11	010505008001	现浇 C20 混凝土雨篷	混凝土类别：现浇 混凝土强度等级：C20	m³	0.60			
12	010506001001	现浇 C20 混凝土楼梯	混凝土类别：现浇 混凝土强度等级：C20	m²/m³	12.74 或 2.66			
13	010505003003	楼梯间现浇 C20 混凝土楼板	混凝土类别：现浇 混凝土强度等级：C20	m³	0.14			
14	010507001001	混凝土散水	垫层材料种类、厚度：素土夯实，向外坡 4%，150 mm 厚 3∶7 灰土 面层厚度：40 mm 混凝土类别：现浇细石混凝土 混凝土强度等级：C15	m²	44.46			

序号	项目编码	项目名称	项目特征描述	计量单位	工程量	金额/元		
						综合单价	合价	其中
								暂估价
15	010507004001	混凝土台阶	混凝土类别：现浇 混凝土强度等级：C20 踏步高宽比：1：2	m²	4.32			
16	010507005001	混凝土压顶	混凝土类别：现浇 混凝土强度等级：C20 截面尺寸：240×120＋120×120(mm)	m³	2.13			
17	010503005001	过梁	混凝土强度等级：C20 混凝土类别：现浇	m³	0.147			
18	010515001001	现浇构件钢筋	HPB300 HRB335	t				
本页小计								
合计								

 课后练习题

图 3-2 所示为独立基础图，已知某框架结构设备基础，有 4 个框架柱，柱下采用独立基础，尺寸和配筋如图 3-2 所示。请编制：1. 基础垫层、独立基础和柱混凝土工程量清单；2. 基础和柱钢筋的工程量清单。

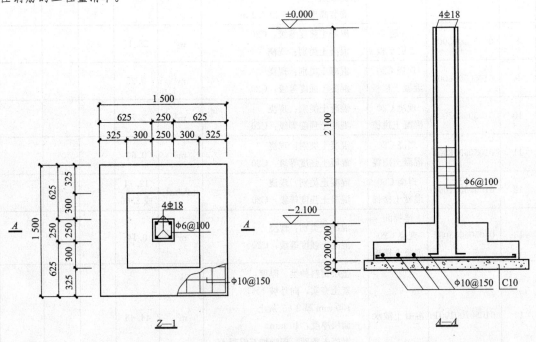

图 3-2 独立基础图

本工作任务介绍了《计算规范》中的混凝土及钢筋混凝土工程的内容、工程量计算规则及规范使用中应注意的问题。以典型工作项目为载体对计算规则应用进一步深化。本工作任务中的重点是混凝土构件、钢筋的清单的列项和工程量计算，其清单的计算规则基本同于定额的计算规则。难点在于桩承台工程量不同于定额，板的项目划分增加了有梁板清单项目。通过本工作任务的学习，应具备混凝土及钢筋混凝土工程量清单的编制能力。

任务四　屋面及防水工程、保温隔热工程工程量清单编制

一、知识目标

(1)能够准确识读建筑及结构施工图，并正确列出屋面保温及防水工程、楼地面防水及墙面保温工程的清单项目。

(2)能够准确计算所有屋面保温及防水工程、楼地面防水及墙面保温工程的清单的工程量。

(3)掌握屋面保温及防水工程、楼地面防水及墙面保温工程的工程量清单计价规范的应用方法。

二、能力目标

能够准确计算屋面保温及防水工程、楼地面防水及墙面保温工程的各分项的清单工程量，并依据清单计价规范编制面保温及防水工程、楼地面防水及墙面保温工程的招标工程量清单。

三、学习导航

布置任务—相关知识学习—工作任务的实施—检查并总结。

(一)布置任务

1. 工程基本概况

本工程为一栋二层砖混结构办公楼，详见建筑施工图，图中标注尺寸标高以 m 为单位计，其余以 mm 为单位计，建筑设计说明第八条：屋面防水做法见工程做法表 05J1－99－屋 13，SBS Ⅱ＋Ⅱ改性沥青卷材防水做法。卫生间等楼地面的防水涂料应沿四周墙面高起 250 mm，卫生间的楼面做法见 05J1－32－楼 28，防水涂料为聚氨酯防水涂膜。外墙保温为 50 mm 厚聚苯板，楼梯间内墙保温为 30 mm 厚的胶粉保温颗粒。认真阅读屋面排水平面及工程做法表。

2. 工作任务要求

(1)按照《计算规范》的有关内容列项、计算清单工程量。

(2)依据《计算规范》结合图纸及施工组织设计填写分部分项工程量清单与计价表，完成屋面保温及防水工程、楼地面防水及墙面保温工程的招标工程量清单的编制。

(二)相关知识学习

1. 概述

屋面工程由屋面结构层、屋面保温隔热层和屋面防水层、屋面保护层四部分组成。屋面按

其坡度的不同可分为坡屋面和平屋面两大类；根据使用功能可分为上人屋面和不上人屋面，根据屋面防水材料可分为瓦屋面、型材屋面、阳光板屋面、玻璃钢屋面、膜结构屋面、卷材防水屋面、涂膜防水屋面和刚性防水屋面。屋面及防水工程共四节，包括瓦、型材及其他屋面工程，屋面防水及其他工程，墙面防水、防潮工程和楼（地）面防水、防潮工程四大项。

保温、隔热工程包括保温、隔热屋面，保温、隔热天棚，保温、隔热墙面，保温柱、梁，保温、隔热楼地面及其他保温隔热六个项目。

2. 注意事项

(1)屋面找平层按楼地面装饰工程中平面砂浆找平层项目编码列项。

(2)屋面防水搭接及附加层用量不另行计算，在综合单价中考虑。

(3)屋面保温找坡层按保温、隔热、防腐工程中保温、隔热屋面项目编码列项。

(4)墙面防水搭接及附加层用量不另行计算，在综合单价中考虑。

(5)墙面找平层按墙、柱面装饰与隔断工程中立面砂浆找平层项目编码列项。

(6)楼地面防水找平层按楼地面装饰工程中平面砂浆找平层项目编码列项。

(7)楼地面防水搭接及附加层用量不另行计算，在综合单价中考虑。

(8)保温、隔热装饰面层，按装饰工程中相关项目编码列项；仅做找平层按楼地面工程中平面砂浆找平层或墙、柱面装饰与隔断、幕墙工程中立面砂浆找平层项目编码列项。

(9)柱帽保温、隔热应并入天棚保温、隔热工程量内。

(10)保温、隔热方式指内保温、外保温、夹心保温。

(11)保温柱、梁适用于不与墙、天棚相连的独立柱、梁。

3. 计算规则

屋面防水及其他工程量清单项目设置、项目特征描述的内容、计量单位及工程量计算规则应按表3-21的规定执行。

表3-21 屋面防水及其他(编号：010902)

项目编码	项目名称	项目特征	计量单位	工程量计算规则	工作内容
010902001	屋面卷材防水	1. 卷材品种、规格、厚度 2. 防水层数 3. 防水层做法	m²	按设计图示尺寸以面积计算。 1. 斜屋顶(不包括平屋顶找坡)按斜面积计算，平屋顶按水平投影面积计算	1. 基层处理 2. 刷底油 3. 铺油毡卷材、接缝
010902002	屋面涂膜防水	1. 防水膜品种 2. 涂膜厚度、遍数 3. 增强材料种类		2. 不扣除房上烟囱、风帽底座、风道、屋面小气窗和斜沟所占面积 3. 屋面的女儿墙、伸缩缝和天窗等处的弯起部分，并入屋面工程量内	1. 基层处理 2. 刷基层处理剂 3. 铺布、喷涂防水层
010902004	屋面排水管	1. 排水管品种、规格 2. 雨水斗、山墙出水口品种、规格 3. 接缝、嵌缝材料种类 4. 油漆品种、刷漆遍数	m	按设计图示尺寸以长度计算。如设计未标注尺寸，以檐口至设计室外散水上表面垂直距离计算	1. 排水管及配件安装、固定 2. 雨水斗、山墙出水口、雨水算子安装 3. 接缝、嵌缝 4. 刷漆

楼(地)面防水、防潮工程量清单项目设置、项目特征描述的内容、计量单位及工程量计算规则应按表3-22的规定执行。

表3-22　楼(地)面防水、防潮(编号：010904)

项目编码	项目名称	项目特征	计量单位	工程量计算规则	工作内容
010904001	楼(地)面卷材防水	1. 卷材品种、规格、厚度 2. 防水层数 3. 防水层做法 4. 反边做法	m²	按设计图示尺寸以面积计算。 1. 楼(地)面防水：按主墙间净空面积计算，扣除凸出地面的构筑物、设备基础等所占面积，不扣除间壁墙及单个面积≤0.3 m²的柱、垛、烟囱和孔洞所占面积 2. 楼(地)面防水反边高度≤300 mm算作地面防水，反边高度>300 mm按墙面防水计算	1. 基层处理 2. 刷粘结剂 3. 铺防水卷材 4. 接缝、嵌缝
010904002	楼(地)面涂膜防水	1. 防水膜品种 2. 涂膜厚度、遍数 3. 增强材料种类 4. 反边高度			1. 基层处理 2. 刷基层处理剂 3. 铺布、喷涂防水层

保温、隔热工程量清单项目设置、项目特征描述的内容、计量单位及工程量计算规则应按表3-23的规定执行。

表3-23　保温、隔热(编号：011001)

项目编码	项目名称	项目特征	计量单位	工程量计算规则	工作内容
011001001	保温、隔热屋面	1. 保温、隔热材料品种、规格、厚度 2. 隔汽层材料品种、厚度 3. 粘结材料种类、做法 4. 防护材料种类、做法	m²	按设计图示尺寸以面积计算。扣除面积>0.3 m²孔洞及占位面积	1. 基层清理 2. 刷粘结材料 3. 铺粘保温层 4. 铺、刷(喷)防护材料
011001002	保温、隔热天棚	1. 保温、隔热面层材料品种、规格、性能 2. 保温、隔热材料品种、规格及厚度 3. 粘结材料种类及做法 4. 防护材料种类及做法		按设计图示尺寸以面积计算。扣除面积>0.3 m²上柱、垛、孔洞所占面积，与天棚相连的梁按展开面积，计算并入天棚工程量内	

项目编码	项目名称	项目特征	计量单位	工程量计算规则	工作内容
011001003	保温、隔热墙面	1. 保温、隔热部位 2. 保温、隔热方式 3. 踢脚线、勒脚线保温做法 4. 龙骨材料品种、规格 5. 保温、隔热面层材料品种、规格、性能 6. 保温、隔热材料品种、规格及厚度 7. 增强网及抗裂防水砂浆种类 8. 粘结材料种类及做法 9. 防护材料种类及做法	m²	按设计图示尺寸以面积计算。扣除门窗洞口以及面积＞0.3 m²梁、孔洞所占面积；门窗洞口侧壁以及与墙相连的柱，并入保温墙体工程量	1. 基层清理 2. 刷界面剂 3. 安装龙骨 4. 填贴保温材料 5. 保温板安装 6. 粘贴面层 7. 铺设增强格网、抹抗裂、防水砂浆面层 8. 嵌缝 9. 铺、刷(喷)防护材料

(1)屋面防水及其他包括屋面卷材防水、屋面涂膜防水、屋面刚性防水层、屋面排气(透)管等项。其清单项目设置及工程量计算规则见表3-21。

特别提示

按照河北省《计价规程》规定：屋面卷材、涂膜防水"工作内容"中包括铺保护层，铺保护层不再单独列项。

(2)保温、隔热屋面项目适用于各种材料的屋面保温、隔热。应注意以下几点：

1)屋面保温、隔热层上的防水层应按屋面的防水项目单独列项。

2)预制隔热板屋面的隔热板与砖墩分别按混凝土及钢筋混凝土工程和砌筑工程相关项目编码列项。

3)屋面保温、隔热的找坡、隔汽层应包含在报价内，如果屋面防水项目包括找坡，屋面保温、隔热不再计算，以免重复。

(3)保温、隔热天棚项目适用于各种材料的下贴式或吊顶上搁置式的保温、隔热天棚。

(4)保温、隔热墙面项目适用于工业与民用建筑物外墙、内墙保温隔热工程。应注意以下几点：

1)外墙内保温和外保温的面层应包括在报价内，装饰层应按装饰装修工程相关项目编码列项。

2)外墙内保温的内墙保温踢脚线应包括在报价内。

3)外墙外保温、内保温，内墙保温的基层抹灰或刮腻子应包括在报价内。

(三)工作任务实施

1. 层面防水工程、保温隔热工程工程量清单编制步骤和方法

(1)熟悉施工图纸。

(2)熟悉施工组织设计。

(3)熟悉《计算规范》。

(4)列清单项目。

(5)清单工程量计算。

(6)填写分部分项工程量清单与计价表，包括项目编码、项目名称、项目特征描述、计量单位和工程量。

2. 编制保温、隔热工程工程量清单

(1)清单工程量计算。建筑工程清单工程量计算表实例见表3-24。

表3-24 建筑工程清单工程量计算表实例

序号	项目编码	项目名称	单位	工程数量	计算式
附录Ⅰ 屋面及防水工程					
1	010902001001	屋面SBS卷材防水	m²	160.86	$S=$水平面$+$女儿墙立面$=(11-0.24\times2)\times(14.6-0.24\times2)+0.25\times[(11-0.24\times2)+(14.6-0.24\times2)]\times2=160.86(m^2)$
2	010904002001	卫生间聚氨酯防水涂膜	m²	18.48	$S=(2.7-0.24)\times(2.7-0.18)+(2.7-0.24)\times(3.3-0.18)+0.25\times[(2.46+2.52)\times2+(2.46+3.12)\times2-0.75\times2-1.2]=18.48(m^2)$
3	010904004001	屋面排水管	m	14.9	$L=(3.6\times2+0.45-0.2)\times2=14.9(m^2)$
附录J 保温、隔热、防腐工程					
4	011001001001	屋面聚苯板保温	m²	148.12	$S=(11-0.24\times2)\times(14.6-0.24\times2)-0.6\times0.7=148.12(m^2)$
5	011001001002	1:6水泥炉渣保温屋面	m²	148.12	$S=(11-0.24\times2)\times(14.6-0.24\times2)-0.6\times0.7=148.12(m^2)$
6	011001006001	1:3水泥砂浆掺聚丙烯找平层(屋面)	m²	160.86	$S=$水平面$+$女儿墙立面$=(11-0.24\times2)\times(14.6-0.24\times2)+0.25\times[(11-0.24\times2)+(14.6-0.24\times2)]\times2=160.86(m^2)$
7	011001003001	外墙聚苯板保温	m²	362.47	$S=(11+14.6)\times2\times(7.2+0.45)-(1.8\times2.1\times7+1.2\times1.2\times2+1.2\times2.1\times6+1.8\times3)+0.185\times[(1.8+2.1)\times2\times7+(1.2+1.2)\times2\times2+(2.1+2.1)\times2\times6+(1.8+3\times2)]=362.47(m^2)$
8	011001003002	楼梯间内墙保温颗粒	m²	42.6	$S=6\times(3.6\times2-0.1)=42.6(m^2)$

(2)保温及防水工程、楼地面防水及墙面保温工程工程量清单编制。分部分项(保温及防水工程、楼地面防水及墙面保温工程)工程量清单与计价表见表3-25。

表3-25 分部分项(保温及防水工程、楼地面防水及墙面保温工程)工程量清单与计价表

序号	项目编码	项目名称	项目特征描述	计量单位	工程量	综合单价	合价	暂估价
						金额/元		其中
附录Ⅰ 屋面及防水工程								
1	010902001001	屋面SBS卷材防水	卷材品种、规格、厚度:SBS Ⅱ+Ⅱ高聚物改性沥青防水卷材 防水层数:两遍 防水层做法:热熔	m²	160.86			

序号	项目编码	项目名称	项目特征描述	计量单位	工程量	金额/元		
						综合单价	合价	其中暂估价
2	010904002001	卫生间聚氨酯防水涂膜	防水膜品种：聚氨酯防水涂膜聚氨酯 涂膜厚度、遍数：1.5 mm 两遍 增强材料种类：无	m²	18.48			
3	010904004001	屋面排水管	PVC排水管 φ110 mm；塑料落水口 φ110 mm；塑料水斗 φ110 mm	m	14.9			
附录J 保温、隔热、防腐工程								
4	011001001001	屋面聚苯板保温	保温、隔热材料品种、规格、厚度：BKB板保温 85 mm 粘接材料种类、做法：干铺 防护材料种类、做法：涂料或粒料	m²	148.12			
5	011001001002	屋面1：6水泥炉渣保温	保温、隔热材料品种、规格、厚度：1：6 水泥炉渣最薄处 30 mm 粘结材料种类、做法：无 防护材料种类、做法：无	m²	148.12			
6	011001006001	1：3 水泥砂浆掺聚丙烯找平层(屋面)	找平层厚度：20 mm 砂浆配合比：1：3 水泥砂浆掺聚丙烯	m²	160.86			
7	011001003001	外墙聚苯板保温	保温、隔热部位：外墙 保温、隔热方式：粘贴 保温、隔热面层材料品种、规格、性能：一底二涂高弹丙烯酸涂料 保温、隔热材料品种、规格、厚度：40 mm 厚挤塑聚苯板 增强网及抗裂防水砂浆种类：5 mm 厚聚合物砂浆中间压入一层耐碱玻纤网格布 粘结材料种类及做法：1.5 mm 厚专用胶粘 防护材料种类及做法：20 mm 厚1：3水泥砂浆找平	m²	362.47			
8	011001003002	楼梯间内墙保温颗粒	保温、隔热面层材料品种、规格、性能： 保温、隔热材料品种、规格、厚度：30 mm 厚胶粉聚苯保温颗粒 增强网及抗裂防水砂浆种类：4～6 mm 厚抗裂砂浆符合耐碱网布 粘结材料种类及做法：专用界面 防护材料种类及做法：无	m²	42.6			

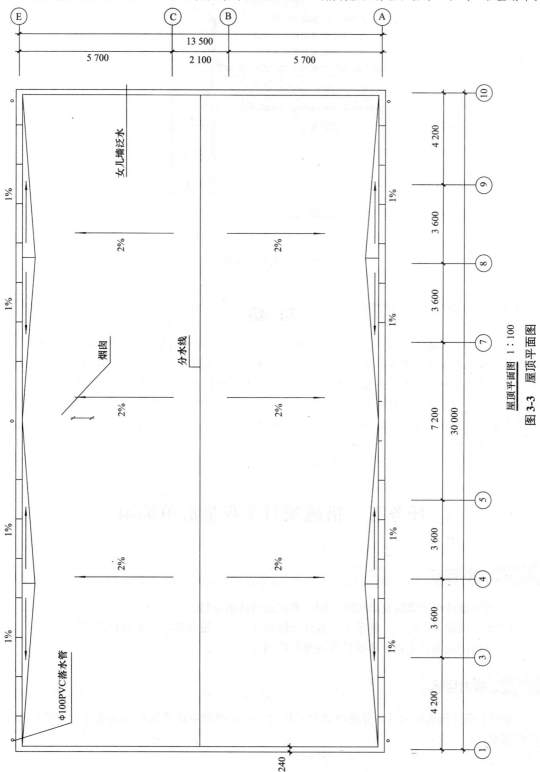

已知某平屋顶平面图(图 3-3)和女儿墙详图(图 3-4)，试编制屋面保温、防水工程的工程量清单。

屋顶平面图 1 : 100

图 3-3 屋顶平面图

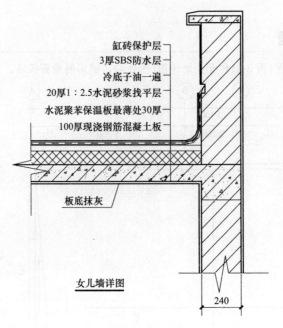

缸砖保护层
3厚SBS防水层
冷底子油一遍
20厚1:2.5水泥砂浆找平层
水泥聚苯保温板最薄处30厚
100厚现浇钢筋混凝土板

板底抹灰

女儿墙详图

240

图 3-4　女儿墙详图

总　结

　　本工作任务介绍了《计算规范》中的屋面防水、楼地面防水和防潮、保温和隔热工程的内容，工程量计算规则及规范使用中应注意的问题。以典型工作项目为载体对计算规则应用进一步深化。本工作任务中的重点是屋面防水、保温、隔热，楼地面防水的清单列项和工程量计算，其清单的计算规则基本同于定额的计算规则。难点在于对屋面防水、保温的工作内容的研究进而确定清单的列项。通过本工作任务的学习，应具备屋面防水、楼地面防水及保温、隔热工程的工程量清单的编制能力。

任务五　措施项目工程量清单编制

一、知识目标

　　(1)能够准确识读建筑及结构施工图，并正确列清单项目。
　　(2)能够准确计算模板、脚手架、垂直运输的清单工程量并确定是否有超高增加费。
　　(3)掌握措施项目工程量清单计价规范的应用方法。

二、能力目标

　　能够准确计算措施项目各分项的清单工程量，并依据清单计价规范编制土方工程的招标工程量清单。

布置任务—相关知识学习—工作任务的实施—检查并总结。

(一)布置任务

1. 工程基本概况

本工程为一栋二层砖混结构办公楼,详见建筑及结构施工图,图中标注尺寸标高以 m 为单位计,其余以 mm 为单位计,所注室外地坪标高为−0.450,室内地坪标高为±0.000,认真看建筑及结构施工图并结合常规的施工方案确定措施项目。

2. 工作任务要求

(1)按照《计算规范》的有关内容列项、计算清单工程量。

(2)依据《计算规范》结合图纸及施工组织设计填写单价措施项目及其他总价措施项目工程量清单与计价表,完成措施项目招标工程量清单的编制。

(二)相关知识学习

1. 概述

措施项目是指完成工程项目施工,发生于该工程施工前和施工过程中技术、生活、安全等方面的非工程实体项目。其包括单价措施项目和总价措施项目。总价措施项目又包括安全生产文明施工费和其他总价措施项目。

措施项目共分七节,内容包括脚手架工程,混凝土模板及支架(撑),垂直运输,超高施工增加;大型机械设备进出场及安拆,施工排水、降水,安全生产、文明施工及其他总价措施项目。

2. 注意事项

(1)单价措施项目应按全国《计算规范》和河北省《计价规程》规定的项目编码、项目名称、项目特征、计量单位、工程量计算规则、工作内容确定。

(2)脚手架工程和安全生产、文明施工费及其他总价措施项目按河北省规程执行。

(3)在编制措施项目清单时,当按全国《计算规范》列出了综合脚手架项目时,不得再列出单项脚手架项目。综合脚手架是针对整个房屋建筑的土建和装饰装修部分。

(4)混凝土模板及支撑(架),只适用于单列而且以平方米计量的项目,若不单列且以立方米计量的模板工程计入综合单价中。另外个别混凝土项目本规范未列的措施项目,如垫层等,按混凝土及钢筋混凝土实体项目执行,其综合单价中包括模板及支撑。

(5)临时排水沟、排水设施安砌、维修、拆除,已包含在安全生产、文明施工中,不包括在施工排水、降水措施项目。

(6)总价措施项目中的"安全生产、文明施工及其他总价措施项目"与其他项目的表现形式不同,没有项目特征,也没有"计量单位"和"工程量计算规则",取而代之的是该措施项目的"工作内容及包含范围",在使用时应充分分析其工作内容和包含范围,根据工程实际情况进行科学、合理、完整的计量。未给出固定的计量单位,以便于依据工程特点灵活应用。

3. 计算规则

脚手架工程工程量清单项目设置、项目特征描述的内容、计量单位及工程量计算规则应按表 3-26 的规定执行(执行河北省规程)。

表 3-26 脚手架工程(编号:011701)

项目编码	项目名称	项目特征	计量单位	工程量计算规则	工作内容
011701002	外脚手架	1. 搭设方式 2. 搭设高度 3. 脚手架材质	m^2	按所服务对象的垂直投影面积计算	1. 场内、场外材料运输 2. 搭、拆脚手架、斜道、上料平台 3. 安全网的铺设 4. 拆除脚手架后材料的堆放
011701003	里脚手架				
011701004	悬空脚手架	1. 搭设方式 2. 悬挑宽度 3. 脚手架材质		按搭设的水平投影面积计算	
011701005	挑脚手架		m	按搭设长度乘以搭设层数以延长米计算	
011701006	满堂脚手架	1. 搭设方式 2. 搭设高度 3. 脚手架材质		按搭设的水平投影面积计算	
011701007	整体提升架	1. 搭设方式及启动装置 2. 搭设高度	m^2	按所服务对象的垂直投影面积计算	1. 场内、场外材料运输 2. 选择附墙点与主体连接 3. 搭、拆脚手架、斜道、上料平台 4. 安全网的铺设 5. 测试电动装置、安全锁等 6. 拆除脚手架后材料的堆放
011701008	外装饰吊篮	1. 升降方式及启动装置 2. 搭设高度及吊篮型号			1. 场内、场外材料运输 2. 吊篮的安装 3. 测试电动装置、安全锁、平衡控制器等 4. 吊篮的拆卸
011701B01	电梯井字架	1. 搭设方式 2. 搭设高度 3. 脚手架材质	座	按所设计图示以座计算	1. 场内、场外材料运输 2. 搭、拆脚手架、上料平台 3. 拆除脚手架后材料堆放
011701B02	活动脚手架	1. 搭设方式 2. 搭设高度 3. 脚手架材质	m^2	按所服务对象的垂直投影面积计算	1. 场内、场外材料运输 2. 搭、拆脚手架、上料平台 3. 拆除脚手架后材料堆放
011701B03	简易脚手架				

混凝土模板及支架(撑)工程量清单项目设置、项目特征描述的内容、计量单位及工程量计算规则应按表 3-27 的规定执行。

表 3-27　混凝土模板及支架(撑)(编号：011702)

项目编码	项目名称	项目特征	计量单位	工程量计算规则	工作内容
011702001	基础	基础类型		按模板与现浇混凝土构件接触面积计算 1. 现浇钢筋混凝土墙、板单孔面积≤0.3 m² 的孔洞不予扣除，洞侧壁模板亦不增加；单孔面积＞0.3 m² 时，应予扣除，洞侧壁模板面积并入墙、板模板工程量内计算 2. 现浇框架分别按梁、板、柱有关规定计算；附墙柱、暗梁、暗柱并入墙内工程量内计算 3. 柱、梁、墙、板相互连接的重叠部分，均不计算模板面积 4. 构造柱按图示外露部分计算模板面积	1. 模板制作 2. 模板安装、拆除、整理堆放及场内外运输 3. 清理模板粘结物及模内杂物、刷隔离剂等
011702002	矩形柱				
011702003	构造柱				
011702004	异形柱	柱截面形状			
011702005	基础梁	梁截面形状			
011702006	矩形梁	支撑高度			
011702007	异形梁	1. 梁截面形状 2. 支撑高度			
011702008	圈梁				
011702009	过梁				
011702010	弧形、拱形梁	1. 梁截面形状 2. 支撑高度	m²		
011702011	直形墙				
011702012	弧形墙				
011702013	短肢剪力墙、电梯井壁	.			
011702014	有梁板				
011702015	无梁板				
011702016	平板				
011702017	拱板	支撑高度			
011702018	薄壳板				
011702019	空心板				
011702020	其他板				
011702021	栏板				
011702022	天沟、檐沟	构件类型		按模板与现浇混凝土构件的接触面积计算	
011702023	雨篷、悬挑板、阳台板	1. 构件类型 2. 板厚度		按图示外挑部分尺寸的水平投影面积计算，挑出墙外的悬臂梁及板边不另计算	
011702024	楼梯	类型		按楼梯(包括休息平台、平台梁、斜梁和楼层板的连接梁)的水平投影面积计算，不扣除宽度≤500 mm 的楼梯井所占面积，楼梯踏步、踏步板、平台梁等侧面模板不另计算，伸入墙内部分亦不增加	

项目编码	项目名称	项目特征	计量单位	工程量计算规则	工作内容
011702025	其他现浇构件	构件类型		按模板与现浇混凝土构件的接触面积计算	
011702026	电缆沟、地沟	1. 沟类型 2. 沟截面		按模板与电缆沟、地沟的接触面积计算	1. 模板制作 2. 模板安装、拆除、整理堆放及场内外运输 3. 清理模板粘结物及模内杂物、刷隔离剂等
011702027	台阶	台阶踏步宽	m²	按图示台阶水平投影面积计算，台阶端头两侧不另计算模板面积。架空式混凝土台阶，按现浇楼梯计算	
011702028	扶手	扶手断面尺寸		按模板与扶手的接触面积计算	
011702029	散水			按模板与散水的接触面积计算	
011702030	后浇带	后浇带部位		按模板与后浇带的接触面积计算	

注：1. 原槽浇灌的混凝土基础，不计算模板。
 2. 混凝土模板及支撑（架）项目，只适用于以平方米计量，按模板与混凝土构件的接触面积计算。以立方米计量的模板及支撑（支架），按混凝土及钢筋混凝土实体项目执行，其综合单价中应包含模板及支撑（支架）。
 3. 采用清水模板时，应在特征中注明。
 4. 若现浇混凝土梁、板支撑高度超过 3.6 m 时，项目特征应描述支撑高度。

垂直运输工程量清单项目设置、项目特征描述的内容、计量单位及工程量计算规则应按表 3-28 的规定执行。

表 3-28　垂直运输（编号：011703）

项目编码	项目名称	项目特征	计量单位	工程量计算规则	工作内容
011703001	垂直运输	1. 建筑物建筑类型及结构形式 2. 地下室建筑面积 3. 建筑物檐口高度、层数	1. m² 2. 天	1. 按建筑面积计算 2. 按施工工期日历天数计算	1. 垂直运输机械的固定装置、基础制作、安装 2. 行走式垂直运输机械轨道的铺设、拆除、摊销

注：1. 建筑物的檐口高度是指设计室外地坪至檐口滴水高度（平屋顶是指屋面板底高度），凸出主体建筑物屋顶的电梯机房、楼梯出口间、水箱间、瞭望塔、排烟机房等均不计入檐口高度。
 2. 垂直运输指施工工程在合理工期内所需垂直运输机械。
 3. 同一建筑物有不同檐高时，按建筑物的不同檐高做纵向分割，分别计算建筑面积，以不同檐高分别编码列项。

超高施工增加工程量清单项目设置、项目特征描述的内容、计量单位及工程量计算规则应按表 3-29 的规定执行。

表 3-29　超高施工增加(编号：011704)

项目编码	项目名称	项目特征	计量单位	工程量计算规则	工作内容
011704001	超高施工增加	1. 建筑物建筑类型及结构形式 2. 建筑物檐口高度、层数 3. 单层建筑物檐口高度超过 20 m，多层建筑物超过 6 层部分的建筑面积	m²	按建筑物超高部分的建筑面积计算	1. 建筑物超高引起的人工工效降低以及由于人工工效降低引起的机械降效 2. 高层施工用水加压水泵的安装、拆除及工作台班 3. 通信联络设备的使用及摊销

注：1. 单层建筑物檐口高度超过 20 m，多层建筑物超过 6 层时，可按超高部分的建筑面积计算超高施工增加。计算层数时，地下室不计入层数。

　　2. 同一建筑物有不同檐高时，可按不同高度的建筑面积分别计算建筑面积，以不同檐高分别编码列项。

大型机械设备进出场及安拆工程量清单项目设置、项目特征描述的内容、计量单位及工程量计算规则应按表 3-30 的规定执行。

表 3-30　大型机械设备进出场及安拆(编号：011705)

项目编码	项目名称	项目特征	计量单位	工程量计算规则	工作内容
011705001	大型机械设备进出场及安拆	1. 机械设备名称 2. 机械设备规格型号	台次	按使用机械设备的数量计算	1. 安拆费包括施工机械、设备在现场进行安装、拆卸所需人工、材料、机械和试运转费用以及机械辅助设施的折旧、搭设、拆除等费用 2. 进出场费包括施工机械、设备整体或分体自停放地点运至施工现场或由一施工地点运至另一施工地点所发生的运输、装卸、辅助材料等费用

施工排水、降水工程量清单项目设置、项目特征描述的内容、计量单位及工程量计算规则应按表 3-31 的规定执行。

表 3-31　施工排水、降水(编号：011706)

项目编码	项目名称	项目特征	计量单位	工程量计算规则	工作内容
011706001	成井	1. 成井方式 2. 地层情况 3. 成井直径 4. 井(滤)管类型、直径	m	按设计图示尺寸以钻孔深度计算	1. 准备钻孔机械、埋设护筒、钻机就位；泥浆制作、固壁；成孔、出渣、清孔等 2. 对接上、下井管(滤管)，焊接，安放，下滤料，洗井，连接试抽等

项目编码	项目名称	项目特征	计量单位	工程量计算规则	工作内容
011706002	排水、降水	1. 机械规格型号 2. 降排水管规格	昼夜	按排、降水日历天数计算	1. 管道安装、拆除，场内搬运等 2. 抽水、值班、降水设备维修等

注：相应专项设计不具备时，可按暂估量计算。

安全生产、文明施工费及其他总价措施项目工程量清单项目设置、计量单位、工作内容及包含范围应按河北省计价规程执行(表3-32)。

表 3-32　安全生产、文明施工费及其他总价措施项目(编号：011707)

项目编码	项目名称	工作内容及包含范围
011707001	安全生产、文明施工费	为完成工程项目施工，发生于该工程施工前和施工过程中安全生产、环境保护、临时设施、文明施工的非工程实体的措施项目费用。已包括安全网、防护架、建筑物垂直封闭及临时防护栏杆等所发生的费用。 临时设施费是指承包人为进行工程施工所必需的生活和生产用的临时建筑物、构筑物和其他临时设施的搭设、维修、拆除、摊销费用。临时设施包括临时宿舍、文化福利及公用事业房屋与构筑物、仓库、办公室、加工厂以及规定范围内道路、水、电、管线等临时设施和小型临时设施
011707002	夜间施工增加费	合理工期内因施工工序需要必须连续施工而进行的夜间施工发生的费用，包括照明设施的安拆、劳动功效降低、夜餐补助等费用，不包括建设单位要求赶工而采用夜班作业施工所发生的费用
011707004	二次搬运费	因施工场地狭小，或由于现场施工情况复杂，工程所需材料、成品、半成品堆放点距建筑物(构筑物)近边在 150～500 m 时，不能就位堆放时而发生的二次搬运费。不包括自建设单位仓库至工地仓库的搬运以及施工平面布置变化所发生的搬运费用
011707007	成品保护费	为保护工程成品完好所采取的措施费用
011707B01	冬期施工增计费	当地规定的取暖期间施工所增加的工序，劳动功效降低，保温、加热的材料、人工和设施费用。不包括暖棚搭设、外加剂和冬期施工需要提高混凝土和砂浆强度所增加的费用，发生时另计
011707B02	雨期施工增加费	冬季以外的时间施工所增加的工序、劳动功效降低、防雨的材料、人工和设施费用
011707B03	生产工具用具使用费	施工生产所需不属于固定资产的生产工具及检验用具等的购置、摊销和维修费用，以及支付给工人的自备工具的补贴费
011707B04	检验试验配合费	配合工程质量检验机构取样、检测所发生的费用
011707B05	工程定位复测、场地清理费	包括工程定位复测及将建筑物正常施工中造成的全部垃圾清理至建筑物外墙 50 m 范围以内(不包括外运)的费用
011707B06	临时停水、停电费	施工现场临时停水停电每周累计 8 小时以内的人工、机械停窝工损失补偿费用

项目编码	项目名称	工作内容及包含范围
011707B07	土建工程施工与生产同时进行增加费	改、扩建工程在生产车间或装置内施工，因生产操作或生产条件限制（如不准动火）干扰了施工正常进行而降效的增加费用；不包括为保证安全生产和施工所采取措施的费用
011707B08	在有害身体健康的环境中施工降效增加费	在民法通则有关规定允许的前提下，改、扩建工程，由于车间或装置范围内有害气体或高分贝的噪声超过国家标准以致影响身体健康而降效的增加费用；不包括劳保条例规定应享受的工种保养费

（1）脚手架工程。按照国家《计价规范》规定：综合脚手架适用于能够按《建筑工程建筑面积计算规则》（GB/T 50353—2013）计算建筑面积的建筑工程脚手架，不适用于房屋加层、构筑物及附属工程脚手架。综合脚手架已综合考虑了施工主体、一般装饰和外墙抹灰脚手架。不包括无地下室的满堂脚手架、室内净高超过 3.6 m 的天棚和内墙装饰脚手架、悬挑脚手架、设备安装脚手架、人防通道、基础高度超过 1.2 m 的脚手架，该内容可另执行单项脚手架列项。其清单项目设置及工程量计算规则见表 3-26。

室内高度在 3.6 m 以上时，且天棚或屋面板需抹灰者可执行满堂脚手架项目，但内墙装饰不再计算脚手架，也不扣除抹灰子目内的简易脚手架费用。

内墙高度在 3.6 m 以上且无满堂脚手架时，即只有内墙抹灰或只对天棚进行勾缝者不需天棚抹灰时，可执行里脚手架项目。

挑阳台凸出墙面 80 cm 以上者，可执行挑脚手架项目。

外墙面装饰采用主体施工脚手架不必增列外脚手架，假如外墙再次装饰确需搭设外脚手架可执行外脚手架项目。

特别提示

同一建筑物有不同檐高时，按建筑物竖向切面分别按不同檐高列清单项目。脚手架材质可以不描述，但应注明由投标人根据工程实际情况按照《建筑施工扣件式钢管脚手架安全技术规范》（JGJ 130—2011）、《建筑施工附着升降脚手架管理暂行规定》等规范自行确定。

（2）混凝土模板及支架（撑）。此混凝土模板及支撑（架）项目，只适用于以平方米计量，按模板及混凝土构件的接触面积计算；以立方米计量的模板及支撑（支架），按混凝土及钢筋混凝土实体项目执行，综合单价中包括模板及支架。原槽浇灌的混凝土基础、垫层，不计算模板。采用清水模板时，应在特征中注明。若现浇混凝土梁、板支撑高度超过 3.6 m 时，项目特征应描述支撑高度，否则不必描述。其清单项目设置及工程量计算规则见表 3-27。

（3）垂直运输。垂直运输费是指现场所用材料、机具从地面运至相应高度以及职工人员上下工作面等所发生的运输费用。其工作内容包括单位工程在合理工期内完成全部工程项目所需的垂直运输机械台班，檐高 4 m 以内的单层建筑物，不计算垂直运输费。其清单项目设置及工程量计算规则见表 3-28。

特别提示

①建筑物的檐口高度是指设计室外地坪至檐口滴水的高度（平屋顶是指屋面板底高度），凸出主体建筑物屋顶的电梯机房、楼梯出口间、水箱间、瞭望塔、排烟机房等不计入檐口高度。

②同一建筑物有不同檐高时，按建筑物的不同檐高做纵向分割，分别计算建筑面积，以不同檐高分别编码列项。

(4)建筑超高增加。随着建筑物高度的增加,施工过程中人工、机械的效率会降低、消耗量会增加,还需要增加加压水泵以及其他上下联系的工作,因此,当单层建筑物檐口高度超过 20 m,多层建筑物层数超过 6 层时,可按超高部分的建筑面积计算超高施工增加。计算层数时,地下室不计入层数。同一建筑物有不同檐高时,可按不同高度的建筑面积分别计算建筑面积,以不同檐高分别编码列项。其清单项目设置及工程量计算规则见表 3-29。

超高施工增加包含以下内容:

1)垂直运输机械降效;

2)上人电梯费用;

3)人工降效;

4)自来水加压及附属设施;

5)上下通信器材的摊销;

6)白天施工照明和夜间高空安全信号增加费;

7)临时卫生设施;

8)其他。

特别提示

多、高层建筑物超高施工增加费工程量一般应以第七层作为计算点,但如果设计室外地坪算起 20 m 线低于第七层,则应以 20 m 线所在楼层作为起算点。

(5)大型机械设备进出场及安拆。大型机械设备进出场及安拆费是指机械整体或分体自停放场地运至施工现场或由一个施工地点运至另一个施工地点所发生的机械进出场运输及转移费用,以及机械在施工场地进行安装、拆卸所需的人工费、材料费、机械费、试运转费和安装所需的辅助设施的费用。其清单项目设置及工程量计算规则见表 3-30。

(6)施工排水、降水。施工排水、降水措施费是指为确保工程在正常条件施工所采取的各种排水、降水措施所发生的费用。当建筑物或构筑物的基础埋置深度在地下水水位以下时,为保证土方施工的顺利进行、确保土方边坡稳定,需将地下水水位降到基础埋置深度以下,这项工作就称为降水。降低水位的方法,一般可分为集水坑降水和井点降水两大类。井点降水包括轻型井点、喷射井点、大口径井点、电渗井点、水平井点、管井井点等降水方法。其清单项目设置及工程量计算规则见表 3-31。

特别提示

相应专项设计不具备时,可按暂估量计算。

(7)安全生产、文明施工及其他措施项目。该部分项目应根据工程实际情况计算措施项目费用,需分摊的应合理计算摊销费。其清单项目设置及工程量计算规则见表 3-32。

(三)工作任务实施

1. 措施项目工程量清单编制步骤和方法

(1)熟悉施工图纸。

(2)熟悉施工组织设计。

(3)熟悉《计算规范》。

(4)列清单项目。

(5)清单工程量计算。

(6)填写单价措施项目工程量清单与计价表。其包括项目编码、项目名称、项目特征描述、计量单位和工程量。填写总价措施项目清单与计价表时，只填写项目编码、项目名称和工作内容。

2. 编制措施项目工程量清单

(1)清单工程量计算。建筑工程中的单价措施项目实例清单工程量计算表见表3-33。

表3-33　建筑工程中的单价措施项目实例清单工程量计算表

序号	项目编码	项目名称	单位	工程数量	计算式
1	011702001001	带形基础模板	m²	41.02	$S=0.25\times2\times(14.23\times2+10.63\times2+13.23\times2+7.13\times2)=45.22(\text{m}^2)$ 扣除交接处：$0.25\times1\times12+0.25\times1.2\times4=4.2(\text{m}^2)$ 小计：$45.22-4.2=41.02(\text{m}^2)$
2	011702008001	地圈梁模板	m²	91.28	①轴：$L=14.1+0.25\times2+14.1-0.12\times2-0.24\times2=27.98(\text{m})$ ④轴：27.98 m Ⓐ轴：$L=10.5+0.25\times2+10.5-0.12\times2-0.24\times2=20.78(\text{m})$ Ⓓ轴：20.78 m ②轴：$L=(14.1-0.12\times2-0.24\times2)\times2=26.76(\text{m})$ ③轴：26.76 m Ⓑ轴：$L=(10.5-0.12\times2-0.24\times2)\times2=19.56(\text{m})$ Ⓒ轴：19.56 m $S=0.24\times2\times(27.98+20.78+26.76+19.56)\times2=91.28(\text{m}^2)$
3	011702003001	构造柱模板	m³	16.75	四个角：$S=0.06\times8.3\times2\times4=3.98(\text{m}^2)$ 3个L形拐角：$S=(0.24+0.06)\times3\times(1.7-0.24)+(0.24+0.06)\times3\times3.6\times2+0.06\times6\times8.3=10.78(\text{m}^2)$ 1个丁字形：$S=0.06\times2\times8.3=0.996(\text{m}^2)$ 1个一字形：$S=0.06\times2\times8.3=0.996(\text{m}^2)$ 小计：$3.98+10.78+0.996\times2=16.75(\text{m}^2)$
4	011702008002	圈梁模板	m²	19.06	QL1： ①轴：$S=(0.18-0.12)\times(6-0.24)\times2+(0.18-0.1)\times(2.1-0.24)=0.84(\text{m}^2)$ ④轴：$S=(0.18-0.1)\times[(6-0.24)+(2.1-0.24)]+0.18\times(6-0.24)=1.647(\text{m}^2)$ Ⓐ轴：$S=(0.18-0.12)\times(3.9-0.24)\times2+(0.18-0.1)\times(2.7-0.24)=0.636(\text{m}^2)$ Ⓓ轴：$S=(0.18-0.12)\times(3.9-0.24)\times2+0.18\times(2.7-0.24)=0.882(\text{m}^2)$ QL2： ②轴：$S=(0.18-0.12)\times(6-0.24)\times2\times2=1.382(\text{m}^2)$ ③轴：$S=(0.18-0.12)\times(6-0.24)\times2+(0.18-0.1)\times(6-0.24)+0.18\times(6-0.24)=2.19(\text{m}^2)$ Ⓑ轴：$S=[(0.18-0.12)+(0.18-0.1)]\times(3.9-0.24)+(0.18-0.1)\times(2.7-0.24)\times2=0.906(\text{m}^2)$ Ⓒ轴：$S=(0.18-0.1)\times(7.8-0.24)+(0.18-0.12)\times(3.9-0.24)\times2=1.044(\text{m}^2)$ 小计：$0.84+1.647+0.636+0.882+1.382+2.19+0.906+1.044=9.53(\text{m}^2)$ 二层模板同一层：9.53 m²

序号	项目编码	项目名称	单位	工程数量	计算式
5	011702006001	单梁模板	m²	11.66	一层单梁模板： $S_L-1=[(0.4-0.12)+(0.4-0.1)+0.24]\times(3.9-0.24)=3(\text{m}^2)$ $S_L-2=[(0.3-0.1)\times2+0.24]\times(2.1-0.24)=1.19(\text{m}^2)$ $S_L-3=(0.3+0.24+0.3-0.1)\times(2.7-0.24)=1.82(\text{m}^2)$ 小计：$3+1.19+1.82=6.01(\text{m}^2)$ 二层单梁模板： $S_L-2=[(0.3-0.1)\times2+0.24]\times(2.1-0.24)=1.19(\text{m}^2)$ $S_L-3=(0.3+0.24+0.3-0.1)\times(2.7-0.24)=1.82(\text{m}^2)$ $S_L-4=[(0.35-0.12)+(0.35-0.1)+0.24]\times(3.9-0.24)=2.635(\text{m}^2)$ 小计：$1.19+1.82+2.635=5.645(\text{m}^2)$ 总计：$6.01+5.645=11.66(\text{m}^2)$
6	011702016001	楼板的模板	m²	233.84	$S_1=3.66\times5.76\times4+2.46\times5.76+(7.8-0.24)\times1.86+2.46\times1.86=117.13(\text{m}^2)$ $S_2=117.13-0.7\times0.6=116.71(\text{m}^2)$ 小计：233.84 m²
7	011702023001	雨篷模板	m²	4.97	$S=1.2\times(3.9+0.24)=4.97(\text{m}^2)$
8	011702021001	栏板模板	m²	5.66	$S=(0.38+0.12)\times(1.2\times2+3.9+0.24)+0.38\times[(3.9+0.24-0.06\times2)+(1.2-0.06)\times2]=5.66(\text{m}^2)$
9	011702023002	挑檐模板	m²	44.17	$L_{中}=(11+14.6)\times2+4\times0.5=53.2(\text{m})$ $L_{外}=(11+14.6)\times2+8\times0.5=55.2(\text{m})$ $S=0.5\times53.2+0.2\times55.2+0.12\times(55.2-0.1\times8)=44.17(\text{m}^2)$
10	011702003002	女儿墙构造柱模板	m²	3.76	$S=0.24\times2\times0.56\times14=3.76(\text{m}^2)$
11	011702024001	楼梯模板	m²	12.74	$S=(2.7-0.24)\times(1.68+3.3+0.2)=12.74(\text{m}^2)$
12	011702021002	屋面上人孔模板	m²	3.124	$S=0.5\times(0.78+0.68)\times2+(0.5+0.18)\times(0.7+0.6)+(0.5+0.1)\times(0.7+0.6)=3.124(\text{m}^2)$
13	011702027001	台阶模板	m²	4.32	$S=(4.2+0.3\times4)\times0.3\times2-0.3\times2\times1.8=4.32(\text{m}^2)$
14	011702025001	压顶模板	m²	24	$S=0.12\times(11+14.6)\times2+0.12\times[(11+14.6)\times2-0.12\times8]+0.24\times[(11+14.6)\times2-0.24\times8]=24(\text{m}^2)$
15	011702029001	散水模板	m²	3.29	$S=[(11+14.6)\times2+4\times0.9]\times0.06=3.29(\text{m}^2)$
16	011702016002	楼梯间楼板模板	m²	1.43	$S=(1.02-0.24-0.2)\times(2.7-0.24)=1.43(\text{m}^2)$
17	011701002001	外脚手架（外墙）	m²	436.02	$S=[(11+0.05\times2)+(14.6+0.05\times2)]\times2\times8.45=436.02(\text{m}^2)$

序号	项目编码	项目名称	单位	工程数量	计算式
18	011701003001	里脚手架（内墙）	m²	270.61	$S_1=(6-0.24)\times4\times(3.6-0.12)+[(3.9\times2-0.24)+$ $(3.9-0.24)+(2.7-0.24)]\times(3.6-0.1)=80.18+47.88$ $=128.06(m^2)$ $S_2=(6-0.24)\times4\times(3.6-0.12)+[(3.9\times2-0.24)+$ $(10.5-0.24)]\times(3.6-0.1)=80.18+62.37=142.55(m^2)$ $S=S_1+S_2=128.06+142.55=270.61(m^2)$
19	011701003002	里脚手架（内砖基础）	m²	163.27	$L_{外中}=[(10.5+0.065\times2)+(14.1+0.065\times2)]\times2=$ $49.72(m)$ $L_{内净}=[(14.1-0.24-0.24\times2)\times2+(10.5-0.24-$ $0.24\times2)\times2]=46.32(m)$ $S=(49.72+46.32)\times1.7=163.27(m^2)$
20	011703001001	垂直运输（建筑）	m²	326.32	$S=[(11\times14.6)+0.05\times(11+14.6)\times2]\times2=326.32(m^2)$

（2）措施项目工程清单编制。建筑工程单价措施项目工程量清单与计价表见表 3-34；建筑工程总价措施项目清单与计价表见表 3-35。

表 3-34　建筑工程单价措施项目工程量清单与计价表

序号	项目编码	项目名称	项目特征描述	计量单位	工程量	金额/元		
						综合单价	合价	其中 暂估价
1	011702001002	带形基础模板	基础类型：带形基础	m²	41.02			
2	011702008001	地圈梁模板		m²	91.28			
3	011702003001	构造柱模板		m²	16.75			
4	011702008002	圈梁模板		m²	19.06			
5	011702006001	单梁模板	支撑高度：3.5 m	m²	11.66			
6	011702016001	楼板的模板	支撑高度：3.5 m	m²	233.84			
7	011702023001	雨篷模板	构件类型：雨篷 板厚：80 mm	m²	4.97			
8	011702021001	栏板模板		m²	5.66			
9	011702023002	挑檐模板	构件类型：挑檐	m²	44.17			
10	011702003002	女儿墙构造柱模板		m²	3.76			
11	011702024001	楼梯模板	类型：现浇整体楼梯	m²	12.74			
12	011702021002	屋面上人孔模板		m²	3.124			
13	011702027001	台阶模板	台阶踏步宽：300 mm	m²	4.32			

序号	项目编码	项目名称	项目特征描述	计量单位	工程量	金额/元		
						综合单价	合价	其中 暂估价
14	011702025001	压顶模板		m²	24			
15	011702029001	散水模板		m²	3.29			
16	011702016002	楼梯间 楼板模板	支撑高度：3.5 m	m²	1.43			
17	011701002001	外脚手架 （外墙）	搭设方式：双排 搭设高度：8.45 m 脚手架材质：钢管	m²	436.02			
18	011701003001	里脚手架 （内墙）	搭设方式：3.6 m 以内里脚手架 搭设高度：3.5 m 脚手架材质：钢管	m²	270.61			
19	011701003002	里脚手架 （内砖基础）	搭设方式：3.6 m 以内里脚手架 搭设高度：1.7 m 脚手架材质：钢管	m²	163.27			
20	011703001001	垂直运输 （建筑）	建筑物建筑类型及结构形式： 办公楼、砖混结构	m²	326.32			

表 3-35　建筑工程总价措施项目清单与计价表

工程名称：

序号	项目编码	项目名称	金额/元
1. 安全生产、文明施工费			
1.1	011707001001	安全生产、文明施工费	
		小计	
2. 其他总价措施项目			
2.1	011707B01001	冬期施工增加费	
2.2	011707B02001	雨期施工增加费	
2.3	011707002001	夜间施工增加费	
2.4	011707B03001	生产工具用具使用费	
2.5	011707B04001	检验试验配合费	
2.6	011707B05001	场地清理费	
		小计	

课后练习题

请编制图 3-5 所示的钢筋混凝土全现浇结构工程的综合脚手架、垂直运输和超高增加费的工程量清单。

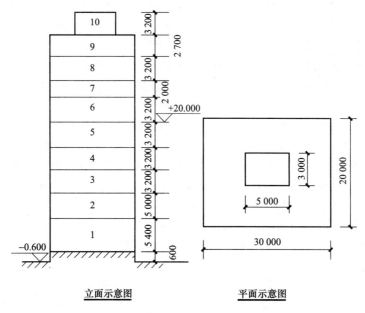

图 3-5 某建筑的平面图和立面图

总 结

本工作任务介绍了《计算规范》中的单价措施项目和总价措施项目工程的内容、工程量计算规则及规范使用中应注意的问题。以典型工作项目为载体对计算规则应用进一步深化。本工作任务中的重点、难点是单价措施项目中脚手架按地方规定即河北省《计价规程》规定来编制清单并进行工程量计算，总价措施项目清单中的安全生产、文明施工费及其他总价措施项目的编制应按照河北省《计价规程》的规定进行清单编制，其他按照国家《计价规范》规定来编制。通过本工作任务的学习，应具备措施项目工程量清单的编制能力。

 章节小结

(1)平整场地按设计图示尺寸以建筑物首层建筑面积计算。

(2)挖一般土方按设计图示尺寸以体积计算。

(3)挖基础土方按设计图示尺寸以基础垫层底面积乘以挖土深度计算。

(4)土方回填按设计图示尺寸以体积计算。①场地回填：回填面积乘以平均回填厚度；②室内回填：主墙间净面积乘以回填厚度；③基础回填：按挖方清单项目减去自然地坪以下埋设的基础体积(包括基础垫层及其他构筑物)。

(5)预制钢筋混凝土方桩、预制混凝土管桩按设计图示尺寸以桩长(包括桩尖)或按设计图示截面面积乘以桩长(包括桩尖)以实体积或以根数计量。

(6)截(凿)桩头按设计桩截面面积乘以桩头长度以体积或按设计图示数量计算。

(7)砖基础按设计图示尺寸以体积计算。包括附墙垛基础宽出部分体积，扣除地梁(圈梁)、构造柱所占体积，不扣除基础大放脚T形接头处的重叠部分及嵌入基础内的钢筋、铁件、管道、基础砂浆防潮层和单个面积≤0.3 m² 的孔洞所占体积。靠墙暖气沟的挑檐不增加。基础长度：外墙按中心线，内墙按净长线计算。

(8)实心砖墙、多孔砖墙、空心砖墙按设计图示尺寸以体积计算，扣除门窗、洞口、嵌入墙内的钢筋混凝土柱、梁、圈梁、挑梁、过梁及凹进墙内的壁龛、管槽、暖气槽，消火栓箱所占体积，不扣除梁头、板头、檩头、垫木、木楞头、沿椽木、木砖，门窗走头、砖墙内加固钢筋、木筋、铁件、钢管及单个面积≤0.3 m²的孔洞所占体积。凸出墙面的腰线、挑檐、压顶、窗台线、虎头砖、门窗套的体积亦不增加。凸出墙面的砖并入墙体体积内计算。

(9)现浇混凝土基础包括带形基础、独立基础、满堂基础、设备基础、桩承台基础、垫层，按设计图示尺寸以体积计算。不扣除伸入承台基础的桩头所占体积。

(10)现浇混凝土柱包括矩形柱、异形柱和构造柱，按设计图示尺寸以体积计算。其中有梁板的柱高，应自柱基上表面(或楼板上表面)至上一层楼板上表面之间高度计算；无梁板的柱高，应自柱基上表面(或楼板上表面)至柱帽下表面之间的高度计算；框架柱的柱高，应自柱基上表面至柱顶高度计算；构造柱按全高计算，嵌接墙体部分(马牙槎)并入柱身体积；依附柱上的牛腿和升板的柱帽，并入柱身体积计算。

(11)现浇混凝土梁包括基础梁，矩形梁，异形梁，圈梁，过梁，弧形、拱形梁等。按设计图示尺寸以体积计算。伸入墙内的梁头、梁垫并入梁体积内；梁与柱连接时，梁长算至柱侧面；主梁与次梁连接时，次梁长算至主梁侧面。

(12)有梁板、无梁板、平板等按设计图示尺寸以体积计算。不扣除单个面积≤0.3 m²的柱、梁以及孔洞所占体积；有梁板(包括主、次梁与板)按梁、板体积之和计算；无梁板按板和柱帽体积之和计算。各类板伸入墙内的板头并入板体积内薄壳板的肋、基梁并入薄壳体积内计算。

(13)天沟板、挑檐板按设计图示尺寸以体积计算。

(14)雨篷、阳台板按设计图示尺寸以墙外部分体积计算。包括伸出墙外的牛腿和雨篷反挑檐的体积。

(15)现浇混凝土楼梯按设计图示尺寸以水平投影面积计算，不扣除宽度≤500 mm的楼梯井，伸入墙内部分不计算。

(16)后浇带按设计图示尺寸以体积计算。

(17)屋面卷材防水、涂膜防水按设计图示尺寸以面积计算。斜屋顶(不包括平屋顶找坡)按斜面积计算，平屋顶按水平投影面积计算。不扣除房上烟囱、风帽、底座、风道、屋面小气窗和斜沟所占面积。屋面的女儿墙、伸缩缝和天窗等处的弯起部分，并入屋面工程量内。

(18)屋面排水管按设计图示尺寸以长度计算。如设计未标注尺寸，以檐口至设计室外散水上表面垂直距离计算。

(19)楼(地)卷材面防水按主墙间净空面积计算，扣除凸出地面的构筑物、设备基础等所占面积，不扣除间壁墙及单个面积≤0.3 m²的柱、垛、烟囱和孔洞所占面积。楼(地)面防水反边高度≤300 mm算作地面防水，反边高度>300 mm按墙面防水计算。

(20)保温、隔热屋面按设计图示尺寸以面积计算，扣除>0.3 m²孔洞及占位面积。

(21)保温、隔热天棚按设计图示尺寸以面积计算，扣除>0.3 m²上柱、垛、孔洞所占面积，与天棚相连的梁按展开面积，计算并入天棚工程量内。

(22)矩形柱、基础梁、圈梁、异形柱等按模板与现浇混凝土构件接触面积计算。现浇钢筋混凝土墙、板上单孔面积≤0.3 m²的孔洞不予扣除，洞侧壁模板亦不增加；单孔面积>0.3 m²时，孔洞所占面积应予扣除，洞侧壁模板面积并入墙、板工程量之内计算。现浇框架分别按梁、板、柱有关规定计算；附墙柱、暗梁、暗柱并入墙内工程量内计算。柱、梁、墙、板相互连接的重叠部分，均不计算模板面积。构造柱外露面应按图示外露部分计算模板面积。

一、单选题

1. 土方体积按( )计算。
   A. 松填土体积
   B. 夯实土体积
   C. 虚土体积
   D. 挖掘前天然密实体积

2. 平整场地按设计图示尺寸以建筑物( )计算。
   A. 使用面积
   B. 建筑面积
   C. 内围面积
   D. 首层建筑面积

3. 下列关于土方工程说法错误的是( )。
   A. 长 75 m，宽 4 m 的开挖土方应按沟槽列项
   B. 长 20 m，宽 50 m 的开挖土方应按一般土方列项
   C. 长 5 m，宽 4 m 的开挖土方应按基坑列项
   D. 长 12 m，宽 9 m 的开挖土方应按一般土方列项

4. 预制钢筋混凝土桩工程量按( )计算。
   A. 体积
   B. 长度
   C. 根数
   D. 以上均正确

5. 砌体部分中烧结实心砖规格是按标准砖编制的，其规格为( )。
   A. 190 mm×190 mm×90 mm
   B. 240 mm×115 mm×90 mm
   C. 240 mm×115 mm×53 mm
   D. 390 mm×190 mm×190 mm

6. 当基础与墙身使用不同材料时，基础与墙身的界限位于设计室内地坪( )mm 以内时，应以不同材料为界。
   A. ±300
   B. ±250
   C. ±240
   D. ±200

7. 计算砌体墙体工程量应调整项目，其中需要扣除( )的体积。
   A. 钢管
   B. 墙身内的加固钢筋
   C. ≤0.3 m² 的孔洞
   D. 门窗洞口

8. 钢筋混凝土柱高的规定是：底层自( )算起。
   A. 室外地坪
   B. 室内地坪
   C. 柱基上表面
   D. 柱基下表面

9. 计算工程量时，无梁板结构柱高计至( )。
   A. 楼板上表面
   B. 楼板下表面
   C. 柱帽下表面
   D. 柱帽上表面

10. 在计算工程量时，由墙(砌块或剪力墙)支撑的板称为( )。
    A. 有梁板
    B. 无梁板
    C. 平板
    D. 预制板

11. 现浇整体混凝土楼梯工程量不扣除宽度小于( )mm 的楼梯井面积。
    A. 300
    B. 500
    C. 600
    D. 400

12. 计算工程量时，以投影面积为计算单位者为( )。
    A. 现浇雨篷
    B. 现浇栏板
    C. 平板
    D. 预制板

13. 预制板、烟道、通风道不扣除单个面积( )mm 以内的孔洞所占体积。
    A. 100×100
    B. 200×200
    C. 300×300
    D. 400×400

14. 一般钢筋工程量按( )乘以单位理论质量计算。
    A. 设计图示长度
    B. 下料长度
    C. 净长度
    D. 构件长度

15. 现浇构件中固定位置的支撑钢筋、双层钢筋用的"铁马"在编制工程量清单时，如果设计未明确，其工程数量为（　　），结算时按（　　）计算。

    A. 暂估量   B. 投标时的数量

    C. 现场签证数量   D. 双方协商的数量

16. 当整体楼梯与现浇楼板无梯梁连接时，以楼梯的最后一个踏步边缘加（　　）mm为界。

    A. 300   B. 250   C. 240   D. 200

17. 瓦屋面、型材屋面（包括挑檐部分）均按设计图示尺寸以（　　）计算。

    A. 水平投影面积   B. 斜面积

    C. 0.5 水平投影面积   D. 0.5 斜面积

18. 屋面卷材防水、屋面涂膜防水及找平层均按设计图示尺寸以面积计算，平屋顶按（　　）计算。

    A. 水平投影面积   B. 斜面积

    C. 0.5 水平投影面积   D. 0.5 斜面积

19. 关于保温层及保温构件的计算方法，下列叙述正确的是（　　）。

    A. 建筑外墙外侧有保温隔热层的，应按保温隔热层中心线计算建筑面积

    B. 保温隔热柱按设计图示尺寸以体积计算，以保温层中心线展开长度乘以保温层厚度和高度计算

    C. 保温隔热墙按设计图示尺寸以体积计算，扣除门窗洞口所占体积

    D. 门窗洞口侧壁需做保温时，并入保温墙体工程量

20. 有关模板工程说法正确的是（　　）。

    A. 现浇钢筋混凝土墙、板单孔面积≤0.5 m² 的孔洞不予扣除

    B. 现浇框架结构可以按有梁板、柱有关规定列项计算

    C. 柱、梁、墙、板相互连接的重叠部分也应计算模板面积

    D. 构造柱按图示外露部分计算模板

二、多选题

1. 建筑施工各类土的土方开挖深度是指（　　）。

    A. 室外自然地坪至垫层顶面   B. 室外设计地坪至垫层顶面

    C. 室外设计地坪至垫层底面   D. 室外设计地坪至基槽底

    E. 室内地坪至垫层底面

2. 某工程有灌注桩 16 根，桩长 8.3 m（其中装尖长 0.3 m），断面尺寸为 300 mm×300 mm，则灌注桩的清单工程量为（　　）。

    A. 16 根   B. 128 m   C. 132.8 m   D. 11.95 m³

    E. 11.52 m³

3. 空斗墙工程量以其外形体积计算。墙内的实砌部分中，应并入空斗墙体积内的是（　　）。

    A. 窗间墙实砌   B. 门窗口立边实砌

    C. 楼板下实砌   D. 11.95 m³ 墙角、内外墙交接处

    E. 屋檐实砌

4. 下列按延长米计算工程量的有（　　）。

    A. 现浇挑檐天沟   B. 女儿墙压顶

    C. 现浇栏板   D. 楼梯扶手

    E. 散水

5. 下列关于构件划分正确的有（　　）。

A. 短肢剪力墙是指界面厚度不大于 250 mm，各肢截面高度与厚度之比的最大值大于 3 不大于 8 的剪力墙

B. 短肢剪力墙是指界面厚度不大于 300 mm，各肢截面高度与厚度之比的最大值大于 4 不大于 8 的剪力墙

C. 各肢截面高度与厚度之比最大值不大于 3 的剪力墙按柱列项

D. 各肢截面高度与厚度之比最大值不大于 4 的剪力墙按柱列项

E. 各肢截面高度与厚度之比最大值不大于 8 的剪力墙列项

6. 关于楼梯的工程量计算，下列说法正确的有( )。

A. 按设计图示尺寸以楼梯的水平投影面积计算

B. 踏步、休息平台应单独另行计算

C. 踏步应单独另行计算，休息平台不应单独另行计算

D. 不扣除宽度小于 500 mm 的楼梯井

E. 扣除宽度小于 500 mm 的楼梯井

7. 下列脚手架项目按服务对象的垂直投影面积计算工程量的有( )。

A. 综合脚手架　　　B. 外脚手架　　　　C. 悬空脚手架　　　D. 满堂脚手架接处

E. 外装饰吊篮

C. 本单独的墙面或墙面的装饰大件板0.5 m²面层并另行单列项目

D. 台阶面层的工程量按实际尺寸的水平投影面积并乘以系数计算

E. 单平及排设用是B型混凝土,下列规范工程量计算

（　　）

C. 各类块料地面的工程量,均按其地面尺寸计

D. 踢脚线宽度不大于300 mm套线路定额

E. 踢脚线宽度不大于300 mm单独定额

项目四 装饰工程工程量清单编制实例

学习目标

1. 能够准确地识读建筑、结构施工图，掌握并正确列出装饰工程工程量清单项目；
2. 掌握装饰工程清单工程量计算规则，并正确地计算各项清单的工程量；
3. 掌握装饰工程招标工程量清单的编制方法。

任务一 楼地面装饰工程工程量清单编制

一、知识目标

(1)能够准确识读建筑平面图、建筑设计说明及工程做法表，并正确列清单项目。
(2)能够准确计算楼地面垫层、找平层、面层、踢脚线、楼梯面层和台阶面层的清单工程量。
(3)掌握楼地面装饰工程工程量清单计价规范的应用方法。

二、能力目标

能够准确计算楼地面工程的各分项的清单工程量，并依据清单计价规范编制楼地面装饰工程的招标工程量清单。

三、学习导航

布置任务—相关知识学习—工作任务的实施—检查并总结。

(一)布置任务

1. 工程基本概况

本工程为一栋二层砖混结构办公楼，详见建筑、结构施工图，图中标注尺寸标高以 m 为单位计，其余以 mm 为单位计，所注室外地坪标高为−0.450，室内地坪标高为±0.000，认真看建筑设计说明、工程做法表及建筑施工图。

2. 工作任务要求

(1)按照《计算规范》的附录 L 有关内容列项、计算清单工程量。
(2)依据《计算规范》结合图纸及工程做法图集填写分部分项工程量清单与计价表，完成楼地面装饰工程部分可招标工程量清单的编制。

(二)相关知识学习

1. 概述

楼地面工程是建筑物中使用最频繁的部位，包括建筑物底层地面和楼层楼面，由面层和基层两大部分组成。面层是地面的最上层，也是直接承受各种物理和化学作用的表面层；面层以

下至基土或基体的各构造层通称为基层。每一工程地面的基层由哪些构造层组成，应由设计和地面施工工艺所决定。常见的有垫层、找平层等。

找平层一般用砂浆或细石混凝土，厚度在 20 mm 左右时，一般用水泥砂浆。如果超过 30 mm，宜用细石混凝土。找平层实际上是面层与基层之间的过渡层。通常，基层平整度不够好，标高控制得不好或地面有一定坡度要求，这些情况才必须做找平层，找平层实际上是为了按设计找坡。

面层是装饰层，要有一定的厚度，作为直接承受磨损的部位，也应具有一定的强度。如水泥砂浆面层厚度不应小于 20 mm，太薄容易开裂。面层可分为整体面层和块料面层两种。

2. 注意事项

(1)现浇水磨石楼地面的特征描述中，石子种类、颜色是指面层可用水泥石白石子浆或白水泥彩色石子浆等构成。

(2)块料楼地面的特征描述中，嵌缝材料种类是指为防止因温度变化而产生不规则裂纹，水磨石地面可用玻璃条或铜条分格。

(3)块料楼地面的特征描述中，防护材料是指耐酸、耐碱、耐臭氧、耐老化、防火、防油渗等材料。

(4)零星装饰项目适用于小便池、蹲位、池槽、楼梯和台阶的牵边和侧面装饰、0.5 m² 以内少量分散的楼地面装修等。

3. 计算规则

整体面层及找平层工程量清单项目设置、项目特征描述的内容、计量单位及工程量计算规则应按表 4-1 的规定执行。

表 4-1　整体面层及找平层(编号：011101)

项目编码	项目名称	项目特征	计量单位	工程量计算规则	工作内容
011101001	水泥砂浆楼地面	1. 找平层厚度、砂浆配合比 2. 素水泥浆遍数 3. 面层厚度、砂浆配合比 4. 面层做法要求	m²	按设计图示尺寸以面积计算。扣除凸出地面构筑物、设备基础、室内铁道、地沟等所占面积，不扣除间壁墙及≤0.3 m² 柱、垛、附墙烟囱及孔洞所占面积，门洞、空圈、暖气包槽、壁龛的开口部分不增加面积	1. 基层处理 2. 抹找平层 3. 抹面层 4. 材料运输
011101002	现浇水磨石楼地面	1. 找平层厚度、砂浆配合比 2. 面层厚度、水泥石子浆配合比 3. 嵌条材料种类、规格 4. 石子种类、规格、颜色 5. 颜料种类、颜色 6. 图案要求 7. 磨光、酸洗、打蜡要求			1. 基层处理 2. 抹找平层 3. 面层铺设 4. 嵌缝条安装 5. 磨光、酸洗打蜡 6. 材料运输

项目编码	项目名称	项目特征	计量单位	工程量计算规则	工作内容
011101006	平面砂浆找平层	找平层厚度、砂浆配合比	m²	按设计图示尺寸以面积计算	1. 基层清理 2. 抹找平层 3. 材料运输

块料面层工程量清单项目设置、项目特征描述的内容、计量单位及工程量计算规则应按表 4-2 的规定执行。

表 4-2 块料面层(编号:011102)

项目编码	项目名称	项目特征	计量单位	工程量计算规则	工作内容
011102001	石材楼地面	1. 找平层厚度、砂浆配合比 2. 结合层厚度、砂浆配合比 3. 面层材料品种、规格、颜色 4. 嵌缝材料种类 5. 防护层材料种类 6. 酸洗、打蜡要求	m²	按设计图示尺寸以面积计算。门洞、空圈、暖气包槽、壁龛的开口部分并入相应的工程量内	1. 基层清理 2. 抹找平层 3. 面层铺设、磨边 4. 嵌缝 5. 刷防护材料 6. 酸洗、打蜡 7. 材料运输
011102002	碎石材楼地面				
011102003	块料楼地面				

踢脚线工程量清单项目设置、项目特征描述的内容、计量单位及工程量计算规则应按表 4-3 的规定执行。

表 4-3 踢脚线(编号:011105)

项目编码	项目名称	项目特征	计量单位	工程量计算规则	工作内容
011105001	水泥砂浆踢脚线	1. 踢脚线高度 2. 底层厚度、砂浆配合比 3. 面层厚度、砂浆配合比	1. m² 2. m	1. 以平方米计量,按设计图示长度乘以高度以面积计算 2. 以米计量,按延长米计算	1. 基层清理 2. 底层和面层抹灰 3. 材料运输
011105002	石材踢脚线	1. 踢脚线高度 2. 粘贴层厚度、材料种类 3. 面层材料品种、规格、颜色 4. 防护材料种类			1. 基层清理 2. 底层抹灰 3. 面层铺贴、磨边 4. 擦缝 5. 磨光、酸洗、打蜡 6. 刷防护材料 7. 材料运输
011105003	块料踢脚线				

楼梯面层工程量清单项目设置、项目特征描述的内容、计量单位及工程量计算规则应按表 4-4 的规定执行。

表 4-4　楼梯面层(编号：011106)

项目编码	项目名称	项目特征	计量单位	工程量计算规则	工作内容
011106001	石材楼梯面层	1. 找平层厚度、砂浆配合比 2. 粘结层厚度、材料种类 3. 面层材料品种、规格、颜色 4. 防滑条材料种类、规格 5. 勾缝材料种类 6. 防护层材料种类 7. 酸洗、打蜡要求	m²	按设计图示尺寸以楼梯(包括踏步、休息平台及≤500 mm的楼梯井)水平投影面积计算。楼梯与楼地面相连时，算至梯口梁内侧边沿；无梯口梁者，算至最上一层踏步边沿加300 mm	1. 基层清理 2. 抹找平层 3. 面层铺贴、磨边 4. 贴嵌防滑条 5. 勾缝 6. 刷防护材料 7. 酸洗、打蜡 8. 材料运输
011106002	块料楼梯面层				
011106003	拼碎块料面层				
011106004	水泥砂浆楼梯面层	1. 找平层厚度、砂浆配合比 2. 面层厚度、砂浆配合比 3. 防滑条材料种类、规格			1. 基层清理 2. 抹找平层 3. 抹面层 4. 抹防滑条 5. 材料运输

台阶装饰工程量清单项目设置、项目特征描述的内容、计量单位及工程量计算规则应按表 4-5 的规定执行。

表 4-5　台阶装饰(编号：011107)

项目编码	项目名称	项目特征	计量单位	工程量计算规则	工作内容
011107001	石材台阶面	1. 找平层厚度、砂浆配合比 2. 粘结材料种类 3. 面层材料品种、规格、颜色 4. 勾缝材料种类 5. 防滑条材料种类、规格 6. 防护层材料种类	m²	按设计图示尺寸以台阶(包括最上层踏步边沿加300 mm)水平投影面积计算	1. 基层清理 2. 抹找平层 3. 面层铺贴 4. 贴嵌防滑条 5. 勾缝 6. 刷防护材料 7. 材料运输
011107002	块料台阶面				
011107003	拼碎块料台阶面				
011107004	水泥砂浆台阶面	1. 找平层厚度、砂浆配合比 2. 面层厚度、砂浆配合比 3. 防滑条材料种类			1. 基层清理 2. 抹找平层 3. 抹面层 4. 抹防滑条 5. 材料运输

零星装饰项目工程量清单项目设置、项目特征描述的内容、计量单位及工程量计算规则应按表 4-6 的规定执行。

表 4-6　零星装饰项目(编号：011108)

项目编码	项目名称	项目特征	计量单位	工程量计算规则	工作内容
011108001	石材零星项目	1. 工程部位 2. 找平层厚度、砂浆配合比 3. 贴结合层厚度、材料种类 4. 面层材料品种、规格、颜色 5. 勾缝材料种类 6. 防护材料种类 7. 酸洗、打蜡要求	m²	按设计图示尺寸以面积计算	1. 清理基层 2. 抹找平层 3. 面层铺贴、磨边 4. 勾缝 5. 刷防护材料 6. 酸洗、打蜡 7. 材料运输
011107002	拼碎石材零星项目				
011107003	块料零星项目				
011107004	水泥砂浆零星项目	1. 工程部位 2. 找平层厚度、砂浆配合比 3. 面层厚度、砂浆厚度			1. 清理基层 2. 抹找平层 3. 抹面层 4. 材料运输

(1)整体面层及找平层包括水泥砂浆楼地面、现浇水磨石楼地面、细石混凝土楼地面和菱苦土楼地面、自流坪楼地面、平面砂浆找平层。其清单项目设置及工程量计算规则见表 4-1。

◤ **特别提示** ◥

水泥砂浆面层处理是拉毛还是提浆压光应在面层做法要求中描述。

平面砂浆找平层只适用于仅做找平层的平面抹灰。

间壁墙是指墙厚≤120 mm 的墙。

楼地面混凝土垫层另列项目编制。

(2)块料面层包括石材楼地面、碎石材楼地面和块料楼地面。其清单项目设置及工程量计算规则见表 4-2。

◤ **特别提示** ◥

整体面层和块料面层工程量可按主墙间净空面积计算。

在描述碎石材项目的面层材料特征时，可不描述规格、颜色。

石材、块料与粘结材料的结合面刷防渗材料的种类应在防护层材料种类中描述。

磨边是指施工现场磨边。

(3)踢脚线包括水泥砂浆踢脚线、石材踢脚线、块料踢脚线、塑料板踢脚线等。其清单项目设置及工程量计算规则见表 4-3。

◤ **特别提示** ◥

石材、块料与粘接材料的结合面刷防渗材料的种类应在防护层材料种类中描述。

(4)楼梯面层包括石材楼梯面层、块料楼梯面层、拼碎块料面层、水泥砂浆楼梯面层、现浇水磨石楼梯面层等。其清单项目设置及工程量计算规则见表4-4。

特别提示

楼梯侧面装饰，可按零星装饰项目编码列项。

在描述碎石材项目的面层材料特征时，可不用描述规格、颜色。

石材、块料与粘结材料的结合面刷防渗材料的种类应在防护材料种类中描述。

(5)台阶装饰包括石材台阶面、块料台阶面、拼碎块料台阶面、水泥砂浆台阶面、现浇水磨石台阶面等。其清单项目设置及工程量计算规则见表4-5。

特别提示

台阶侧面装饰可按零星装饰项目编码列项。

在描述碎石材项目的面层材料特征时，可不用描述规格、颜色。

石材、块料与粘结材料的结合面刷防渗材料的种类应在防护材料种类中描述。

(6)零星装饰项目包括石材零星项目、拼碎石材零星项目、块料零星项目、水泥砂浆零星项目。其清单项目设置及工程量计算规则见表4-6。

特别提示

楼梯和台阶的牵边和侧面镶贴块料面层、不大于 0.5 m² 少量分散的楼地面镶贴块料面层，应按表4-6零星装饰项目执行。

石材、块料与粘结材料的结合面刷防渗材料的种类应在防护材料种类中描述。

(三)工作任务实施

1. 楼地面工程量清单编制步骤和方法

(1)熟悉施工图纸。

(2)熟悉施工组织设计。

(3)熟悉《计算规范》。

(4)列清单项目。

(5)清单工程量计算。

(6)填写分部分项工程量清单与计价表，包括项目编码、项目名称、项目特征描述、计量单位和工程量。

2. 编制楼地面装饰工程的工程量清单

(1)清单工程量计算。装饰工程(楼地面)清单工程量计量表见表4-7。

表 4-7 装饰工程(楼地面)清单工程量计量表

工程名称：街道办公楼工程

序号	项目编码	项目名称	单位	工程数量	计算式
附录 L 楼地面装饰工程					
1	011102003001	首层地砖楼地面	m²	120.39	$S=(3.9-0.24)\times(6-0.24)\times4+(2.1-0.24)\times(10.5-0.24)+1.0\times0.24\times3+0.24\times(3.9-0.24)+1.2\times0.24+1.8\times0.185+(2.7-0.24)\times6=120.39(m^2)$

序号	项目编码	项目名称	单位	工程数量	计算式
2	011102003002	首层卫生间地砖地面	m²	13.96	$S=[(2.7-0.24)\times(2.7-0.18)+(2.7-0.24)\times(3.3-0.18)]+0.75\times0.12=13.96(\text{m}^2)$
3	011102003003	二层地砖楼面	m²	104.66	$S=(3.9-0.24)\times(6-0.24)\times4+(2.1-0.24)\times(10.5-0.24)+1.0\times0.24\times4+1.2\times0.24=104.66(\text{m}^2)$
4	011102003004	二层卫生间地砖楼面	m²	13.96	$S=[(2.7-0.24)\times(2.7-0.18)+(2.7-0.24)\times(3.3-0.18)]+0.75\times0.12=13.96(\text{m}^2)$
5	011102003005	楼梯间地砖楼面	m²	2.02	$S=(0.9+0.12-0.2)\times(2.7-0.24)=2.02(\text{m}^2)$
6	011105003001	首层瓷砖踢脚线(150 mm)	m²	14.64	$S=\{[(3.9-0.24)\times2+(6-0.24)\times2-1.0+0.24\times2]\times3+(2.1-0.24)\times2+(10.5-0.24)\times2-[1.0\times3+(3.9-0.24)+1.2+(2.7-0.24)]+(2.7-0.24)+6\times2+(3.9-0.24)+6\times2-1.8+0.185\times2\}\times0.15=14.64(\text{m}^2)$
7	011105003002	二层瓷砖踢脚线(150 mm)	m²	13.48	$S=\{[(3.9-0.24)\times2+(6-0.24)\times2-1.0+0.24\times2]\times4+(2.1-0.24)\times2+(10.5-0.24)\times2-[1.0\times4+1.2+(2.7-0.24)]\}\times0.15=13.48(\text{m}^2)$
8	011105003003	楼梯间地砖踢脚线	m²	2.72	平台处:$[(1.8-0.12)\times2+(2.7-0.24)-0.3]\times0.15=0.828(\text{m}^2)$ 楼面处:$(0.9\times2-0.3)\times0.15=0.225(\text{m}^2)$ 梯段处:$[0.3\times0.15\times0.5\times12(个)+0.15\times(3.3^2+1.8^2)^{0.5}]\times2=1.67(\text{m}^2)$
9	011106002001	地砖楼梯面层	m²	12.74	$S=(2.7-0.24)\times(3.3+1.8-0.12+0.2)=12.74(\text{m}^2)$
10	011107001001	花岗岩台阶面层	m²	7.56	$S=(4.2+0.3\times4)\times0.3\times3+(1.8-0.3)\times0.3\times3\times2=7.56(\text{m}^2)$
11	011102003001	花岗岩台阶上的平台	m²	5.73	$S=(4.2-0.3\times2)\times(1.8-0.3)+1.8\times0.185=5.73(\text{m}^2)$
12	010404001001	一层地面及台阶平台下素土垫层	m³	41.66	$V=[(3.9-0.24)\times(6-0.24)\times3+(3.9-0.24)\times6+(2.1-0.24)\times(10.5-0.24)+(2.7-0.24)\times6]\times(0.45-0.01-0.02-0.1)+[(2.7-0.24)\times(2.7-0.18)+(2.7-0.24)\times(3.3-0.18)]\times(0.45-0.02-0.1-0.04-0.015-0.025-0.01)=38.09+3.33=41.43(\text{m}^3)$ $5.73\times0.04=0.23(\text{m}^3)$
13	010501001002	一层地面及台阶平台下混凝土垫层C15	m³	13.63	$V=[(3.9-0.24)\times(6-0.24)\times3+(3.9-0.24)\times6+(2.1-0.24)\times(10.5-0.24)+(2.7-0.24)\times6]\times0.1+[(2.7-0.24)\times(2.7-0.18)+(2.7-0.24)\times(3.3-0.18)]\times0.1=13.29(\text{m}^3)$ $5.73\times0.06=0.34(\text{m}^3)$

序号	项目编码	项目名称	单位	工程数量	计算式
14	010404001002	平台下灰土垫层	m³	1.72	5.73×0.3＝1.72(m³)
15	011101006001	一层、二层卫生间细石混凝土找平层	m²	13.87×2＝27.74	[(2.7−0.24)×(2.7−0.18)+(2.7−0.24)×(3.3−0.18)]×2＝27.74(m²)
16	011101006002	一层、二层卫生间水泥砂浆找平层	m²	27.74	[(2.7−0.24)×(2.7−0.18)+(2.7−0.24)×(3.3−0.18)]×2＝27.74(m²)

(2)楼地面装饰工程工程清单编制。分部分项(楼地面)工程量清单与计价表见表4-8。

表4-8 分部分项(楼地面)工程量清单与计价表

序号	项目编码	项目名称	项目特征描述	计量单位	工程量	综合单价	合价	其中暂估价
附录L 楼地面装饰工程								
1	011102003001	首层地砖楼地面	素土夯实 100 mm厚C15混凝土垫层 素水泥浆结合层一遍 20 mm厚1∶4干硬性水泥砂浆结合层 8～10 mm厚600 mm×600 mm全瓷地砖铺实拍平，水泥浆擦缝	m²	120.39			
2	011102003002	首层卫生间地砖地面	素土夯实 100 mm厚C15混凝土垫层 50 mm厚C15细石混凝土找坡不小于0.5%，最薄处不小于30 mm 15 mm厚1∶2水泥砂浆找平 1.5 mm厚聚氨酯防水涂料，面撒黄砂，四周沿墙上翻150 mm高刷基层处理剂一遍 25 mm厚1∶4干硬性水泥砂浆 8～10 mm厚400×400全瓷地砖铺实拍平，水泥浆擦缝	m²	13.96			
3	011102003003	二层地砖楼面	素水泥浆结合层一遍 20 mm厚1∶4干硬性水泥砂浆结合层 8～10 mm厚600 mm×600 mm全瓷地砖铺实拍平，水泥浆擦缝	m²	104.66			

序号	项目编码	项目名称	项目特征描述	计量单位	工程量	金额/元		
						综合单价	合价	其中暂估价
4	011102003004	二层卫生间地砖楼面	50 mm 厚 C15 细石混凝土找坡不小于 0.5%，最薄处不小于 30 mm 15 mm 厚 1:2 水泥砂浆找平 1.5 mm 厚聚氨酯防水涂料，面撒黄砂，四周沿墙上翻 150 mm 高刷基层处理剂一遍 25 mm 厚 1:4 干硬性水泥砂浆 8~10 mm 厚 400 mm×400 mm 全瓷地砖铺实拍平，水泥浆擦缝	m²	13.96			
5	011102003005	楼梯间地砖楼面	素水泥浆结合层一遍 20 mm 厚 1:4 干硬性水泥砂浆结合层 8~10 mm 厚 600 mm×600 mm 全瓷地砖铺实拍平，水泥浆擦缝	m²	2.02			
6	011105003001	首层瓷砖踢脚线	刷建筑胶素水泥浆一遍，配合比为建筑胶:水=1:4 17 mm 厚 2:1:8 水泥石灰砂浆，分两次抹灰 3~4 mm 厚 1:1 水泥砂浆加水 20%，建筑胶粘贴 8~10 mm 厚面砖高 150 mm，水泥浆擦缝	m²	14.64			
7	011105003002	二层瓷砖踢脚线	刷建筑胶素水泥浆一遍，配合比为建筑胶:水=1:4 17 mm 厚 2:1:8 水泥石灰砂浆，分两次抹灰 3~4 mm 厚 1:1 水泥砂浆加水 20%，建筑胶粘贴 8~10 mm 厚面砖高 150 mm，水泥浆擦缝	m²	13.48			
8	011105003003	楼梯间地砖踢脚线	刷建筑胶素水泥浆一遍，配合比为建筑胶:水=1:4 17 mm 厚 2:1:8 水泥石灰砂浆，分两次抹灰 3~4 mm 厚 1:1 水泥砂浆加水 20%，建筑胶粘贴 8~10 mm 厚面砖高 150 mm，水泥浆擦缝	m²	2.72			

序号	项目编码	项目名称	项目特征描述	计量单位	工程量	金额/元		
						综合单价	合价	其中
								暂估价
9	011106002001	地砖楼梯面层	素水泥浆结合层一遍 20 mm厚1：4干硬性水泥砂浆结合层 8～10 mm厚600 mm×600 mm全瓷地砖铺实拍平，水泥浆擦缝	m²	12.74			
10	011107001001	花岗岩台阶面层	素水泥浆结合层一遍 30 mm厚1：4干硬性水泥砂浆 20～25 mm厚石质板材踏步及踢脚板，水泥浆擦缝	m²	7.56			
11	011102003001	花岗岩台阶上的平台	素土夯实 300 mm厚3：7灰土 60 mm厚C15混凝土台阶 素水泥浆结合层一遍 30 mm厚1：4干硬性水泥砂浆 20～25 mm厚石质板材踏步及踢脚板，水泥浆擦缝	m²	5.73			
12	010404001001	一层地面及台阶平台下素土垫层	素土、厚度100 mm	m³	41.66			
13	010501001002	一层地面混凝土垫层	混凝土类别：现浇 混凝土强度等级：C15	m³	13.63			
14	010404001002	平台下灰土垫层	300 mm厚3：7灰土	m³	1.72			
15	011101006001	一层、二层卫生间细石混凝土找平层	找平层厚度：最厚处50 mm，最薄处30 mm 砂浆配合比：C15细石混凝土	m²	27.74			
16	011101006002	一层、二层卫生间水泥砂浆找平层	15 mm厚1：2水泥砂浆找平	m²	27.74			

本工作任务介绍了《计算规范》中的楼地面装饰工程的内容、工程量计算规则及规范使用中应注意的问题。以典型工作项目为载体对计算规则应用进一步深化。本工作任务中的重点、难点是根据工作内容进行楼地面清单的列项、踢脚线、楼梯装饰的清单工程量计算，其清单的计算规则不同于定额的计算规则。通过本工作任务的学习，应具备楼地面装饰工程量清单的编制能力。

任务二　墙、柱面装饰工程工程量清单编制

一、知识目标

(1)能够准确识读建筑平面图、建筑设计说明及工程做法表，并正确列清单项目。

(2)能够准确计算内外墙面的清单工程量。

(3)掌握墙、柱面装饰工程量清单计价规范的应用方法。

二、能力目标

能够准确计算墙、柱面工程的各分项的清单工程量，并依据清单计价规范编制楼地面装饰工程的招标工程量清单。

三、学习导航

布置任务—相关知识学习—工作任务的实施—检查并总结。

(一)布置任务

1. 工程基本概况

本工程为一栋二层砖混结构办公楼，详见建筑及结构施工图，图中标注尺寸标高以 m 为单位计，其余以 mm 为单位计，所注室外地坪标高为 −0.450，室内地坪标高为 ±0.000，认真看建筑设计说明、工程做法表及建筑施工图。

2. 工作任务要求

(1)按照《计算规范》的附录 M 有关内容列项、计算清单工程量。

(2)依据《计算规范》结合图纸及工程做法图集填写分部分项工程量清单与计价表，完成内外墙面装饰工程招标工程量清单的编制。

(二)相关知识学习

1. 概述

墙、柱面工程主要包括墙面抹灰、柱(梁)面抹灰、墙面块料面层、柱(梁)面镶贴块料等装饰内容。

抹灰工程按使用材料和操作方法分为石灰砂浆、水泥砂浆、水泥混合砂浆、麻刀灰、纸筋灰等；装饰抹灰有水刷石、干粘石、喷砂、弹涂、喷涂、滚涂、拉毛灰、斩假面砖、仿石和彩色抹灰等。

为了使抹灰层与基层粘结牢固，防止起鼓开裂，并使抹灰层的表面平整，保证工程质量，抹灰层应分层涂抹。抹灰层一般由底层、中层和面层（又称"罩面""饰面"）组成。底层主要起与基层（基体）粘结作用；中层层主要起找平作用，面层主要起装饰美化作用。

抹灰层应采取分层分遍涂抹的施工方法，以便抹灰层与基层粘结牢固、控制抹灰厚度、保证工程质量。抹灰层的平均总厚度，应根据基体材料、工程部位和抹灰等级等情况来确定，内墙抹灰为 18～25 mm，外墙为 20 mm，勒脚及凸出墙面部分为 25 mm。各层抹灰的厚度（每遍厚度），也应根据基层材料、砂浆品种、工程部位、质量标准以及各地区气候情况来确定。

用木质板装饰墙面、柱面，基本上以板材为主，饰面板主要有木胶合板、装饰防火胶板、微薄木贴面、纤维板、刨花板、胶合板、细木工板等材料；施工时需要准备龙骨料，一般采用木料或厚的夹板，还有钉子、盖条、防火涂料等。因为是木装修，所以木结构墙身需进行防火处理，应在木龙骨或现场加工的木筋上涂刷防火涂料。

2. 注意事项

（1）石灰砂浆、水泥砂浆、混合砂浆、聚合物水泥砂浆、麻刀石灰浆、纸筋石灰和石膏灰浆等，抹灰应按一般抹灰项目编码列项；水刷石、斩假山（剁斧石、剁假石）、干粘石、假面砖等的抹灰应按装饰抹灰项目编码列项。

（2）墙面抹灰不扣除与构件交接处的面积，这里的面积是指墙与梁的交接处所占面积，不包括墙与楼板的交接。

（3）柱的一般抹灭和装饰抹灰及勾缝，以柱断面周长乘以高度计算，柱断面周长是指结构断面周长。

（4）墙体类型是指砖墙、石墙、混凝土、砌块墙及内墙、外墙等。

（5）块料墙面是指石材饰面板、陶瓷面砖、玻璃面砖、金属饰面板、塑料饰面板、木质饰面板等。

（6）挂贴是指对大规格的石材（大理石、花岗岩、青石等）使用铁件先挂在墙面后灌浆的方法固定。

（7）干挂有两种，一种是直接干挂法，通过不锈钢膨胀螺栓、不锈钢挂件、不锈钢连接件、不锈钢钢针等将外墙饰面板连接在外墙面；另一种是间接干挂法，是通过同定在墙上的钢龙骨，再用各种挂件固定外墙饰面板。

3. 计算规则

墙面抹灰工程量清单项目设置、项目特征描述的内容、计量单位及工程量计算规则应按表 4-9 的规定执行。

表 4-9　墙面抹灰（编号：011201）

项目编码	项目名称	项目特征	计量单位	工程量计算规则	工作内容
011201001	墙面一般抹灰	1. 墙体类型 2. 底层厚度、砂浆配合比 3. 面层厚度、砂浆配合比 4. 装饰面材料种类 5. 分格缝宽度、材料种类	m²	按设计图示尺寸以面积计算。扣除墙裙、门窗洞口及单个>0.3 m²的孔洞面积，不扣除踢脚线、挂镜线和墙与构件交接处的面积，门窗洞口和孔洞的侧壁及顶面不增加面积。附墙柱、梁、垛、烟囱侧壁并入相应的墙面面积内	1. 基层清理 2. 砂浆制作、运输 3. 底层抹灰 4. 抹面层 5. 抹装饰面 6. 勾分格缝
011201002	墙面装饰抹灰				

项目编码	项目名称	项目特征	计量单位	工程量计算规则	工作内容
011201003	墙面勾缝	1. 勾缝类型 2. 勾缝材料种类	m²	1. 外墙抹灰面积按外墙垂直投影面积计算 2. 外墙裙抹灰面积按其长度乘高度计算 3. 内墙抹灰面积按主墙间的净长乘高度计算 (1)无墙裙的，高度按室内楼地面至天棚底面计算 (2)有墙裙的，高度按墙裙顶至天棚底面计算 (3)有吊顶天棚抹灰，高度算至天棚底 4. 内墙裙抹灰面按内墙净长乘高度计算	1. 基层清理 2. 砂浆制作、运输 3. 勾缝
011201004	立面砂浆找平层	1. 基层类型 2. 找平层砂浆厚度、配合比			1. 基层清理 2. 砂浆制作、运输 3. 抹灰找平

注：1. 立面砂浆找平项目适用于仅做找平层的立面抹灰。

2. 墙面抹石灰砂浆、水泥砂浆、混合砂浆、聚合物水泥砂浆、麻刀石灰浆等按本表中墙面一般抹灰列项；墙面水刷石、斩假石、干粘石、假面砖等按本表中墙面装饰抹灰列项。

3. 飘窗凸出外墙面增加的抹灰并入外墙工程量内。

4. 有吊顶天棚的内墙抹灰，抹至吊顶以上部分在综合单价中考虑。

柱(梁)面抹灰工程量清单项目设置、项目特征描述的内容、计量单位及工程量计算规则应按表4-10的规定执行。

表4-10 柱(梁)面抹灰(编号：011202)

项目编码	项目名称	项目特征	计量单位	工程量计算规则	工作内容
011202001	柱、梁面一般抹灰	1. 柱(梁)体类型 2. 底层厚度、砂浆配合比 3. 面层厚度、砂浆配合比 4. 装饰面材料种类 5. 分格缝宽度、材料种类	m²	1. 柱面抹灰：按设计图示柱断面周长乘以高度以面积计算 2. 梁面抹灰：按设计图示梁断面周长乘以长度以面积计算	1. 基层清理 2. 砂浆制作、运输 3. 底层抹灰 4. 抹面层 5. 勾分格缝
011202002	柱、梁面装饰抹灰				
011202003	柱、梁面砂浆找平	1. 柱(梁)体类型 2. 找平层砂浆厚度、配合比			1. 基层清理 2. 砂浆制作、运输 3. 抹灰找平
011202004	柱面勾缝	1. 勾缝类型 2. 勾缝材料种类		按设计图示柱断面周长乘以高度以面积计算	1. 基层清理 2. 砂浆制作、运输 3. 勾缝

注：1. 砂浆找平层项目适用于仅做找平层的柱(梁)面抹灰。

2. 柱(梁)面抹石灰砂浆、水泥砂浆、混合砂浆、聚合物水泥砂浆、麻刀石灰浆等按本表中柱(梁)面一般抹灰编码列项；柱(梁)面水刷石、斩假石、干粘石、假面砖等按本表柱(梁)面装饰抹灰项目编码列项。

零星抹灰工程量清单项目设置、项目特征描述的内容、计量单位及工程量计算规则应按表 4-11 的规定执行。

表 4-11　零星抹灰(编号：011203)

项目编码	项目名称	项目特征	计量单位	工程量计算规则	工作内容
011203001	零星项目一般抹灰	1. 基层类型、部位 2. 底层厚度、砂浆配合比 3. 面层厚度、砂浆配合比	m²	按设计图示尺寸以面积计算	1. 基层清理 2. 砂浆制作、运输 3. 底层抹灰 4. 抹面层 5. 抹装饰面 6. 勾分格缝
011203002	零星项目装饰抹灰	4. 装饰面材料种类 5. 分格缝宽度、材料种类			
011203003	零星项目砂浆找平	1. 基层类型、部位 2. 找平的砂浆厚度、配合比			1. 基层清理 2. 砂浆制作、运输 3. 抹灰找平

注：1. 零星项目抹石灰砂浆、水泥砂浆、混合砂浆、聚合物水泥砂浆、麻刀石灰浆、石灰膏浆等按本表中零星项目一般抹灰列项；水刷石、斩假石、干粘石、假面砖等按本表中零星项目装饰抹灰编码列项。
　　2. 墙、柱(梁)面≤0.5 m² 的少量分散的抹灰按本表中零星项目编码列项。

墙面块料面层工程量清单项目设置、项目特征描述的内容、计量单位及工程量计算规则应按表 4-12 的规定执行。

表 4-12　墙面块料面层(编号：011204)

项目编码	项目名称	项目特征	计量单位	工程量计算规则	工作内容
011204001	石材墙面	1. 墙体类型 2. 安装方式 3. 面层材料品种、规格、颜色 4. 缝宽、嵌缝材料种类 5. 防护层材料种类 6. 磨光、酸洗、打蜡要求	m²	按镶贴表面积计算	1. 基层清理 2. 砂浆制作、运输 3. 粘结层铺贴 4. 面层安装 5. 嵌缝 6. 刷防护材料 7. 磨光、酸洗、打蜡
011204002	拼碎石材墙面				
011204003	块料墙面				
011204004	干挂石材钢骨架	1. 骨架种类、规格 2. 防锈漆品种遍数	t	按设计图示以质量计算	1. 骨架制作、运输、安装 2. 刷漆

注：1. 在描述碎块项目的面层材料特征时不可用描述规格、颜色。
　　2. 石材、块料与粘接材料的结合面刷防渗材料的种类在防护层材料种类中描述。
　　3. 安装方式可描述为砂浆或粘结剂粘贴、挂贴、干挂等，不论哪种安装方式，都要详细描述与组价相关的内容。

柱(梁)面镶贴块料工程量清单项目设置、项目特征描述的内容、计量单位及工程量计算规则应按表4-13的规定执行。

表4-13　柱(梁)面镶贴块料(编号: 011205)

项目编码	项目名称	项目特征	计量单位	工程量计算规则	工作内容
011205001	石材柱面	1. 柱截面类型、尺寸 2. 安装方式 3. 面层材料品种、规格、颜色 4. 缝宽、嵌缝材料种类 5. 防护材料种类 6. 磨光、酸洗、打蜡要求	m²	按镶贴表面积计算	1. 基层清理 2. 砂浆制作、运输 3. 粘结层铺贴 4. 面层安装 5. 嵌缝 6. 刷防护材料 7. 磨光、酸洗、打蜡
011205002	块料柱面				
011205003	拼碎块柱面				
011205004	石材梁面	1. 安装方式 2. 面层材料品种、规格、颜色 3. 缝宽、嵌缝材料种类 4. 防护材料种类 5. 磨光、酸洗、打蜡要求			
011205005	块料梁面				

注: 1. 在描述碎块项目的面层材料特征时不可用描述规格、颜色。
　　2. 石材、块料与粘结材料的结合面刷防渗材料的种类在防护层材料种类中描述。
　　3. 柱梁面干挂石材的钢骨架按表4-12相应项目编码列项。

镶贴零星块料工程量清单项目设置、项目特征描述的内容、计量单位及工程量计算规则应按表4-14的规定执行。

表4-14　镶贴零星块料(编号: 011206)

项目编码	项目名称	项目特征	计量单位	工程量计算规则	工作内容
011206001	石材零星项目	1. 基层类型、部位 2. 安装方式 3. 面层材料品种、规格、颜色 4. 缝宽、嵌缝材料种类 5. 防护材料种类 6. 磨光、酸洗、打蜡要求	m²	按镶贴表面积计算	1. 基层清理 2. 砂浆制作、运输 3. 面层安装 4. 嵌缝 5. 刷防护材料 6. 磨光、酸洗、打蜡
011206002	块料零星项目				
011206003	拼碎块零星项目				

注: 1. 在描述碎块项目的面层材料特征时不可用描述规格、颜色。
　　2. 石材、块料与粘结材料的结合面刷防渗材料的种类在防护层材料种类中描述。
　　3. 墙柱面≤0.5 m²的少量分散的镶贴块料面层按本表中零星项目执行。

墙饰面工程量清单项目设置、项目特征描述的内容、计量单位及工程量计算规则应按表 4-15 的规定执行。

表 4-15　墙饰面(编号：011207)

项目编码	项目名称	项目特征	计量单位	工程量计算规则	工作内容
011207001	墙面装饰板	1. 龙骨材料种类、规格、中距 2. 隔离层材料种类、规格 3. 基层材料种类、规格 4. 面层材料品种、规格、颜色 5. 压条材料种类、规格	m²	按设计图示墙净长乘以净高以面积计算。扣除门窗洞口及单个 >0.3 m² 的孔洞所占面积	1. 基层清理 2. 龙骨制作、运输、安装 3. 钉隔离层 4. 基层铺钉 5. 面层铺贴
011207002	墙面装饰浮雕	1. 基层类型 2. 浮雕材料种类 3. 浮雕样式		按设计图示尺寸以面积计算	1. 基层清理 2. 材料制作、运输 3. 安装成型

柱(梁)饰面工程量清单项目设置、项目特征描述的内容、计量单位及工程量计算规则应按表 4-16 的规定执行。

表 4-16　柱(梁)饰面(编号：011208)

项目编码	项目名称	项目特征	计量单位	工程量计算规则	工作内容
011208001	柱(梁)面装饰	1. 龙骨材料种类、规格、中距 2. 隔离层材料种类 3. 基层材料种类、规格 4. 面层材料品种、规格、颜色 5. 压条材料种类、规格	m²	按设计图示饰面外围尺寸以面积计算。柱帽、柱墩并入相应柱饰面工程量内	1. 基层清理 2. 龙骨制作、运输、安装 3. 钉隔离层 4. 基层铺钉 5. 面层铺贴
011208002	成品装饰柱	1. 柱截面、高度尺寸 2. 柱材质	1. 根 2. m	1. 以根计量，按设计数量计算 2. 以米计量，按设计长度计算	柱运输、固定、安装

(1)墙面抹灰包括墙面一般抹灰、墙面装饰抹灰、墙面勾缝、立面砂浆找平层。其清单项目设置及工程量计算规则见表 4-9。

外墙裙抹灰面积按其长度乘以高度计算，其中，长度是指外墙裙长度。

外墙长度按外边线周长，内墙长度按内墙净长线计算。

(2)柱梁面抹灰包括柱(梁)面一般抹灰、柱(梁)面装饰抹灰、柱(梁)面砂浆找平、柱面勾缝。其清单项目设置及工程量计算规则见表4-10。

柱断面周长是指结构断面周长。

砂浆找平项目适用于仅做找平层的柱(梁)面抹灰。

(3)零星抹灰包括零星项目一般抹灰和零星项目装饰抹灰、零星项目砂浆找平。其清单项目设置及工程量计算规则见表4-11。

(4)墙面块料面层包括石材墙面、拼碎石材墙面、块料墙面、干挂石材钢骨架。其清单项目设置及工程量计算规则见表4-12。

前锋材料是指砂浆、油膏、密封胶等材料。

(5)柱(梁)面镶贴块料包括石材柱(梁)面，拼碎块柱面，块料柱(梁)面。其清单项目设置及工程量计算规则见表4-13。

(6)镶贴零星块料包括石材零星项目、块料零星项目和拼碎块零星项目。其清单项目设置及工程量计算规则见表4-14。

(7)墙饰面包括墙面装饰板和墙面装饰浮雕。其清单项目设置及工程量计算规则见表4-15。

(8)柱(梁)饰面包括柱(梁)面装饰、成品装饰柱。其清单项目设置及工程量计算规则见表4-16。

装饰柱(梁)面按设计图示外围饰面尺寸乘以高度(长度)以面积计算。外围饰面尺寸是饰面的表面尺寸。

(三)工作任务实施

1. 墙、柱面工程量清单编制步骤和方法

(1)熟悉施工图纸。

(2)熟悉施工组织设计。

(3)熟悉《计算规范》。

(4)列清单项目。

(5)清单工程量计算。

(6)填写分部分项工程量清单与计价表，包括项目编码、项目名称、项目特征描述、计量单位和工程量。

2. 编制墙、柱面装饰工程的工程量清单

(1)清单工程量计算。装饰工程(墙、柱面)清单工程量计量表见表4-17。

表 4-17　装饰工程(墙、柱面)清单工程量计量表

工程名称：街道办公楼工程

序号	项目编码	项目名称	单位	工程数量	计算式
		附录 M　墙、柱面装饰与隔断、幕墙工程			
1	011201004001	外墙水泥砂浆找平	m^2	272.71	$S=(7.2-0.9-0.08)\times[(14.6+0.05\times2)+(11+0.05\times2)]\times2-[1.8\times2.1\times7+1.2\times1.2\times2+1.2\times2.1\times6)+1.8\times(3-0.9)]=320.95-48.24=272.71(m^2)$
2	011203001001	零星项目一般抹灰	m^2	18.65	S_1(挑檐侧)$=(14.6+0.5\times2+11+0.5\times2)\times2\times0.2=11.04(m^2)$ S_2(雨篷栏板侧)$=0.5\times(1.2\times2+4.14)+0.38\times[(1.2-0.06)\times2+(4.14-0.06\times2)]+0.06\times[(1.2-0.03)\times2+(4.14-0.03\times2)]=3.27+2.39+0.385=6.05(m^2)$ S_3(上人孔栏板侧)$=(0.6+0.7)\times2\times(0.5+0.1)=1.56(m^2)$ $S_1+S_2+S_3=11.04+6.05+1.56=18.65(m^2)$
3	011201001002	内墙水泥砂浆抹灰	m^2	569.34	$S_1=\{[(3.9-0.24)+(6-0.24)]\times2\times(3.6-0.12)-(1.0\times2.4+1.8\times2.1)\}\times3+[(3.9-0.24+6\times2)\times(3.6-0.12)-1.8\times3]+[(2.1-0.24)\times2+(10.5-0.24)\times2-(3.9-0.24)-(2.7-0.24)]\times(3.6-0.1)-[1\times2.4\times3+1.2\times2.1\times2+1.2\times(3.6-0.18)]=274.32(m^2)$ $S_2=\{[(3.9-0.24)+(6-0.24)]\times2\times(3.6-0.12)-(1.0\times2.4+1.8\times2.1)\}\times4+[(2.1-0.24)\times2+(10.5-0.24)\times2-(2.7-0.24)]\times(3.6-0.1)-[1\times2.4\times4+1.2\times2.1\times2+1.2\times(3.6-0.18)]=295.02(m^2)$ $S=S_1+S_2=569.34\ m^2$
4	011201001003	一层及二层楼梯间内墙抹灰	m^2	98.34	$S=\{[(2.7-0.24)+6\times2]\times(3.6-0.1)-(1.2\times1.2)\}\times2=98.34(m^2)$
5	011204003001	外墙0.9 m以下蘑菇石墙砖	m^2	66.21	$S=(0.9+0.45)\times[(14.6+0.05\times2)+(11+0.05\times2)]\times2-[1.8\times0.9(门)]+(4.2+0.3\times4)\times0.15+(4.2+0.3\times2)\times0.15+4.2\times0.15(台阶)]+0.9\times2\times0.185=66.21(m^2)$
6	011204003002	卫生间内墙砖	m^2	129.66	$S_1=[(2.7-0.24)+(2.7-0.18)+(2.7-0.24)+(3.3-0.18)]\times2\times(3.6-0.1)-[1.2\times2.1+0.75\times3\times2+1.2\times(3.6-0.18)(扣门窗洞口)]+[(1.2+2.1)\times2\times0.185+0.12\times(0.75+3\times2)](增加门窗洞口侧壁)=64.83(m^2)$ $S_2=S_1$ $S=S_1+S_2=129.66\ m^2$

(2)墙柱面装饰工程工程清单编制。分部分项(墙、柱面)工程量清单与计价表见表4-18。

表 4-18 分部分项(墙、柱面)工程量清单与计价表

工程名称：街道办公楼工程

序号	项目编码	项目名称	项目特征描述	计量单位	工程量	综合单价	合价	其中暂估价
附录 M 墙、柱面装饰与隔断、幕墙工程								
1	011201004001	外墙水泥砂浆抹灰	15 mm 厚 1：3 水泥砂浆找平层	m²	272.71			
2	011203001001	零星项目一般抹灰	同外墙	m²	18.65			
3	011201001002	内墙水泥砂浆抹灰	15 mm 厚 1：3 水泥砂浆 5 mm 厚 1：2 水泥砂浆	m²	569.34			
4	011201001003	一层及二层楼梯间内墙抹灰	清理墙面，满涂专用界面处理砂浆 40 mm 厚胶粉聚苯颗粒保温层 4~6 mm 厚抗裂砂浆复合耐碱网布 柔性腻子 饰面涂料另选	m²	98.34			
5	011204003001	外墙 0.9 m 以下蘑菇石墙砖	20 mm 厚 1：3 水泥砂浆找平 10 mm 厚 1：1 水泥专用胶粘剂 50 mm 厚聚苯乙烯泡沫塑料板加压粘牢 1.5 mm 厚专用胶贴标准网于整个墙面 基层整修平整 一底二涂高弹丙烯酸涂料	m²	66.21			
6	011204003002	卫生间内墙砖	15 mm 厚 1：3 水泥砂浆 刷素水泥浆一遍 4~5 mm 厚 1：1 水泥砂浆加水重 20% 的建筑胶镶贴 8~10 mm 厚面砖，水泥浆擦缝或 1：1 水泥砂浆勾缝	m²	129.66			

总 结

本工作任务介绍了《计算规范》中的墙、柱面装饰工程的内容、工程量计算规则及规范使用中应注意的问题。以典型工作项目为载体对计算规则应用进一步深化。本工作任务中的重点、难点是墙面抹灰的清单工程量计算，其清单的计算规则不同于定额的计算规则，还有就是墙、柱面饰面的清单列项及工程量计算。通过本工作任务的学习，应具备墙、柱面装饰工程量清单的编制能力。

任务三　天棚装饰工程工程量清单编制

一、知识目标

（1）能够准确识读建筑平面图、立面图、剖面图、建筑设计说明及工程做法表，并正确列清单项目。

（2）能够准确计算室内外天棚装饰的清单工程量。

（3）掌握天棚装饰工程量清单计价规范的应用方法。

二、能力目标

能够准确计算天棚工程的各分项的清单工程量，并依据清单计价规范编制天棚装饰工程的招标工程量清单。

三、学习导航

布置任务—相关知识学习—工作任务的实施—检查并总结。

（一）布置任务

1. 工程基本概况

本工程为一栋二层砖混结构办公楼，详见建筑及结构施工图，图中标注尺寸标高以 m 为单位计，其余以 mm 为单位计，所注室外地坪标高为－0.450，室内地坪标高为±0.000，认真看建筑设计说明、工程做法表及建筑施工图。

2. 工作任务要求

（1）按照《计算规范》的附录 N 有关内容列项、计算清单工程量。

（2）依据《计算规范》结合图纸及工程做法图集填写分部分项工程量清单与计价表，完成天棚装饰工程招标工程量清单的编制。

（二）相关知识学习

1. 概述

天棚又称为顶棚、天花板、平顶等，它是室内空间的上顶界面，在围合成室内环境中起着非常重要的作用，是建筑组成中的一个重要部件。在单层建筑物或多、高层建筑物的顶层中，天棚一般位于屋面结构层下部；在楼层中，天棚一般位于楼板层的下部位置。

天棚的装饰设计，往往体现了建筑室内的使用功能、设备安装、管线埋设、防火安全和维护检修等多方面的因素，从而采用一定的艺术形式和相应的构造类型。

天棚的构造类型，按房间中垂直位置及楼层结构关系可划分为直接式天棚和悬吊式天棚两大类。直接式天棚是指把楼层板底直接作为天棚，在其表面进行抹灰、涂刷和裱糊等装饰处理，形成设计所要求的室内空间界面。这种方法简便、经济，且不影响室内原有净高。但是，对于设备管线的敷设、艺术造型的建立等要求，存在着无法解决的难题。

悬吊式天棚简称为吊顶，是指在楼屋面结构层下一定垂直距离的位置，通过设置吊杆等而形成的天棚结构层，以满足室内天棚的装饰要求。这种方法为满足室内的使用要求创造了较为宽松的前提条件。但是这种天棚施工工期长、造价高，且要求房间有较大的层高。

吊顶由吊筋、结构骨架层、装饰面层和附加层四个基本部分所组成。

2. 注意事项

(1)天棚吊顶的平面、跌级、锯齿形、阶梯形、吊挂式和藻井式以及矩形、弧形和拱形等应在清单项目中进行描述。

(2)采光天棚和天棚设置保温、隔热和吸声层时，按工程量相关项目编码和列项。

(3)天棚抹灰与天棚吊顶工程量计算规则有所不同；天棚抹灰不扣除柱垛包括独立柱所占面积；天棚吊顶不扣除柱垛所占面积，但应扣除独立柱所占面积。

(4)柱垛是指与墙体相连的柱而凸出墙体部分。

3. 计算规则

天棚抹灰工程量清单项目设置、项目特征描述的内容、计量单位及工程量计算规划，应按表 4-19 的规定执行。

表 4-19　天棚抹灰(编号：011301)

项目编码	项目名称	项目特征	计量单位	工程量计算规则	工作内容
011301001	天棚抹灰	1. 基层类型 2. 抹灰厚度、材料种类 3. 砂浆配合比	m²	按设计图示尺寸以水平投影面积计算。不扣除间壁墙、垛、柱、附墙烟囱、检查口和管道所占的面积。带梁天棚的梁两侧抹灰面积并入天棚面积内，板式楼梯底面抹灰按斜面积计算，锯齿形楼梯底抹灰按展开面积计算	1. 基层清理 2. 底层抹灰 3. 抹面层

天棚吊顶工程量清单项目设置、项目特征描述的内容、计量单位及工程量计算规划，应按表 4-20 的规定执行。

表 4-20　天棚吊顶(编号：011302)

项目编码	项目名称	项目特征	计量单位	工程量计算规则	工作内容
011302001	吊顶天棚	1. 吊顶形式、吊杆规格、高度 2. 龙骨材料种类、规格、中距 3. 基层材料种类、规格 4. 面层材料品种、规格 5. 压条材料种类、规格 6. 嵌缝材料种类 7. 防护材料种类	m²	按设计图示尺寸以水平投影面积计算，天棚面中的灯槽及跌级、锯齿形、吊挂式、藻井式天棚面积不展开计算。不扣除间壁墙、检查口、附墙烟囱、柱垛和管道所占面积。扣除单个＞0.3 m² 的孔洞、独立柱及与天棚相连的窗帘盒所占的面积	1. 基层清理、吊杆安装 2. 龙骨安装 3. 基层板铺贴 4. 面层铺贴 5. 嵌缝 6. 刷防护材料

项目编码	项目名称	项目特征	计量单位	工程量计算规则	工作内容
011302002	格栅吊顶	1. 龙骨材料种类、规格、中距 2. 基层材料种类、规格 3. 面层材料品种、规格 4. 防护材料种类	m²	按设计图示尺寸以水平投影面积计算	1. 基层清理 2. 安装龙骨 3. 基层板铺贴 4. 面层铺贴 5. 刷防护材料
011302003	吊筒吊顶	1. 吊筒形状、规格 2. 吊筒材料种类 3. 防护材料种类			1. 基层清理 2. 吊筒制作安装 3. 刷防护材料

采光天棚工程量清单项目设置、项目特征描述的内容、计量单位及工程量计算规划，应按表 4-21 的规定执行。

表 4-21　采光天棚（编号：011303）

项目编码	项目名称	项目特征	计量单位	工程量计算规则	工作内容
011303001	采光天棚	1. 骨架类型 2. 固定类型、固定材料品种、规格 3. 面层材料品种、规格 4. 嵌缝、塞口材料种类	m²	按框外围展开面积计算	1. 清理基层 2. 面层制安 3. 嵌缝、塞口 4. 清洗
注：采光天棚骨架不包括在本节中。					

天棚其他装饰工程量清单项目设置、项目特征描述的内容、计量单位及工程量计算规划，应按表 4-22 的规定执行。

表 4-22　天棚其他装饰（编号：011304）

项目编码	项目名称	项目特征	计量单位	工程量计算规则	工作内容
011304001	灯带（槽）	1. 灯带形式、尺寸 2. 格栅片材料品种、规格 3. 安装固定方式	m²	按设计图示尺寸以框外围面积计算	安装、固定
011304002	送风口、回风口	1. 风口材料品种、规格 2. 安装固定方式 3. 防护材料种类	个	按设计图示数量计算	1. 安装、固定 2. 刷防护材料

天棚工程主要包括天棚抹灰、天棚吊顶、采光天棚和天棚其他装饰等项目。

(1)天棚抹灰清单项目设置及工程量计算规则见表4-19。

(2)天棚吊顶包括吊顶天棚、格栅吊顶和吊筒吊顶等。其清单项目设置及工程量计算规则见表4-20。

特别提示

格栅吊顶、吊筒吊顶等均按设计图示的吊顶尺寸以水面投影面积计算。吊顶天棚应扣除与天棚相连的窗帘盒所占面积。

(3)采光天棚清单项目设置及工程量计算规则见表4-21。

特别提示

采光天棚骨架不包括在表4-21中，应单独按金属结构工程相关项目编码列项。

(4)天棚其他装饰包括灯带(槽)和送风口、回风口。其清单项目设置及工程量计算规则见表4-22。

(三)工作任务实施

1. 天棚工程量清单编制步骤和方法

(1)熟悉施工图纸。

(2)熟悉施工组织设计。

(3)熟悉《计算规范》。

(4)列清单项目。

(5)清单工程量计算。

(6)填写分部分项工程量清单与计价表，包括项目编码、项目名称、项目特征描述、计量单位和工程量。

2. 编制天棚装饰工程的工程量清单

(1)清单工程量计算。装饰工程(天棚工程)清单工程量计量表见表4-23。

表4-23 装饰工程(天棚工程)清单工程量计量表

工程名称：街道办公楼工程

序号	项目编码	项目名称	单位	工程数量	计算式
附录N　天棚工程					
1	011301001001	一般房间天棚抹灰	m²	212.47	$S_1=(3.9-0.24)\times(6-0.24)\times4+(2.1-0.24)\times(10.5-0.24)+[(0.4-0.1)\times2\times(3.9-0.24)+(0.3-0.1)\times2\times(2.1-0.24)+(0.3-0.1)\times2\times(2.7-0.24)]$(梁侧)$=107.33$(m²) $S_2=(3.9-0.24)\times(6-0.24)\times4+(2.1-0.24)\times(10.5-0.24)+[(0.3-0.1)\times2\times(2.1-0.24)+(0.3-0.1)\times2\times(2.7-0.24)]$(梁侧)$=105.14$(m²) $S=S_1+S_2=212.47$ m²
2	011301001002	卫生间天棚抹灰	m²	27.75	$S=[(2.7-0.24)\times(2.7-0.18)+(2.7-0.24)\times(3.3-0.18)]\times2=27.75$(m²)

序号	项目编码	项目名称	单位	工程数量	计算式
3	011301001003	楼梯间天棚抹灰	m²	29.90	$S=(2.7-0.24)\times1.68+(0.35-0.1)\times(2.7-0.24)$ $+[(1.02-0.24)+(0.35-0.1)]\times(2.7-0.24)+1.18$ $\times2\times(3.3^2+1.8^2)^{0.5}=4.133+0.615+2.534+8.87=$ $16.15(m^2)$ $S_{顶}=(2.7-0.24)\times(6-0.24)-0.7\times0.6$ $=13.75(m^2)$
4	011301001004	其他天棚抹灰	m²	31.57	$S_1(雨篷底)=1.2\times4.14=4.97(m^2)$ $S_2(挑檐底)=[(14.6+11)\times2+0.5\times4]\times0.5$ $=26.6(m^2)$ $S=S_1+S_2=4.97+26.6=31.57(m^2)$

（2）天棚装饰工程工程清单编制。分部分项（天棚工程）工程量清单与计价表见表4-24。

表4-24　分部分项（天棚工程）工程量清单与计价表

工程名称：街道办公楼工程

序号	项目编码	项目名称	项目特征描述	计量单位	工程量	金额/元		
						综合单价	合价	其中 暂估价
附录N　天棚工程								
1	011301001001	一般房间天棚抹灰	7 mm厚1:3水泥砂浆 5 mm厚1:2水泥砂浆 表面刷内墙涂料	m²	212.47			
2	011301001002	卫生间天棚抹灰	7 mm厚1:3水泥砂浆 5 mm厚1:2水泥砂浆 表面刷内墙涂料	m²	27.75			
3	011301001003	楼梯间天棚抹灰	7 mm厚1:3水泥砂浆 5 mm厚1:2水泥砂浆 表面刷内墙涂料	m²	29.90			
4	011301001004	其他天棚抹灰	7 mm厚1:3水泥砂浆 5 mm厚1:2水泥砂浆 表面刷内墙涂料	m²	31.57			

总　结

本工作任务介绍了《计算规范》中的天棚装饰工程的内容、工程量计算规则及规范使用中应注意的问题。以典型工作项目为载体对计算规则应用进一步深化。本工作任务中的重点、难点是天棚吊顶的清单列项和工程量计算，其清单的计算规则与定额的计算规则完全相同。通过本工作任务的学习，应具备天棚装饰工程量清单的编制能力。

任务四 门窗装饰工程工程量清单编制

一、知识目标

(1)能够准确识读建筑平面图、立面图、剖面图、建筑设计说明及工程做法表,并正确列清单项目。

(2)能够准确计算门窗装饰工程的清单工程量。

(3)掌握门窗装饰工程量清单计价规范的应用方法。

二、能力目标

能够准确计算门窗工程的各分项的清单工程量,并依据清单计价规范编制门窗装饰工程的招标工程量清单。

三、学习导航

布置任务—相关知识学习—工作任务的实施—检查并总结。

(一)布置任务

1.工程基本概况

本工程为一栋二层砖混结构办公楼,详见建筑及结构施工图,图中标注尺寸标高以 m 为单位计,其余以 mm 为单位计,所注室外地坪标高为-0.450,室内地坪标高为±0.000,认真看建筑设计说明、门窗表及建筑施工图。

2.工作任务要求

(1)按照《计算规范》的附录 H 有关内容列项、计算清单工程量。

(2)依据《计算规范》结合图纸及工程做法图集填写分部分项工程量清单与计价表,完成天棚装饰工程招标工程量清单的编制。

(二)相关知识学习

1.概述

门窗工程清单项目包括木门、金属门、金属卷帘(闸)门、厂库房大门、特种门、其他门、木窗、金属窗、门窗套、窗台板、窗帘、窗帘盒、轨等。

2.注意事项

(1)木质门应区分镶板木门、企口木板门、实木装饰门、胶合板门、夹板装饰门、木纱门、全玻门(带木制窗框)、木质半玻门(带木质窗框)等项目,分别编码列项。

(2)木质门带套计量按洞口尺寸以面积计算,不包括门套的面积,但门套应计算在综合单价中。

(3)木门以樘计量,项目特征必须描述洞口尺寸;以平方米计量,项目特征可不描述洞口尺寸。

(4)单独制作安装木门框按木门框项目编码列项。

3.计算规则

(1)金属门以樘计量,项目特征必须描述洞口尺寸,没有洞口尺寸必须描述门框或扇外围尺寸;以平方米计量,项目特征可不描述洞口尺寸及框、扇的外围尺寸。

（2）金属门以平方米计量，无设计图示尺寸，按门框、扇外围以面积计算。

（3）金属卷帘门以樘计量，项目特征必须描述洞口尺寸；以平方米计量，项目特征可不描述洞口尺寸。

（4）木质窗和金属窗以樘计量，项目特征必须描述洞口尺寸，没有洞口尺寸必须描述窗框外围尺寸；以平方米计量，项目特征可不描述洞口尺寸及框的外围尺寸。

（5）木窗和金属窗以平方米计量，无设计图示洞口尺寸，按窗框外围以面积计算。

（6）木门窗套适用于单独门窗套的制作、安装。

木门工程量清单项目设置、项目特征描述的内容、计量单位及工程量计算规则应按表 4-25 的规定执行。

表 4-25　木门（编号：010801）

项目编码	项目名称	项目特征	计量单位	工程量计算规则	工作内容
010801001	木质门	1. 门代号及洞口尺寸 2. 镶嵌玻璃品种、厚度	1. 樘 2. m²	1. 以樘计量，按设计图示数量计算 2. 以平方米计量，按设计图示洞口尺寸以面积计算	1. 门安装 2. 玻璃安装 3. 五金安装
010801002	木质门带套				
010801003	木质连窗门				
010801004	木质防火门				
010801005	木门框	1. 门代号及洞口尺寸 2. 框截面尺寸 3. 防护材料种类	1. 樘 2. m	1. 以樘计量，按设计图示数量计算 2. 以米计量，按设计图示框的中心线以延长米计算	1. 木门框制作、安装 2. 运输 3. 刷防护材料
010801006	门锁安装	1. 锁品种 2. 锁规格	个 （套）	按设计图示数量计算	安装

注：1. 木质门应区分镶板木门、企口木板门、实木装饰门、胶合板门、夹板装饰门、木纱门、全玻门（带木质扇框）、木质半玻门（带木质扇框）等项目，分别编码列项。

2. 木门五金包括：折页、插销、门碰珠、弹簧折页（自动门）、管子拉手（自由门、地弹门）、地弹簧（地弹门）、角铁、门轧头（地弹门、自由门）等。

3. 木质门带套计量按洞口尺寸以面积计算，不包括门套的面积，但门套应计算在综合单价中。

4. 以樘计量，项目特征必须描述洞口尺寸；以平方米计量，项目特征可不描述洞口尺寸。

5. 单独制作安装木门框按木门框项目编码列项。

金属门工程量清单项目设置、项目特征描述的内容、计量单位及工程量计算规则应按表 4-26 的规定执行。

表 4-26　金属门（编号：010802）

项目编码	项目名称	项目特征	计量单位	工程量计算规则	工作内容
010802001	金属（塑钢）门	1. 门代号及洞口尺寸 2. 门框或扇外围尺寸 3. 门框、扇材质 4. 玻璃品种、厚度	1. 樘 2. m²	1. 以樘计量，按设计图示数量计算 2. 以平方米计量，按设计图示洞口尺寸以面积计算	1. 门安装 2. 五金安装 3. 玻璃安装

项目编码	项目名称	项目特征	计量单位	工程量计算规则	工作内容
010802002	彩板门	1. 门代号及洞口尺寸 2. 门框或扇外围尺寸	1. 樘 2. m²	1. 以樘计量,按设计图示数量计算 2. 以平方米计量,按设计图示洞口尺寸以面积计算	1. 门安装 2. 五金安装 3. 玻璃安装
010802003	钢质防火门	1. 门代号及洞口尺寸 2. 门框或扇外围尺寸			
010802004	防盗门	3. 门框、扇材质			1. 门安装 2. 五金安装

注:1. 金属门应区分金属平开门、金属推拉门、金属地弹门、全玻门(带金属扇框)、金属半玻门(带扇框)等项目,分别编码列项。

   2. 铝合金门五金包括:地弹簧、门锁、拉手、门插、门铰、螺丝等。

   3. 金属门五金包括L形执手插锁(双舌)、执手锁(单舌)、门轨头、地锁、防盗门机、门眼(猫眼)、门碰珠、电子锁、闭门器、装饰拉手等。

   4. 以樘计量,项目特征必须描述洞口尺寸,没有洞口尺寸必须描述门框或扇外围尺寸;以平方米计量,项目特征可不描述洞口尺寸及框、扇的外围尺寸。

   5. 以平方米计量,无设计图示尺寸,按门框、扇外围以面积计算。

金属卷帘(闸)门工程量清单项目设置、项目特征描述的内容、计量单位及工程量计算规则应按表 4-27 的规定执行。

表 4-27　金属卷帘(闸)门(编号:010803)

项目编码	项目名称	项目特征	计量单位	工程量计算规则	工作内容
010803001	金属卷帘(闸)门	1. 门代号及洞口尺寸 2. 门材质 3. 启动装置品种、规格	1. 樘 2. m²	1. 以樘计量,按设计图示数量计算 2. 以平方米计量,按设计图示洞口尺寸以面积计算	1. 门运输、安装 2. 启动装置、活动小门、五金安装
010803002	防火卷帘(闸)门				

注:以樘计量,项目特征必须描述洞口尺寸;以平方米计量,项目特征可不描述洞口尺寸。

木窗工程量清单项目设置、项目特征描述的内容、计量单位及工程量计算规则应按表 4-28 的规定执行。

表 4-28　木窗(编号:010806)

项目编码	项目名称	项目特征	计量单位	工程量计算规则	工作内容
010806001	木质窗	1. 窗代号及洞口尺寸 2. 玻璃品种、厚度	1. 樘 2. m²	1. 以樘计量,按设计图示数量计算 2. 以平方米计量,按设计图示洞口尺寸以面积计算	1. 窗安装 2. 五金、玻璃安装
010806002	木飘(凸)窗			1. 以樘计量,按设计图示数量计算 2. 以平方米计量,按设计图示尺寸以框外围展开面积计算	

项目编码	项目名称	项目特征	计量单位	工程量计算规则	工作内容
010806003	木橱窗	1. 窗代号 2. 框截面及外围展示面积 3. 玻璃品种、厚度 4. 防护材料种类	1. 樘 2. m²	1. 以樘计量，按设计图示数量计算 2. 以平方米计量，按设计图示尺寸以框外围展开面积计算	1. 窗制作、运输、安装 2. 五金、玻璃安装 3. 刷防护材料
010806004	木纱窗	1. 窗代号及框的外围尺寸 2. 窗纱材料品种、规格		1. 以樘计量，按设计图示数量计算 2. 以平方米计量，按框的外围尺寸以面积计算	1. 窗安装 2. 五金安装

注：1. 木质窗应区分木百叶窗、木组合窗、木天窗、木固定窗、木装饰空花窗等项目，分别编码列项。

2. 以樘计量，项目特征必须描述洞口尺寸，没有洞口尺寸必须描述窗框外围尺寸；以平方米计量，项目特征可不描述洞口尺寸及框的外围尺寸。

3. 以平方米计量，无设计图示洞口尺寸，按窗框外围以面积计算。

4. 木橱窗、木飘(凸)窗以樘计量，项目特征必须描述框截面及外围展开面积。

5. 木窗五金包括：折页、插销、风钩、木螺丝、滑轮滑轨(推拉窗)等。

金属窗工程量清单项目设置、项目特征描述的内容、计量单位及工程量计算规则应按表4-29的规定执行。

表4-29　金属窗(编号：010807)

项目编码	项目名称	项目特征	计量单位	工程量计算规则	工作内容
010807001	金属(塑钢、断桥)窗	1. 窗代号及洞口尺寸 2. 框、扇材质 3. 玻璃品种、厚度	1. 樘 2. m²	1. 以樘计量，按设计图示数量计算 2. 以平方米计量，按设计图示洞口尺寸以面积计算	1. 窗安装 2. 五金安装
010807002	金属防火窗				
010807003	金属百叶窗				
010807004	金属纱窗	1. 窗代号及框的外围尺寸 2. 框材质 3. 窗纱材料品种、厚度		1. 以樘计量，按设计图示数量计算 2. 以平方米计量，按设计框的外围尺寸以面积计算	
010807005	金属格栅窗	1. 窗代号及洞口尺寸 2. 框外围尺寸 3. 框、扇材质			

项目编码	项目名称	项目特征	计量单位	工程量计算规则	工作内容
010807006	金属(塑钢、断桥)橱窗	1. 窗代号 2. 框外围展开面积 3. 框、扇材质 4. 玻璃品种、厚度 5. 防护材料种类	1. 樘 2. m²	1. 以樘计量,按设计图示数量计算 2. 以平方米计量,按设计图示尺寸以框外围展开面积计算	1. 窗制作、运输、安装 2. 五金、玻璃安装 3. 刷防护材料
010807007	金属(塑钢、断桥)飘(凸)窗	1. 窗代号 2. 框外围展开面积 3. 框、扇材质 4. 玻璃品种、厚度			1. 窗安装 2. 五金、玻璃安装
010807008	彩板窗	1. 窗代号及洞口尺寸 2. 框外围尺寸 3. 框、扇材质 4. 玻璃品种、厚度		1. 以樘计量,按设计图示数量计算 2. 以平方米计量,按设计图示洞口尺寸或框外围以面积计算	
010807009	复合材料窗				

注:1. 金属窗应区分金属组合窗、防盗窗等项目,分别编码列项。

2. 以樘计量,项目特征必须描述洞口尺寸,没有洞口尺寸必须描述窗框外围尺寸;以平方米计量,项目特征可不描述洞口尺寸及框的外围尺寸。

3. 以平方米计量,无设计图示洞口尺寸,按窗框外围以面积计算。

4. 金属橱窗、飘(凸)窗以樘计量,项目特征必须描述框外围展开面积。

5. 金属窗五金包括:折页、螺丝、执手、卡锁、铰拉、风撑、滑轮、滑轨、拉把、拉手角码、牛角制等。

门窗套工程量清单项目设置、项目特征描述的内容、计量单位及工程量计算规则应按表 4-30 的规定执行。

表 4-30　门窗套(编号:010808)

项目编码	项目名称	项目特征	计量单位	工程量计算规则	工作内容
010808001	木门窗套	1. 窗代号及洞口尺寸 2. 门窗套展开宽度 3. 基层材料种类 4. 面层材料品种、规格 5. 线条品种、规格 6. 防护材料种类	1. 樘 2. m² 3. m	1. 以樘计量,按设计图示数量计算 2. 以平方米计量,按设计图示尺寸以展开面积计算 3. 以米计量,按设计图示中心以延长米计算	1. 清理基层 2. 立筋制作、安装 3. 基层板安装 4. 面层铺贴 5. 线条安装 6. 刷防护材料

项目编码	项目名称	项目特征	计量单位	工程量计算规则	工作内容
010808002	木筒子板	1. 筒子板宽度 2. 基层材料种类 3. 面层材料品种、规格 4. 线条品种、规格 5. 防护材料种类	1. 樘 2. m² 3. m	1. 以樘计量，按设计图示数量计算 2. 以平方米计量，按设计图示尺寸以展开面积计算 3. 以米计量，按设计图示中心以延长米计算	1. 清理基层 2. 立筋制作、安装 3. 基层板安装 4. 面层铺贴 5. 线条安装 6. 刷防护材料
010808003	饰面夹板筒子板				
010808004	金属门窗套	1. 窗代号及洞口尺寸 2. 门窗套展开宽度 3. 基层材料种类 4. 面层材料品种、规格 5. 防护材料种类			1. 清理基层 2. 立筋制作、安装 3. 基层板安装 4. 面层铺贴 5. 刷防护材料
010808005	石材门窗套	1. 窗代号及洞口尺寸 2. 门窗套展开宽度 3. 粘结层厚度、砂浆配合比 4. 面层材料品种、规格 5. 线条品种、规格			1. 清理基层 2. 立筋制作、安装 3. 基层抹灰 4. 面层铺贴 5. 线条安装
010808006	门窗木贴脸	1. 门窗代号及洞口尺寸 2. 贴脸板宽度 3. 防护材料种类	1. 樘 2. m	1. 以樘计量，按设计图示数量计算 2. 以米计量，按设计图示尺寸以延长米计算	安装
010808007	成品木门窗套	1. 门窗代号及洞口尺寸 2. 门窗套展开宽度 3. 门窗套材料品种、规格	1. 樘 2. m² 3. m	1. 以樘计量，按设计图示数量计算 2. 以平方米计量，按设计图示尺寸以展开面积计算 3. 以米计量，按设计图示中心以延长米计算	1. 清理基层 2. 主筋制作、安装 3. 板安装

注：1. 以樘计量，项目特征必须描述洞口尺寸、门窗套展开宽度。

2. 以平方米计量，项目特征可不描述洞口尺寸、门窗套展开宽度。

3. 以米计量，项目特征必须描述门窗套展开宽度，筒子板及贴脸宽度。

4. 木门窗套适用于单独门窗套的制作、安装。

窗台板工程量清单项目设置、项目特征描述的内容、计量单位及工程量计算规则应按表 4-31 的规定执行。

表 4-31　窗台板（编号：010809）

项目编码	项目名称	项目特征	计量单位	工程量计算规则	工作内容
010809001	木窗台板	1. 基层材料种类 2. 窗台面板材质、规格、颜色 3. 防护材料种类	m²	按设计图示尺寸以展开面积计算	1. 基层清理 2. 基层制作、安装 3. 窗台板制作、安装 4. 刷防护材料
010809002	铝塑窗台板				
010809003	金属窗台板				
010809004	石材窗台板	1. 粘结层厚度、砂浆配合比 2. 窗台板材质、规格、颜色			1. 基层清理 2. 抹找平层 3. 窗台板制作、安装

窗帘、窗帘盒、轨工程量清单项目设置、项目特征描述的内容、计量单位及工程量计算规则应按表 4-32 的规定执行。

表 4-32　窗帘、窗帘盒、轨（编号：010810）

项目编码	项目名称	项目特征	计量单位	工程量计算规则	工作内容
010810001	窗帘	1. 窗帘材质 2. 窗帘高度、宽度 3. 窗帘层数 4. 带幔要求	1. m 2. m²	1. 以米计量，按设计图示尺寸以成活后长度计算 2. 以平方米计量，按图示尺寸以成活后展开面积计算	1. 制作、运输 2. 安装
010810002	木窗帘盒	1. 窗帘盒材质、规格 2. 防护材料种类	m	按设计图示尺寸以长度计算	1. 制作、运输、安装 2. 刷防护材料
010810003	饰面夹板、塑料窗帘盒				
010810004	铝合金窗帘盒	1. 窗帘盒材质、规格 2. 防护材料种类	m	按设计图示尺寸以长度计算	1. 制作、运输、安装 2. 刷防护材料
010810005	窗帘轨	1. 窗帘轨材质、规格 2. 轨的数量 3. 防护材料种类			

注：1. 窗帘若是双层，项目特征必须描述每层材质。
　　2. 窗帘以米计量，项目特征必须描述窗帘高度和宽度。

（三）工作任务实施

1. 门窗工程量清单编制步骤和方法

（1）熟悉施工图纸。

（2）熟悉施工组织设计。

（3）熟悉《计算规范》。

（4）列清单项目。

（5）清单工程量计算。

（6）填写分部分项工程量清单与计价表，包括项目编码、项目名称、项目特征描述、计量单位和工程量。

2. 编制门窗装饰工程的工程量清单

（1）清单工程量计算。装饰工程（门窗工程）清单工程量计量表见表4-33。

表4-33 装饰工程（门窗工程）清单工程量计量表

工程名称：街道办公楼工程

序号	项目编码	项目名称	单位	工程数量	计算式
		门窗工程			
1	010801001001	木质门	樘	2	$N=1\times 2$
2	010801005001	木门框	樘	2	$N=1\times 2$
3	010802001001	室内塑钢门	樘	7	7
4	010802001002	入口塑钢门	樘	1	1
5	010807001001	塑钢窗 1.2×1.2	樘	2	2
6	010807001002	塑钢窗 1.2×2.1	樘	6	6
7	010807001003	塑钢窗 1.8×2.1	樘	7	7
		其他装饰工程			
8	011503001001	不锈钢扶手、栏杆	m	9.66	$L=(3.3\times 1.15+2\times 0.15\times 1.15)\times 2+0.1+(0.1+1.18)=9.66(m)$

（2）门窗装饰工程量清单编制。分部分项（门窗工程）工程量清单与计价表见表4-34；分部分项（油漆涂料裱糊工程）工程量清单与计价表见表4-35。

表4-34 分部分项（门窗工程）工程量清单与计价表

工程名称：街道办公楼工程 标段 第 页 共 页

序号	项目编码	项目名称	项目特征描述	计量单位	工程量	金额/元		
						综合单价	合价	其中 暂估价
		门窗工程						
1	010801001001	木质门	门代号 M0721 门洞口尺寸：750×3 000 木质夹板门	樘	2			

序号	项目编码	项目名称	项目特征描述	计量单位	工程量	金额/元		
						综合单价	合价	其中 暂估价
2	010801005001	木门框	门代号 M0721 门洞口尺寸：750×3 000 木质门框截面尺寸：	樘	2			
3	010802001001	室内塑钢门	门代号 M1221 门洞口尺寸：1 000×2 400 塑钢门 中空玻璃	樘	7			
4	010802001002	入口塑钢门	门代号 M1830 门洞口尺寸：1 800×3 000 塑钢门 中空玻璃	樘	1			
5	010807001001	塑钢窗 1.2×1.2	窗代号 C1212 门洞口尺寸：1 200×1 200 塑钢窗 中空玻璃	樘	2			
6	010807001002	塑钢窗 1.2×2.1	窗代号 C1221 窗洞口尺寸：1 200×2 100 塑钢窗 中空玻璃	樘	6			
7	010807001003	塑钢窗 1.8×2.1	窗代号 C1821 窗洞口尺寸：1 800×2 100 塑钢窗 中空玻璃	樘	7			
		其他装饰工程						
8	011503001001	不锈钢扶手、栏杆	扶手材料种类、规格：不锈钢 栏杆材料种类、规格：不锈钢	m	9.66			

表 4-35 分部分项(油漆、涂料、裱糊工程)工程量清单与计价表

工程名称：街道办公楼工程——油漆涂料裱糊工程

序号	项目编码	项目名称	项目特征描述	计量单位	工程量	金额/元		
						综合单价	合价	其中 暂估价
		油漆、涂料裱糊工程						
1	011401001001	木门油漆	门代号 M0721 门洞口尺寸：750 mm×3 000 mm 木质夹板门 润油粉、刮腻子、调和漆三遍	m²	4.5			

序号	项目编码	项目名称	项目特征描述	计量单位	工程量	金额/元		
						综合单价	合价	其中
								暂估价
2	011407001001	外墙刷外墙涂料	实心砖墙；刮水泥腻子两遍 外墙涂料两遍	m²	284.4			
3	011407001002	内墙刷内墙涂料	清理抹灰基层 刷内墙 满刮腻子一遍 刷底漆一遍 乳胶漆两遍	m²	569.34			
4	011407001003	楼梯间刷内墙涂料	清理抹灰基层 刷内墙 满刮腻子一遍 刷底漆一遍 乳胶漆两遍	m²	98.34			
5	011407002001	天棚刷内墙涂料	清理抹灰基层 刷天棚 满刮腻子一遍 刷底漆一遍 乳胶漆两遍	m²	240.22			

总 结

本工作任务介绍了《计算规范》中的门窗装饰工程及油漆涂料裱糊工程的内容、工程量计算规则及规范使用中应注意的问题。以典型工作项目为载体对计算规则应用进一步深化。本工作任务中的重点、难点是门窗的清单计量单位和工程量计算的清单的计算规则不同于定额的计算规则，选择不同的计量单位，项目特征描述的内容也不同。通过本工作任务的学习，应具备门窗及油漆涂料裱糊装饰工程量清单的编制能力。

任务五　装饰工程措施项目清单编制实例

装饰工程措施项目清单的编制思路及方法同建筑工程措施项目清单的编制实例。装饰工程中的单价措施项目实例清单工程量计算表见表 4-36；装饰工程单价措施项目工程量清单与计价表见表 4-37；装饰工程总价措施项目清单与计价表见表 4-38。

表 4-36　装饰工程中的单价措施项目实例清单工程量计算表

序号	项目编码	项目名称	单位	工程数量	计算式
1	011701002002	外脚手架（外墙装饰）	m²	436.02	$S=[(11+0.05\times2)+(14.6+0.05\times2)]\times2\times8.45=436.02(m^2)$

序号	项目编码	项目名称	单位	工程数量	计算式
2	011701B03001	简易脚手架(内墙)	m²	902.15	$S_1=[(3.9-0.24)+(6-0.24)]\times2\times(3.6-0.12)\times3+[(3.9-0.24+6\times2)\times(3.6-0.12)]+[(2.1-0.24)\times2+(10.5-0.24)\times2-(3.9-0.24)-(2.7-0.24)]\times(3.6-0.1)=196.69+54.5+63.42=314.61(m^2)$ $S_2=[(3.9-0.24)+(6-0.24)]\times2\times(3.6-0.12)\times4+[(2.1-0.24)\times2+(10.5-0.24)\times2-(2.7-0.24)]\times(3.6-0.1)=262.25+76.23=338.48(m^2)$ $S_3=[(2.7-0.24)+(2.7-0.18)+(2.7-0.24)+(3.3-0.18)]\times2\times(3.6-0.1)\times2(层)=147.84(m^2)$ $S_4=[(2.7-0.24)+6\times2]\times(3.6-0.1)\times2=101.22(m^2)$ $S=S_1+S_2+S_3+S_4=314.61+338.48+147.84+101.22=902.15(m^2)$
3	011701B03002	简易脚手架（天棚装饰）	m²	252.72	$S_1=(3.9-0.24)\times(6-0.24)\times3+(2.1-0.24)\times(10.5-0.24)+(3.9-0.24)\times6=104.29(m^2)$ $S_2=(3.9-0.24)\times(6-0.24)\times4+(2.1-0.24)\times(10.5-0.24)=103.41(m^2)$ $S=S_1+S_2=207.7\ m^2$ $S_3=[(2.7-0.24)\times(2.7-0.18)+(2.7-0.24)\times(3.3-0.18)]\times2=27.75(m^2)$ $S_4=(2.7-0.24)\times1.68+(1.02+3.3)\times(2.7-0.24)=14.76(m^2)$ $S_{顶}=(2.7-0.24)\times1.02=2.51(m^2)$ 合计：$207.7+27.75+14.76+2.51=252.72(m^2)$
4	011701006001	满堂脚手架(楼梯间顶天棚抹灰)	m²	12.25	$S_{顶}=(2.7-0.24)\times(1.68+3.3)=12.25(m^2)$
5	011703001002	垂直运输(装饰)	m²	326.32	$S=[(11\times14.6)+0.05\times(11+14.6)\times2]\times2=326.32(m^2)$

表4-37 装饰工程单价措施项目工程量清单与计价表

序号	项目编码	项目名称	项目特征	计量单位	工程数量	金额/元	
						综合单价	合价
1	011701002002	外脚手架(外墙装饰)	搭设方式：双排 搭设高度：8.45 m 脚手架材质：钢管	m²	436.02		

序号	项目编码	项目名称	项目特征	计量单位	工程数量	金额/元	
						综合单价	合价
2	011701B03001	简易脚手架（内墙）	搭设方式：墙面简易 搭设高度：3.5 m 脚手架材质：钢管	m²	902.1		
3	011701B03002	简易脚手架（天棚装饰）	搭设方式：天棚简易 搭设高度：3.5 m 脚手架材质：钢管	m²	252.72		
4	011701006001	满堂脚手架（楼梯间顶天棚抹灰）	搭设方式：天棚满堂 搭设高度：>3.6 m 脚手架材质：钢管	m²	12.25		
5	011703001002	垂直运输（装饰）	砖混结构、办公楼	m²	326.32		
		本页合计					
		合　计					

表 4-38　装饰工程总价措施项目清单与计价表

工程名称：

序号	项目编码	项目名称	金额/元
		1. 安全生产、文明施工费	
1.1	011707001002	安全生产、文明施工费	
		小计	
		2. 其他总价措施项目	
2.1	011707B01002	冬期施工增加费	
2.2	011707B02002	雨期施工增加费	
2.4	011707B03002	生产工具用具使用费	
2.5	011707B04002	检验试验配合费	
2.6	011707B05002	场地清理费	
		小计	

本工作任务介绍了《计算规范》中的单价措施项目和总价措施项目工程的内容、工程量计算规则及规范使用中应注意的问题。以典型工作项目为载体对计算规则应用进一步深化。本工作任务中的重点、难点是单价措施项目中脚手架按地方规定即河北省《计价规程》规定来编制清单并进行工程量计算，总价措施项目清单中的安全生产、文明施工费及其他总价措施项目的编制应按照河北省《计价规程》的规定进行清单编制，其他按照国家《计价规范》规定来编制。通过本工作任务的学习，应具备措施项目工程量清单的编制能力。

 章节小结

(1)整体面层楼地面工程量按设计图示尺寸以面积计算。扣除凸出地面构筑物、设备基础、室内铁道、地沟等所占面积，不扣除间壁墙及≤0.3 m² 的柱、垛、附墙烟囱及孔洞所占面积。门洞、空圈、暖气包槽、壁龛的开口部分不增加面积。

(2)块料面层楼地面工程量按设计图示尺寸以面积计算。门洞、空圈、暖气包槽、壁龛的开口部分并入相应工程量内。

(3)踢脚线工程量按设计图示长度乘以高度以面积计算或按延长米计算。

(4)楼梯面层的工程量按设计图示尺寸以楼梯(包括踏步，休息平台及≤500 mm 的楼梯井)水平投影面积计算。楼梯与楼地面相连时，算至梯口梁内侧边沿；无梯口梁者，算至最上一层踏步边沿加 300 mm。

(5)扶手、栏杆、栏板的工程量按设计图纸尺寸以扶手中心线长度(包括弯头长度)计算。

(6)墙面抹灰工程量按设计图示尺寸以面积计算。扣除墙裙、门窗洞口及单个>0.3 m² 的孔洞面积。不扣除踢脚线、挂镜线和墙与构件交接处的面积，门窗洞口和孔洞的侧壁及顶面不增加面积。附墙柱、梁、垛、烟囱侧壁并入相应的墙面面积内。

(7)柱面抹灰工程量按设计图示柱断面周长乘以高度以面积计算。

(8)石材、柱(梁)面镶贴块料的工程量按镶贴表面积计算。

(9)天棚抹灰的工程量按设计图示尺寸以水平投影面积计算。不扣除间壁墙、垛、柱、附墙烟囱、检查口和管道所占的面积。带梁天棚的梁两侧抹灰面积并入天棚面积内，板式楼梯底面抹灰按斜面积计算锯齿形楼梯底板抹灰按展开面积计算。

(10)天棚吊顶的工程量按设计图示尺寸以水平投影面积计算。天棚面中的灯槽及跌级、锯齿形、吊挂式、藻井式天棚面积不展开计算。不扣除间壁墙、检查口、附墙烟囱、柱垛和管道所占面积。扣除单个>0.3 m² 的孔洞、独立柱及与天棚相连的窗帘盒所占的面积。

(11)门窗工程量按设计图示数量或设计图示洞口尺寸以面积计算。

(12)油漆工程量按设计图示数量或设计图示单面洞口面积计算。

(13)金属面油漆工程量按设计图示尺寸以质量计算或按设计展开面积计算。

(14)抹灰面油漆工程量按设计图示尺寸以面积计算；抹灰线条油漆工程量按设计图示尺寸以长度计算。

(15)墙面及天棚刷喷涂料工程量按设计图示尺寸以面积计算。

 测试题

1. 整体面层楼地面的清单工程量计算规则有哪些？

2. 块料楼地面的清单工程量计算规则有哪些？

3. 踢脚线的清单工程量计算规则有哪些?
4. 楼梯面层的清单工程量计算规则有哪些?
5. 墙面抹灰、柱面抹灰的清单工程量计算规则有哪些?
6. 天棚抹灰的清单工程量计算规则有哪些?
7. 天棚吊顶的清单工程量计算规则有哪些?
8. 抹灰面油漆的清单工程量计算规则有哪些?

项目五

工程量清单报价编制方法

学习目标

1. 了解工程量清单报价的编制依据和编制步骤；
2. 掌握综合单价的两种计算方法；
3. 掌握土建和装饰各分部分项工程量清单的报价编制。

任务一 概 述

一、工程量清单报价编制依据

(1)《计价规范》和河北省《计价规程》。

(2)招标文件及其补充通知、答疑纪要。

(3)工程量清单。

(4)施工图纸及相关资料。

(5)施工现场情况、工程特点及拟定的投标施工组织设计或施工方案。

(6)企业定额，国家或省级、行业建设主管部门颁发的计价定额等消耗量定额。

(7)市场价格信息或工程造价管理机构发布的价格信息。

(8)国家、行业和河北省标准。

二、工程量清单报价编制内容

(1)计算清单项目的综合单价。

(2)计算分部分项工程量清单计价表。

(3)计算措施项目清单计价表。

(4)计算其他项目清单计价汇总表(包括暂列金额明细表、材料暂估单价表、专业工程暂估价表、计日工表、总承包服务费计价表)。

(5)计算规费、税金项目清单计价表。

(6)计算单位工程投标报价汇总表。

(7)计算单项工程投标报价汇总表。

(8)编写总说明。

(9)填写投标总价封面。

三、工程量清单报价编制步骤

(1)根据清单计价规范、招标文件、工程量清单、施工图、施工方案、消耗量定额计算计价工程量。

（2）根据清单计价规范、工程量清单、消耗量定额（计价定额）、工料机市场价（指导价）、计价工程量等分析和计算综合单价。

（3）根据工程量清单和综合单价计算分部分项工程量清单计价表。

（4）根据措施项目清单和确定的计算基础及费率计算措施项目清单计价表。

（5）根据其他项目清单和确定的计算基础及费率计算其他项目清单计价表。

（6）根据规费和税金项目清单和确定的计算基础及费（税）率计算规费和税金项目清单计价表。

（7）将上述分部分项工程量清单计价表、措施项目清单计价表、其他项目清单计价表、规费和税金项目清单计价表的合计金额填入单位工程投标报价汇总表，计算出单位工程投标报价。

（8）将单位工程投标报价汇总表合计数汇总到单项工程投标报价汇总表。

（9）编写总说明。

（10）填写投标总价封面。

任务二　计价工程量

一、计价工程量的概念

计价工程量也称报价工程量，是计算工程投标报价的重要数据。

计价工程量是投标人根据拟建工程施工图、施工方案、清单工程量和所采用定额及相对应的工程量计算规则计算出的，用以确定综合单价的重要数据。

清单工程量作为统一各投标人工程报价的口径，是十分重要的，也是十分必要的。但是，投标人不能根据清单工程量直接进行报价。这是因为施工方案不同，其实际发生的工程量是不同的。例如，基础挖方是否要留工作面，留多少，不同的施工方法其实际发生的工程量是不同的，采用的定额不同，其综合单价的综合结果也是不同的。所以，在投标报价时，各投标人必须要计算计价工程量。我们将用于报价的实际工程量称为计价工程量。

二、计价工程量的计算方法

计价工程量是根据所采用的定额和相对应的工程量计算规则计算的。所以，承包商一但确定采用何种定额，就应完全按该定额所划分的项目内容和工程量计算规则计算工程量。

计价工程量的计算内容一般要多于清单工程量。因为，计价工程量不但要计算每个清单项目的主项工程量，而且还要计算所包含的附项工程量。这就要根据清单项目的工程内容和定额项目的划分内容具体确定。例如，M5 水泥砂浆砌砖基础项目，不但要计算主项的砖基础项目，还要计算水泥砂浆墙基防潮层的附项工程量。又如，低压 φ59 mm×5 mm 不锈钢钢管安装项目，除要计算管道安装主项工程量外，还要计算水压试验、管酸洗、管脱脂、管绝热、镀锌薄钢板保护层5 个附项工程量。

计价工程量的具体计算方法，与建筑安装工程预算中所介绍的工程量计算方法基本相同。

三、清单工程量与计价工程量的区别

综合单价的计算要求区分清单工程量和计价工程量（或施工工程量）。清单工程量是指按照《计价规范》、施工设计文件计算出的分部分项工程量清单项目或措施清单项目的工程数量。计价工程量(或施工工程量)是指投标人(招标人或其委托工程造价咨询人)根据工程量清单、施工设计文件、施工组织设计、企业定额(或预算定额)及相应的工程量计算规则计算出的，用以满足清单计价(或施工安排)的工程数量。清单工程量与计价工程量的对比见表 5-1。

表 5-1　清单工程量与计价工程量对比

项目	清单工程量	计价工程量(施工工程量)	备注
工程内容	一般以一个"综合实体"考虑，包括了较多的工程内容，据此规定了工程量计算规则	一般按照施工工序进行设置，包括的工程内容较少，据此规定了工程量计算规则	
作用对象	清单工程量计算规则是针对清单项目主项工程量设置的规则，不对主项工程以外的附项工程的计量进行规范和约束	为满足清单计价要求，针对清单项目所包括的工程内容，设置较详细的工程量计算规则(与设计、施工方案、选用定额有关)	
计算方法	清单工程量均以工程实体的净量为准	完成相应的清单项目，采用某定额计价时定额计量规则或实际施工时必须完成的工程量	
计量单位不同	一般采用基本物理计量单位或自然计量单位	一般采用扩大的物理计量单位或自然计量单位	
用途不同	用于编制工程量清单、结算中的工程计量等方面	用于工程计价或组价	

清单项目一般以一个"综合实体"考虑，包括了较多的工程内容，计价时，可能出现一个清单项目对应多个企业定额(或预算定额)项目的情况，这时需要分别计算各个定额项目的计价工程量。即便是一个清单项目对应一个定额项目时，也可能由于定额工程量计算规则或施工方案规定与《计价规范》工程量计算规则不一致，需要重新计算确定计价工程量。

综合单价的计算应根据设计要求，可参考预算定额或企业定额。在进行综合单价分析计算时，清单工程量为工程实体工程量。若采用定额中计量单位、工程量计算规则与《计价规范》不一致时，应按《计价规范》规定的计量单位和计算的清单工程量进行折算。如采用定额计价进行单价分析时，工程量应按定额工程量计算规则进行计算。定额计价的工程量计量单位与清单工程量计量单位可能不同，在报价时应将其价值按清单工程量分摊，计入综合单价中。

四、工程量在招标阶段作用及其在竣工结算中的确定原则

招标文件中的工程量清单标明的工程量是投标人投标报价的共同基础，竣工结算的工程量按发承包双方在合同中约定应予计量且实际完成的工程量确定。

招标文件中的工程量清单标明的工程量是招标人根据拟建工程设计文件预计的工程量，既是投标人投标报价的共同基础，又是对投标人投标报价进行评审的平台，但是不能作为承包人在履行合同义务中应予完成的实际和准确的工程量。发承包双方进行工程竣工结算的工程量应按照发承包双方认可的实际完成工程量确定，而不是招标文件中工程量清单中所列的工程量。

五、总结：土建和装饰清单工程量与定额工程量有区别的项目

1. 平整场地

清单：按设计图示尺寸以建筑物首层建筑面积计算。

定额：按建筑物的底面积(包括外墙保温板)计算，包括有基础的底层阳台面积。

2. 挖沟槽、基坑土方

清单：按设计图示尺寸以基础垫层底面积乘以挖土深度计算。

定额：挖一般土方、沟槽土方、基坑土方、管沟土方因工作面和放坡增加的工程量不计算在工程量清单数量中，在报价中考虑，其工作面、放坡系数按河北省建设工程计价依据规定计算。河北省预算定额工程量计算规则如下：

(1)土方体积的计算，均以挖掘前的天然体积计算。

(2)建筑物、构筑物及管道沟挖土按设计室外地坪以下以"m³"计算。设计室外地坪以上的挖土按山坡土计算。

(3)外墙沟槽长度按图示尺寸的中心线计算；内墙沟槽长度按沟槽净长线计算。其凸出部分应并入沟槽工程量内计算。

(4)挖沟槽、地坑、土方需放坡者，可按表5-2规定的放坡起点计算工程量。

表5-2　土方工程放坡系数表

土壤类别	放坡起点/m	人工挖土	机械挖土	
			在坑内作业	在坑上作业
一、二类土	1.20	1∶0.50	1∶0.33	1∶0.75
三类土	1.50	1∶0.33	1∶0.25	1∶0.67
四类土	2.00	1∶0.25	1∶0.10	1∶0.33

放坡起点，混凝土垫层由垫层底面开始放坡，灰土垫层由垫层上表面开始放坡，无垫层的由底面开始放坡。计算放坡时，在交界处的重复工程量不予扣除。因土质不好，地基处理采用挖土、换土时，其放坡点应从实际挖深开始。

(5)在挖土方、槽、坑时，如遇不同土壤类别，应根据地质勘测资料分别计算。边坡放坡系数可根据各土壤类别及深度加权决定。

(6)基础工程施工中需要增加的工作面，按表5-3的规定计算。

表5-3　基础施工所需工作面宽度计算表

基础材料	每边各增加工作面宽度/mm
砖基础	200
浆砌毛石、条石基础	150
混凝土基础垫层支模板	300
混凝土基础支模板	300
基础垂直面做防水层	1 000(防水层面)
注：以上多种情况同时存在时，按较大值计算。	

3. 基础回填土

清单：按挖方清单工程量自然地坪以下埋设基础体积。

定额：回填土体积等于挖土体积减去设计室外地坪以下埋设的砌筑物(包括基础、垫层等)的外形体积。

4. 混凝土垫层

清单：按设计图示尺寸以体积计算。不扣除伸入承台基础的桩头体积。

定额：实体积。

5. 混凝土楼梯

清单：可以按水平投影面积计算或设计图示尺寸以"m³"计算。

定额：实体积。

6. 楼地面防水工程量

清单：按主墙间净空面积计算，扣除凸出地面的构筑物、设备基础等所占的面积，不扣除间壁墙及单个面积≤0.3 m² 的柱、垛、烟囱及孔洞所占的面积。

定额：按主墙间净空面积计算，扣除凸出地面的构筑物、设备基础等所占的面积，不扣除间壁墙及柱、垛、烟囱及单个面积≤0.3 m² 的孔洞所占的面积。

7. 保温隔热屋面

清单：按设计图示尺寸以面积计算。扣除面积>0.3 m² 孔洞所占的面积。

定额：屋面保温隔热层应区别不同保温隔热材料，均按设计厚度以"m³"为计算单位计算，另有规定者除外。聚苯板、挤塑板、硬泡聚氨酯、自调温相变保温材料保温按设计面积以"m²"为单位计算，另有规定者除外。

任务三 分部分项工程量清单综合单价的计算

一、综合单价概述

1. 综合单价的概念

综合单价是指完成一个规定清单项目所需的人工费、材料费、机械费、企业管理费、利润和一定范围内的风险费。人工费、材料费和机械费是根据计价定额计算的，企业管理费和利润是根据省、市工程造价行政主管部门发布的文件规定计算的。

一定范围的风险是指同一分部分项清单项目的已标价工程量清单中的综合单价与招标控制价的综合单价之比，超过±15%时，才能调整综合单价。例如，同一清单项目的已标价工程量清单中的综合单价为 248 元/m²，招标控制价的综合单价为 210 元/m²，$(248/210-1)\times100\%=18.1\%$，超过了 15%，可以调整综合单价；如果没超过 15%，就不能调整综合单价，因为综合单价已经包含了 15% 的价格风险。

2. 工程风险确定原则

建设工程发承包，必须在招标文件或合同中明确风险内容及其范围，不得采用无限风险、所有风险或类似语句规定计价中风险内容及范围。

这里所说的风险，是工程建设施工阶段发承包双方在招投标活动和合同履约及施工中所面临涉及工程计价方面的风险。在工程建设施工发包中，实行风险共担和合理分摊原则是实现建设市场交易公平性的具体体现，是维护建设市场正常秩序的措施之一。

在工程施工阶段，发承包双方都面临许多风险，但不是所有的风险以及无限度的风险都应由承包人承担，而是应按照风险共担的原则，对风险进行合理分摊。其具体体现则是在招标文件或合同中对发承包双方各自应承担的风险内容及其风险范围或幅度进行界定和明确，而不能要求承包人承担所有风险或无限度风险。

根据我国工程建设特点，投标人应完全承担的风险是技术风险和管理风险，如管理费和利润；应有限度承担的是市场风险，如材料价格、施工机械使用费；应完全不承担的是法律、法规、规章和政策变化的风险。

据国际惯例并结合我国社会主义市场经济条件下的工程建设的实际情况，发承包双方对施工阶段的风险宜采用如下分摊原则：

(1)对于主要由市场价格波动导致的价格风险，如工程造价中的建筑材料、燃料等价格风险，发承包双方应在招标文件中或在合同中对此类风险的范围和幅度予以明确约定，进行合理分摊。根据工程特点和工期要求，承包人承担的材料价格风险和施工机械使用费风险宜分别控制在5%和10%以内，超过者予以调整。

(2)目前我国工程建设实践中，各省、自治区、直辖市建设行政主管部门均根据当地劳动行政主管部门的有关规定发布人工成本信息，对于关系职工切身利益的人工费不宜纳入风险，应按照有关人工单价规定调整。

(3)对于承包人根据自身技术水平、管理和经营状况能够自主控制的风险，如承包人的管理费、利润风险，承包人应结合市场情况，根据企业自身实际合理确定、自主报价，该部分风险由承包人全部承担。

(4)对于法律、法规、规章或有关政策出台导致工程税金、规费发生变化，并由省级、行业建设行政主管部门或其授权的工程造价管理机构根据上述变化发布政策性调整，承包人不应承担此类风险，应按照有关调整规定执行。

3. 综合单价的组成内容

《计价规范》规定："综合单价是指完成工程量清单项目规定的工作内容、规定的计量单位所需的人工费、材料费、机械使用费、管理费、利润并考虑招标文件规定的投标人承担的风险费用"。这里"综合"有两层含义：一是国际上一般指所需要的全部工程费用的综合单价；二是我国目前建筑市场存在过度竞争的情况下，为保障税金和规费等不可竞争的费用，包含完成一个清单项目所需的除规费和税金外的全部费用。具体来说，综合单价应包括以下内容：

(1)清单项目对应主项工程的一个清单计量单位人工费、材料费、机械费、企业管理费和利润。

(2)与该主项一个清单计量单位所组合的各项工程(附项)的人工费、材料费、机械费、企业管理费和利润。

(3)在不同条件下施工需增加的人工费、材料费、机械费、企业管理费和利润。

(4)招标文件要求投标人承担的人工、材料、施工机械动态价格调整与相应的企业管理费、利润调整及其他风险费用。

综上所述，《计价规范》定义的综合单价是一个不完全的全费用单价，工程造价管理实践中应注意区别其与全费用单价的费用构成，本书中提到的综合单价如不做特殊说明，均特指《计价规范》定义的综合单价。

二、分部分项工程量清单计价的编制步骤

(1)复核分部分项工程量清单的工程量和项目是否准确。

(2)研究分部分项工程量清单中的项目特征描述。只有充分了解了该项目的组成特征，才能够准确地进行综合单价的确定。

(3)分部分项工程费应根据招标文件及其招标工程量清单项目的特征描述确定综合单价计算，并应符合下列规定：

1)综合单价中应考虑招标文件中要求投标人承担的风险费用。

2)招标工程量清单中提供了暂估单价的材料和工程设备，按暂估的单价综合单价。

(4)进行清单综合单价的计算。

(5)进行工程量清单综合单价的调整。根据投标策略进行综合单价的适当调整。值得注意的是,综合单价调整时,过度降低综合单价可能会加大承包商亏损的风险;过度地提高综合单价,可能会失去中标的机会。

(6)编制分部分项工程量清单计价表。将调整后的综合单价填入分部分项工程量清单计价表,计算各个项目的合价和合计。

三、综合单价的计算方法

综合单价应包含完成单位清单项目相应的全部工程内容的除规费、税金外的各种费用,通常计算清单项目综合单价有综合费用法和含量系数法两种思路。

(1)综合费用法。综合费用法的思路是先计算完成清单项目全部的工程量需要实际施工的所有工程内容的人工费、材料费、施工机械使用费、企业管理费、利润及一定的风险费,再除以清单工程量得到综合单价。具体计算步骤如下:

1)主项计价工程量×主项工料机单价=主项计价人材机费。

2)附项计价工程量×附项工料机单价=附项计价人材机费。

上述两式中,工料机单价$=\sum$定额用工量×人工单价$+\sum$定额材料量×材料单价$+\sum$定额机械台班量×机械台班单价。

3)计价工程量直接工程费$=\sum$(主项计价人材机费+附项计价人材机费)。

4)计价工程量综合费用:计价人材机费+管理费+利润+风险费。

5)综合单价:计价工程量综合费用÷清单工程量。

(2)含量系数法。含量系数法的思路是先计算完成单位清单项目需要实际施工的各项工程内容的计价工程量,再计算清单项目工料机单价,最后计取企业管理费、利润及一定的风险费,得到综合单价。具体计算步骤如下:

1)主(附)项含量系数=主(附)项计价工程量/清单工程量。

2)清单项目工料机单价$-\sum$(主项含量系数×主项工料机单价+附项含量系数×附项工料机单价)。

3)清单项目综合单价=工料机单价+单位清单项目管理费+单位清单项目利润+单位清单项目风险费。

四、采用综合费用法确定综合单价的数学模型

清单工程量乘以综合单价等于该清单工程量对应各计价工程量发生的全部人工费、材料费、机械费、管理费、利润和风险费之和。其数学模型如下:

清单工程量×综合单价$=[\sum$(计价工程量×定额用工量×人工单价)$+\sum$(计价工程量×定额材料量×材料单价)$+\sum$(计价工程量×定额台班量×台班单价)$]×(1+$管理费费率$+$利润率$)×(1+$风险率)

上述公式整理后,变为综合单价的数学模型:

综合单价$=\{[\sum$(计价工程量×定额用工量×人工单价)$+\sum$(计价工程量×定额材料量×材料单价)$+\sum$(计价工程量×定额台班量×台班单价)$]+×(1+$管理费费率$+$利润率$)×(1+$风险率)$\}/$清单工程量

1. 综合单价编制条件

(1)预算定额：河北省预算定额见表5-4。

表 5-4　预算定额摘录

工程内容：略

定额编号				A3—1	A7—214
其中	项目	单位	单价	M7.5 水泥砂浆砌筑砖基础	1：2 水泥砂浆墙基防潮层
				10 m³	100 m²
	综合单(基)价	元		2 918.52	1 619.72
材料	人工费	元		584.40	811.8
	材料费	元		2 293.77	724.82
	机械费	元		40.35	33.1
	M7.5 水泥砂浆	m³		(2.360)	
	标准砖 240×115×53	千块		5.236	
	水泥 32.5	t		0.505	1.394
	水	m³		1.760	4.560
	防水粉	kg			69.83
	1：2 防水水泥砂浆	m³			(2.530)
	中砂	t		3.783	3.684

(2)清单工程量项目编码：010401001001。

(3)清单工程量项目及工程量：砖基础 86.25 m³。

(4)计价工程量项目及工程量：主项 M7.5 水泥砂浆砌砖基础 86.25 m³；附项 1：2 水泥砂浆墙基防潮层 38.50 m²。

(5)人工单价：60 元/工日。

(6)材料单价：

标准砖：0.38 元/块；

水泥 32.5：360 元/t；

中砂：30.00 元/t；

水：5.00 元/m³；

防水粉：2.00 元/kg。

(7)机械费按预算定额数据。

(8)管理费费率：17%。

(9)利润率：10%。

2. 综合单价编制过程

分部分项工程量清单综合单价计算表见表5-5。

表 5-5　分部分项工程量清单综合单价计算表

工程名称：××工程

序号	项目编码 （定额编号）	项目名称	单位	数量	综合单价/元	合价/元	综合单价组成/元			
							人工费	材料费	机械费	管理费和利润
1	010401001001	砖基础	m³	86.25	316.90	27 332.47	62.06	232.84	4.13	17.87
	A3－1	砖基础	10 m³	8.625	3 087.20	26 627.12	584.40	2 293.77	40.35	168.68
	A7－214	防潮层	100 m²	0.385	1 832.08	705.35	811.80	774.82	20.69	224.77

注：管理费＝（人工费＋机械费）×17%；利润＝（人工费＋机械费）×10%。

（1）在表 5-5 中的第一行"项目编码、项目名称、单位、数量"栏目内分别填入"010401001001、砖基础、m³、86.25"等内容和数据。

（2）根据预算定额在综合单价分析大栏的第二行"定额编号、定额名称、定额单位、计价工程量"栏目内分别填入"A3－1、M7.5 水泥砂浆砌砖基础、10 m³、8.625"等内容和数据，在"综合单价组成"内的"人工费、材料费、机械费"栏内填入"定额基价中的人工费、材料费、机械费"，管理费和利润是以"定额基价中的人工费＋机械费"乘以管理费费率 17% 和利润率 10%。即管理费＝（584.40＋40.35）×（17%＋10%）＝168.68（元）。

（3）根据预算定额在综合单价分析大栏的第二行中的计算 A3－1 的定额人＋材＋机＋管理费和利润之和＝584.40＋2 293.77＋40.35＋168.68＝3 087.20（元）。

（4）将主项的工程量乘以定额人＋材＋机＋管理费和利润之和计算出来的合价汇总后填入该行的"合价"栏目内。

（5）附项工程量工料机费用计算方法同第（2）步～第（4）步的方法。

（6）在一个清单项目范围内的计价工程量的主项和各附项合价小计，计算出来后汇总填入第一行清单项目的合价栏目内。

（7）清单合价除以清单工程量，就得到了该清单项目的综合单价。

六、采用"表式二"的含量系数法的综合单价编制实例

1. 综合单价编制条件

（1）清单计价定额：某地区清单计价定额见表 5-6。

表 5-6　预算定额摘录

工程内容：略

定额编号				A3－1	A7－214
其中	项目	单位	单价	M7.5 水泥砂浆砌筑砖基础	1：2 水泥砂浆墙基防潮层
				10 m³	100 m²
	综合单（基）价	元		2 918.52	1 619.72
材料	人工费	元		584.40	811.80
	材料费	元		2 293.77	724.82
	机械费	元		40.35	33.10
	M5 水泥砂浆	m³		(2.360)	

定额编号				A3—1	A7—214
材料	标准砖 240×115×53	千块	380.00	5.236	
	水泥 32.5	t	360.00	0.505	1.394
	水	m³	5.00	1.760	4.560
	防水粉	kg	2.00		69.83
	1：2 防水水泥砂浆	m³			(2.530)
	中砂	t	30.00	3.783	3.684

(2)清单工程量项目编码：010401001001。

(3)清单工程量项目及工程量：砖基础 86.25 m³。

(4)计价工程量项目及工程量：主项 M7.5 水泥砂浆砌砖基础 86.25 m³；附项 1：2 水泥砂浆墙基防潮层 38.50 m²。

2. 综合单价编制过程

根据上述条件，采用表 5-7 计算综合单价。

表 5-7 工程量清单综合单价分析表

工程名称：××工程

项目编码	010401001001		项目名称		砖基础		计量单位		m³		
清单综合单价组成明细											
定额编号	定额名称	定额单位	数量	单价				合价			
				人工费	材料费	机械费	管理费和利润	人工费	材料费	机械费	管理费和利润
A3—1	M7.5 水泥砂浆砌筑砖基础	10 m³	0.100	584.4	2 293.77	40.35	168.68	58.44	229.38	4.04	16.87
A7—214	1：2 水泥砂浆墙基防潮层	100 m²	0.004 46	811.8	774.82	33.10	228.12	3.62	3.46	0.15	1.02
人工单价	小计							62.06	232.84	4.19	17.89
	未计价材料费										
	清单项目综合单价							316.98			
材料费明细表	主要材料名称、规格、型号			单位	数量	单价/元	合价/元	暂估单价/元	暂估合价/元		
	M5.0 水泥砂浆			m³	0.236						
	标准砖			千块	0.523 6	380.00	198.97				
	水泥 32.5			t	0.057	360.00	20.52				
	水			m³	0.197	5.00	0.99				
	防水粉			kg	0.324	2.00	0.65				
	1：2 防水砂浆			m³	0.011 7						
	中砂			t	0.395	30.00	11.85				
	其他材料费										
	材料费小计						232.98				

表 5-7 详细的计算步骤如下：

（1）在表 5-7 中填入清单工程量项目的项目编码、项目名称和计量单位。

（2）在表 5-7"清单综合单价组成明细"部分的定额编号栏、定额名称栏和定额单位栏中对应填入计价工程量主项选定的定额编号"A3－1""M7.5 水泥砂浆砌砖基础""10 m³"。

（3）在单价大栏的人工费、材料费、机械费、管理费和利润栏目内填入"A3－1"定额号对应的人工费单价"584.40"、材料费单价"2 293.77"、机械费单价"40.35"、管理费和利润是以"定额基价中的人工费＋机械费"乘以管理费费率 17% 和利润率 10%。即管理费＝（584.40＋40.35）×（17%＋10%）＝168.68（元）。

（4）将主项工程量"1 m³"填入对应的数量栏目内，含量系数＝计价工程量＝86.25/86.25＝1。注意，由于定额单位是 10 m³，所以实际填入的数据是"0.100"。

（5）根据数量和各单价计算合价。0.100×584.4＝58.44 的计算结果填入人工费合价栏目；0.100×2 293.77＝229.38 的计算结果填入材料费合价栏目；0.100×40.35＝4.04 的计算结果填入机械费合价栏目；0.100×168.68＝16.87 的计算结果填入管理费和利润合价栏目。

（6）计价工程量的附项各项费用的计算方法同第（2）步~第（5）步的方法。应该注意的是，附项最重要的不同点是附项的工程量要通过公式换算后才能填入对应的"数量"栏目内。即：

$$附项数量＝附项工程量÷主项工程量$$

因此，1:2 水泥砂浆墙基防潮层数量＝38.50÷86.25＝0.446。

由于 A7－214 定额单位是 100 m²，所以填入该项数量栏目的数据是"0.446÷100＝0.004 46"，该数据也可以看成是附项材料用量与主项材料用量相应的换算系数。

（7）根据定额编号"A3－1、A7－214"中"材料"栏内的各项数据对应填入表 5-7 的"材料费明细"各栏目。例如，将"M7.5 水泥砂浆"填入"主要材料名称、规格、型号"栏目；将"m³"填入"单位"栏目；例如将标准砖数量"0.523 6"填入"数量"栏目；将单价"380.00"填入"单价"栏目。然后在本行中用"0.523 6×380.00＝198.97"的计算结果"198.97"填入"合价"栏目，其他材料同上。

（8）当遇到某种材料是主项和附项都发生时，就要进行换算才能计算出材料数量。例如，水泥 32.5 用量＝1.394×0.004 46（系数）＋0.505×0.1（系数）＝0.057（t）。

（9）各种材料的合价计算完成后，加总没有括号的材料合价，将"232.97"填入材料费小计栏目。该数据应该与"清单综合单价组成明细"部分的材料费合价小计"232.97"是一致的。

（10）最后，将"清单综合单价组成明细""小计"一行中的人工费、材料费、机械费、管理费和利润合价加总，得出该清单项目的综合单价"316.98"，将该数据填入"清单项目综合单价"栏目内。

任务四　土方工程清单计价

一、平整场地

平整场地适用于建筑场地在 ±0.300 m 以内的挖、填找平及其运输项目。工作内容包括：土方挖填、场地平整和土方运输。清单工程量与计价定额工程量计算规则对比表见表 5-8。

表 5-8　清单工程量与计价定额工程量计算规则对比表

项目名称	工程量清单工程量计算规则	计价定额工程量计算规则
平整场地	按设计图示尺寸以建筑物首层建筑面积计算	平整场地工程量按建筑物（或构筑物）的底面积（包括外墙保温板）计算，包括基础的底层阳台面积。

任务一：某学校教学楼土方平整场地：人工原土找平平均厚度为 25 cm，无弃土。采用清单计价时，管理费按"人工费＋机械费"的 4％记取，利润按"人工费＋机械费"的 4％记取。平整场地的清单工程量为 75 m²，确定综合单价并填表。

分析：根据清单平整场地的工作内容确定定额应为 A1－39，计算定额的平整场地为 74.5 m²，填表计算综合单价（表 5-9）。

表 5-9　分部分项工程量清单综合单价分析表

序号	项目编码 （定额编号）	项目名称	单位	数量	综合单价/元	合价/元	综合单价组成/元			
							人工费	材料费	机械费	管理费和利润
1	010101001001	平整场地	m²	75	1.53	114.97	1.43			0.12
	A1－39	人工平整场地	100 m²	0.745	154.32	114.97	142.88			11.44

二、挖基础土方

挖基础土方包括带形基础、独立基础、满堂基础（包括地下室基础）设备基础及人工单独挖孔桩等土方开挖工程。其工作内容包括排地表水、土方开挖、挡土板支护（设计或招标人对现场有具体要求时）、基底钎探、截桩头和土方运输（场内或场外）等。清单工程量与计价定额工程量计算规则对比表见表 5-10。

表 5-10　清单工程量与计价定额工程量计算规则对比表

项目名称	工程量清单工程量计算规则	计价定额工程量计算规则
挖一般土方、沟槽、基坑	按设计图示尺寸以基础垫层底面积乘以挖土深度计算	考虑槽坑放坡、工作面和机械挖土进出施工工作面的坡道等增加的施工工程量

挖基础土方在组综合单价时应根据施工方案确定基槽坑放坡、工作面和机械挖土进出施工工作面的坡道等增加的施工工程量，应包括在挖基础土方的综合单价中。

任务二：某学校教学楼挖基础土方：采用反铲挖掘机（斗容量 1 m³）挖三类土，土方含水率 20％，基底人工原土打夯。已知：清单挖基础土方的工程量为 102 m³，根据施工方案确定反铲挖掘机挖土方为 $V=116$ m³，基底人工原土打夯 $S=100.6$ m²，采用清单计价时，管理费按"人工费＋机械费"的 4％记取，利润按"人工费＋机械费"的 4％记取。确定综合单价并填表（表 5-11）。

表 5-11　分部分项工程量清单综合单价分析表

序号	项目编码 （定额编号）	项目名称	单位	数量	综合单价/元	合价/元	综合单价组成/元			
							人工费	材料费	机械费	管理费和利润
1	010101002001	挖一般土方	m³	102	50.47	5 147.48				
	A1－126	机械挖土方	100 m³	1.16	4 360.75	5 058.47	271.19		3 766.50	323.02
	A1－38	原土打夯	100 m²	1.006	88.48	89.02	64.39		17.54	6.56

三、土方回填

土方回填适用于场地回填、室内回填和基础回填，包括指定范围内的运输、场内外借土回填的开挖。工作内容包括：挖土、装卸、运输、回填、碾压和夯实。清单工程量与计价定额工程量计算规则对比表见表5-12。

表5-12　清单工程量与计价定额工程量计算规则对比表

项目名称	工程量清单工程量计算规则	计价定额工程量计算规则
土方回填	按设计图示尺寸以体积计算。 1. 场地回填：回填面积乘以平均回填厚度 2. 室内回填：主墙间面积乘以回填厚度 3. 基础回填：挖方体积减去设计室外地坪以下埋设的基础体积(包括基础垫层及其他构筑物)	场地回填＝回填面积×平均回填土厚度； 室内回填＝主墙间净面积×回填土厚度； 基础回填＝$V_{挖}$－$V_{基础及垫层}$(交付施工场地地面以下)； 基础放坡增加工程量考虑在报价中

任务三：某学校教学楼挖基础土方：人工就地回填土并夯实，已知设计室外地坪以下混凝土垫层体积为8.86 m³，基础体积为29.76 m³，柱子和砖墙体积为9.19 m³，余土采用装载机装土、自卸机车(8t)运土，外运距为5 km。采用清单计价时管理费按"人工费＋机械费"的4%记取，利润按"人工费＋机械费"的4%记取。根据任务二的已知条件能确定清单回填土及施工回填土的体积，确定回填土及余土外运的综合单价并填表(表5-13)。

表5-13　分部分项工程量清单综合单价分析表

序号	项目编码 (定额编号)	项目名称	单位	数量	综合单价/元	合价/元	综合单价组成/元			
							人工费	材料费	机械费	管理费和利润
1	010103001001	基础回填方	m³	54.19	21.51	1 165.41	16.77		3.15	1.59
	A1－41	回填土夯填	100 m³	0.681 9	1 709.06	1 165.41	1 332.45		250.01	126.60
2	010103002001	余方弃置	m³	47.81	20.05	958.70	0.27		18.30	1.49
	A1－151	装载机装土	1 000 m³	0.047 8	2 434.62	116.37	271.19		1 983.10	180.34
	A1－163	自卸汽车运土	1 000 m³	0.047 8	8 533.54	407.90			7 901.40	632.11
	4A1－164	自卸汽车运土	1 000 m³	0.047 8	9 088.24	434.42			8 415.00	673.20

清单回填土的工程量：$V＝102－8.86－29.76－9.19＝54.19(m^3)$

计价回填土的工程量：$V＝116－8.86－29.76－9.19＝68.19(m^3)$

清单余土的工程量：$V＝102－54.19＝47.81(m^3)$

计价余土的工程量：$V＝116－68.19＝47.81(m^3)$

任务五　桩基工程清单计价

一、预制钢筋混凝土桩

(1)适用范围：预制钢筋混凝土桩适用于预制钢筋混凝土方桩、管桩、板桩等。接桩适用于预制桩的接桩。

(2)项目特征：预制混凝土桩应描述：桩顶标高、自然标高、土壤类别、单桩长度、根数、桩截面、管桩填充材料种类、桩倾斜度、混凝土强度等级、防护材料种类。接桩应描述：桩截面、接头长度和接桩材料。

（3）工程内容：预制钢筋混凝土桩应完成：桩制作、运输，打桩、试验桩、斜桩、送桩、管桩填充材料、刷防护材料和清理运输。接桩应完成：桩制作、运输、接桩、材料运输。

（4）工程量计算：预制钢筋混凝土桩：米、根和立方米。接桩：个。

二、混凝土灌注桩

（1）适用范围：适用于人工挖孔灌注桩、沉管灌注桩和钻孔灌注桩等。

（2）项目特征：桩顶标高、自然地坪标高、入岩深度、护壁材质、强度等级、厚度、土壤类别、单桩长度、根数、桩截面、成孔方法和混凝土强度等级。

（3）工程内容：成孔、固壁，混凝土制作、运输、灌注、振捣、养护，泥浆池、沟槽砌筑、拆除，泥浆制作、运输和清理运输。

（4）工程量计算：米、根和立方米。

清单工程量与计价定额工程量计算规则对比表见表 5-14。

表 5-14 清单工程量与计价定额工程量计算规则对比表

项目名称	工程量清单工程量计算规则	计价定额工程量计算规则
预制桩	以米计量，按设计图示尺寸以桩长（包括）桩尖计算；以立方米计量，按设计图示截面面积乘以桩长（包括桩尖）以实体积计算；以根计量，按设计图示数量计算	打预制钢筋混凝土桩按设计桩长（包括桩尖）以延长米计算。如管桩的空心部分按设计要求灌注混凝土或其他填充材料时，应另行计算
灌注桩	以米计量，按设计图示尺寸以桩长（包括桩尖）计算；以立方米计量，按不同截面在桩上范围内以体积计算；以根计量，按设计图示数量计算	钻孔灌注桩按实钻孔深以"m"计算，灌注混凝土按设计桩长（包括桩尖，不扣除桩尖需体积）与超灌长度之和乘以设计桩断面积以"m³"计算。超灌长度设计有规定，按设计规定；设计无规定的，按 0.25 m 计算。 人工挖孔混凝土桩按下列规定计算：挖土按实挖深度乘以设计桩截面积以"m"计算；护壁混凝土按设计图示尺寸以"m"计算；人工挖孔混凝土桩从桩承台以下按设计图示尺寸以"m³"计算

任务一：某工程压 110 根 C60 预制钢筋混凝土管桩，桩外径为 600 mm，壁厚为 100 mm，每根桩总长为 25 m，每根桩顶连接构造（假设）钢托板 3.5 kg，圆钢骨架 38 kg，桩顶灌注 C25 混凝土高为 1.5 m，设计桩顶标高为 −3.500 m，现场自然地坪标高为 −0.450 m，现场条件允许可以不发生场内运桩，根据已知清单进行清单报价（表 5-15～表 5-17）。

表 5-15 分部分项工程量清单

序号	项目编码	项目名称	项目特征	计量单位	工程数量
1	010301002001	预制钢筋混凝土桩	C60 预制钢筋混凝土管桩，每根长为 25 m，共 110 根，桩外径为 600 mm，壁厚为 100 mm，桩顶标高 −3.500 m，现场自然地坪标高为 −0.450 m，桩顶灌注 C30 混凝土高为 1.5 m，每根桩顶连接构造（假设）钢托板 3.5 kg，圆钢骨架 38 kg	m	2 750

表 5-16　计价工程量计算

序号	项目名称	工程量计算式	单位	数量
1	压管桩	110×25	m	2 750
2	送桩	$110 \times (3.5 - 0.45 + 0.5)$	m	390.5
3	桩顶灌芯	$110 \times (0.6 - 0.2) \times 2 \times 3.14 / 4 \times 1.5$	m³	103.62
4	钢骨架	$110 \times 38 / 1\ 000$	t	4.18
5	钢托板	$110 \times 3.5 / 1\ 000$	t	0.385

表 5-17　分部分项工程量清单综合单价分析表

序号	项目编码（定额编号）	项目名称	单位	数量	综合单价/元	合价/元	综合单价组成/元			
							人工费	材料费	机械费	管理费和利润
1	010301002001	预制钢筋混凝土管桩	m	2 750	26.06	71 673.11	3.21	9.86	10.88	2.11
	A2—8	压管桩	100 m	2.75	5 451.74	14 992.28	630.00	864.95	3 358.50	598.28
	A2—8 换	送桩	100 m	2.75	7 424.05	20 416.15	900.90	864.95	4 802.70	855.54
	A2—117	管桩芯混凝土	10 m³	2.073	3 200.85	6 635.37	756.00	1 979.20	306.28	159.34
	A2—11 换	桩顶接桩	10 个	11	2 693.57	29 629.31	277.80	1 660.00	620.96	134.81

任务六　砌筑工程清单计价

一、砖基础清单计价

(1)适用范围：砖基础适用于各种类型砖基础：柱基础、墙基础和管道基础。

(2)项目特征：砖品种、规格、强度等级，基础类型，砂浆强度等级和防潮层的材料种类。

(3)工程量计算公式：

$$V = L \times (Hd + S) - V_0$$

式中　V——基础体积；

　　　H——基础高度；

　　　d——墙厚；

　　　S——大放脚断面面积；

　　　V_0——应扣除的体积；

　　　L——砖基础长度，外墙按中心线长，内墙按内墙净长线。

清单工程量与计价定额工程量计算规则对比表见表 5-18。

表 5-18　清单工程量与计价定额工程量计算规则对比表

项目名称	工程量清单工程量计算规则	计价定额工程量计算规则
砖基础	按设计图示尺寸以体积计算。 包括附墙垛基础宽出部分体积，扣除地梁(圈梁)、构造柱所占体积，不扣除基础大放脚 T 形接头处的重叠部分及嵌入基础内的钢筋、铁件、管道、基础砂浆防潮层和单个面积≤0.3 m² 的孔洞所占体积，靠墙暖气沟的挑檐不增加体积。 基础长度：外墙按中心线，内墙按净长线计算	砖石基础以图示尺寸按"m³"计算。外墙墙基长度按中心线长度计算，内墙墙基按内墙净长线计算。基础大放脚 T 形接头处的重叠部分以及嵌入基础的钢筋、铁件、管道、基础防潮层及单个面积在 0.3 m² 以内孔洞、砖平暄所占体积不予扣除，但靠墙暖气沟的挑檐亦不增加。附墙垛基础宽出部分体积应并入基础工程量内。 基础长度：外墙按中心线，内墙按净长线计算

任务一：某学校教学楼砖基础：内外墙均采用 M5.0 水泥砂浆砌筑 MU10(240×115×53)标准砖的砖基础，砖基础侧面做 1∶3 水泥砂浆防潮层。墙体：外墙厚为 370 mm，内墙及女儿墙厚 240 mm。已知：砖基础的清单工程量为 14.6 m³，防潮层实际施工工程量为 89.8 m²。管理费按"人工费＋机械费"的 17％记取，利润按"人工费＋机械费"的 10％记取。根据工程量清单表（表 5-19）确定综合单价并填表（表 5-20）。

表 5-19 分部分项工程量清单

序号	项目编码	项目名称	项目特征	计量单位	工程数量
1	010401001001	砖基础	M5.0 水泥砂浆砌筑 MU10(240×115×53)标准砖的砖基础，条形墙基础，砖基础侧面做 1∶2 水泥砂浆掺 5％防水粉防潮层	m³	14.6
注：砌筑工程的计价工程量同清单工程量。

表 5-20 分部分项工程量清单综合单价分析表

序号	项目编码（定额编号）	项目名称	单位	数量	综合单价/元	合价/元	人工费	材料费	机械费	管理费和利润
1	010401001001	砖基础	m³	14.6	421.41	6 152.53	108.37	277.03	5.31	30.69
	A3－1	砖基础	10 m³	1.46	3 087.20	4 507.32	584.40	2 293.77	40.35	168.68
	A7－214	防潮层	100 m²	0.898	1 832.08	1 645.21	811.80	774.82	20.69	224.77

▌二、砖墙体清单计价

（1）适用范围：适用于实心砖墙、多孔砖墙、空心砖墙、空花墙和填充墙等。

（2）项目特征：应描述砖品种、规格、强度等级、墙体类型、砂浆强度等级和配合比。例如，实心砖墙可分为外墙、内墙、围墙、双面混水墙、双面清水墙、直形墙、弧形墙以及不同墙厚，砌筑砂浆可分为水泥砂浆、混合砂浆及不同的强度等级。

（3）工程内容：包括砂浆制作、运输。砌砖，刮缝、砖压顶砌筑和材料运输。

（4）工程量计算公式：$V=(HL-S_扣)×墙厚-V_{应扣}+V_{增加}$

清单工程量与计价定额工程量计算规则对比表见表 5-21。

表 5-21 清单工程量与计价定额工程量计算规则对比表

项目名称	工程量清单工程量计算规则	计价定额工程量计算规则
砖墙	按设计图示尺寸以体积计算。 扣除门窗洞口、过人洞、空圈、嵌入墙内的钢筋混凝土柱、梁、圈梁、挑梁、过梁及凹进墙内的壁龛、暖气槽、消火栓箱所占体积，不扣除梁头、板头、檩头、垫木、木楞头、沿缘木、木砖、门窗走头、砖墙内加固钢筋、木筋、铁件、钢管及单个面积≤0.3 m² 的孔洞所占体积，凸出墙面的腰线、挑檐、压顶、窗台线、虎头砖、门窗套的体积不增加，凸出墙面的砖垛并入墙体体积内计算	按设计图示尺寸以体积计算。 应扣除门窗洞口、过人洞、空圈、嵌入墙身的钢筋混凝土柱、梁、过梁、圈梁、板头、砖过梁和暖气包壁龛的体积，不扣除每个体积在 0.3 m² 以内的孔洞、梁头、梁垫、檩头、垫木、木愣头、沿缘木、木砖、门窗走头、墙内的加固钢筋、木筋、铁件、钢管等所占的体积，凸出砖墙面的窗台虎头砖、压顶线、山墙泛水、烟囱根、门窗套、三皮砖以下挑檐和腰线等体积也不增加

项目名称	工程量清单工程量计算规则	计价定额工程量计算规则
砖墙	1. 墙长度：外墙按中心线，内墙按净长线计算。 2. 墙高度： （1）外墙：斜（坡）屋面无檐口天棚者算至屋面板底；有屋架且室外均有天棚者算至屋架下弦底另加 200 mm；无天棚者算至屋架下弦底另加 300 mm，出檐宽度超过 600 mm 时按实砌高度计算；与钢筋混凝土楼板隔层者算至板顶。平屋顶算至钢筋混凝土板底。 （2）内墙：位于屋架下弦者，算至屋架下弦底；无屋架者算至天棚底另加 100 mm；有钢筋混凝土楼板隔层者算至楼板顶；有框架梁时算至梁底。 （3）女儿墙：从屋面板上表面算至女儿墙顶面（如有混凝土压顶时算至压顶下表面）。 （4）内、外山墙：按其平均高度计算。 3. 框架间墙：不分内外墙按墙体净尺寸以体积计算	附墙烟囱、附墙通风道、垃圾道按其外形体积计算，并入所依附的墙身体积内，不扣除每一孔洞的体积，但空孔洞内的抹灰工料也不增加。如每一孔洞横断面面积超过 0.15 m² 时，应扣除孔洞所占体积，孔洞内抹灰应另行计算。 墙长度：外墙长度按外墙中心线长度计算，内墙长度按内墙净长线计算。 墙高度：外墙墙身高度：斜（坡）屋面无檐口天棚者算至屋面板底；有屋架、有檐口天棚者算至屋架下弦底面另加 200 mm；无天棚者算至屋架下弦底加 300 mm；出檐高度超过 600 mm 时，应按实砌高度计算；平屋面算至钢筋混凝土板底。 内墙墙身高度：位于屋架下弦者，其高度算至屋架底；无屋架者算至天棚底另加 100 mm；有钢筋混凝土楼板隔层者算至板底；有框架梁时算至梁底面；如同一墙上板高不同时，可按平均高度计算。 内外山墙墙身高度按其平均高度计算。 框架间砌墙，以框架间的净空面积乘以墙厚按相应的项目计算

任务二：某学校教学楼砖墙体：外墙厚为 370 mm，内墙及女儿墙厚为 240 mm，均采用 M5.0 混合砂浆砌筑实心砖墙（240×115×53）。已知：外墙的清单工程量为 51.22 m³，内墙的清单工程量为 18.06 m³，女儿墙的清单工程量为 4.26 m³。管理费按"人工费＋机械费"的 17% 记取，利润按"人工费＋机械费"的 10% 记取。根据工程量清单表（表 5-22）确定综合单价并填表（表 5-23）。

表 5-22　分部分项工程量清单

序号	项目编码	项目名称	项目特征	计量单位	工程数量
1	010401003001	实心砖墙	M5.0 混合砂浆砌筑实心砖墙（240×115×53），外墙，墙厚 370 mm	m³	51.22
2	010401003002	实心砖墙	M5.0 混合砂浆砌筑实心砖墙（240×115×53），内墙，墙厚 240 mm	m³	18.06
3	010401003003	实心砖墙	M5.0 混合砂浆砌筑实心砖墙（240×115×53），女儿墙，墙厚 240 mm	m³	4.26

注：砌筑工程的计价工程量同清单工程量。

表 5-23　分部分项工程量清单综合单价分析表

序号	项目编码 （定额编号）	项目名称	单位	数量	综合单价/元	合价/元	综合单价组成/元			
							人工费	材料费	机械费	管理费和利润
1	010401003001	实心砖墙	m³	51.22	343.46	17 592.26	77.52	239.76	4.14	22.05
	A3－4	370 mm 砖墙	10 m³	5.122	3 434.65	17 592.26	775.20	2 397.59	41.38	220.48
2	010401003002	实心砖墙	m³	18.06	343.02	6 195.02	79.86	236.61	3.93	22.62
	A3－3	240 mm 砖墙	10 m³	1.806	3 430.246	6 195.02	798.60	2 366.10	39.31	226.24
3	010401003003	实心砖墙	m³	4.26	343.02	1 461.28	79.86	236.61	3.93	22.62
	A3－3	240 mm 女儿墙	10 m³	0.426	3 430.246	1 461.28	798.60	2 366.10	39.31	226.24

任务七　混凝土、钢筋混凝土及模板工程清单计价

一、现浇混凝土基础

现浇混凝土基础清单项目包括：垫层、带形基础、独立基础、桩承台基础和设备基础。

工作内容：模板及支撑制作、安装、拆除、堆放、运输及清理模内杂物、刷隔离剂等；混凝土制作、运输、浇筑、振捣和养护。

河北省规定：现浇混凝土项目"工作内容"中不包括模板制作、安装、拆除内容，模板制作和安装、拆除按措施项目中相应项目列项。

清单工程量与计价定额工程量计算规则对比表见表 5-24。

表 5-24　清单工程量与计价定额工程量计算规则对比表

项目名称	工程量清单工程量计算规则	计价定额工程量计算规则
现浇混凝土基础：垫层、带形基础、独立基础、桩承台基础和设备基础	按设计图示尺寸以体积计算。不扣除伸入承台基础的桩头所占体积	混凝土及钢筋混凝土项目除另有规定者外，均按图示尺寸以构件的实体积计算，不扣除钢筋混凝土中的钢筋、预埋铁件、螺栓所占的体积
模板	按模板与现浇混凝土构件接触面的面积计算	现浇混凝土模板工程量，除另有规定者外，均按混凝土与模板接触面的面积以"m²"计算

任务一：某学校培训楼满堂基础、垫层振捣；采用现浇现拌混凝土，垫层混凝土强度等级为 C15，满堂基础混凝土强度等级为 C30，模板使用复合木模板。管理费按"人工费＋机械费"的 17％ 记取，利润按"人工费＋机械费"的 10％ 记取。根据工程量清单表（表 5-25）确定综合单价并填表（表 5-26～表 5-28）。

表 5-25　分部分项工程量清单

序号	项目编码	项目名称	项目特征	计量单位	工程数量
1	010501001001	垫层	现浇现拌混凝土，强度等级为 C15～C40	m³	8.86
2	010501004001	满堂基础	现浇现拌混凝土，强度等级为 C30～C40	m³	29.75

表 5-26　单价措施项目工程量清单

序号	项目编码	项目名称	项目特征	计量单位	工程数量
1	011702001001	垫层模板	现浇现拌混凝土满堂基础垫层模板，木模	m²	1.86
2	011702001002	基础模板	现浇现拌混凝土满堂基础模板，复合木模	m²	24.4

注：混凝土构件计价工程量同清单工程量（桩承台及其垫层除外），模板的计价工程量同定额（另有规定者除外）。

表 5-27　分部分项工程量清单综合单价分析表

序号	项目编码（定额编号）	项目名称	单位	数量	综合单价/元	合价/元	综合单价组成/元			
							人工费	材料费	机械费	管理费和利润
1	010501001001	基础垫层	m³	8.86	288.70	2 557.85	77.28	177.93	7.27	26.21

序号	项目编码 （定额编号）	项目名称	单位	数量	综合单价/元	合价/元	综合单价组成/元			
							人工费	材料费	机械费	管理费和利润
	B1—24	混凝土垫层	10 m³	0.886	2 886.96	2 557.85	772.80	1 779.32	72.73	262.11
2	010501004001	满堂基础	m³	29.75	316.80	9 424.67	58.20	218.20	19.42	20.96
	A4—7 换	满堂基础	10 m³	2.975	3 167.955	9 424.67	582.00	2 182.13	194.24	209.58

表 5-28　单价措施项目工程量清单综合单价分析表

序号	项目编码 （定额编号）	项目名称	单位	数量	综合单价/元	合价/元	综合单价组成/元			
							人工费	材料费	机械费	管理费和利润
1	011702001001	基础垫层模板	m²	1.86	434.64	808.44	65.16	344.61	5.74	19.14
	A12—77	垫层模板	100 m²	0.186	4 346.44	808.44	651.60	3 446.07	57.35	191.42
2	011702001002	满堂基础模板	m²	24.4	475.77	11 608.86	159.48	258.63	11.50	46.17
	A12—51	满堂基础模板	100 m²	2.44	4 757.73	11 608.86	1 594.80	2 586.26	115.02	461.65

二、现浇混凝土构件——柱、梁、墙、板、楼梯

现浇混凝土构件清单项目包括：柱、梁、墙、板和楼梯等。清单中混凝土板的项目比计价定额多有梁板项目，有梁板（包括主、次梁与板）按梁、板体积之和，无梁板按板和柱帽体积之和，各类板伸入墙内的板头并入板体积内。清单工程量与计价定额工程量计算规则对比表见表 5-29。

表 5-29　清单工程量与计价定额工程量计算规则对比表

项目名称	工程量清单工程量计算规则	计价定额工程量计算规则
现浇混凝土柱、梁、墙、板	按设计图示尺寸以体积计算。 柱高、梁长的确定与计价定额相同。 墙：扣除门窗洞口及单个面积＞0.3 m² 的孔洞所占的体积。 板：不扣除构件内钢筋、预埋铁件及单个面积 0.3 m² 以内的柱、垛及孔洞所占体积	混凝土及钢筋混凝土项目除另有规定者外，均按图示尺寸以构件的实体积计算，不扣除钢筋混凝土中的钢筋、预埋铁件、螺栓所占的体积。 现浇钢筋混凝土墙、板上单孔面积在 0.3 m² 以内的孔洞，不予扣除，洞侧壁模板亦不增加；单孔面积在 0.3 m² 以上时，孔洞所占面积应予扣除，洞侧壁模板面积并入墙、板模板工程量之内计算
模板	按模板与现浇混凝土构件接触面的面积计算	现浇混凝土模板工程量，除另有规定者外，均按混凝土与模板接触面的面积以"m²"计算

任务二：现浇钢筋混凝土单层厂房，梁、板和柱均采用 C20 商品混凝土。板厚为 100 mm；柱基础顶面标高为 −0.500 m；柱截面尺寸为：$Z1 = 300 \times 500$，$Z2 = 400 \times 500$，$Z3 = 300 \times 400$，如图 5-1 所示。请计算 1. 梁、板和柱混凝土的清单工程量；2. 梁、板和柱混凝土模板的清单工程量。管理费按"人工费＋机械费"的 17％记取，利润按"人工费＋机械费"的 10％记取。根据工程量清单表（表 5-30）确定综合单价并填表（表 5-31）。

表 5-30　分部分项工程量清单

序号	项目编码	项目名称	项目特征	计量单位	工程数量
1	010502001001	矩形柱	现浇商品混凝土,强度等级为 C20	m^3	10.34
2	010505001001	有梁板	现浇商品混凝土,强度等级为 C20	m^3	23.97

表 5-31　单价措施项目工程量清单

序号	项目编码	项目名称	项目特征	计量单位	工程数量
1	011702002001	矩形柱模板	现浇商品混凝土矩形柱模板,复合木模	m^2	105.6
2	011702014001	有梁板模板	现浇商品混凝土有梁板模板,复合木模;支撑高度3.5 m	m^2	238.29
注:混凝土构件计价工程量同清单工程量。					

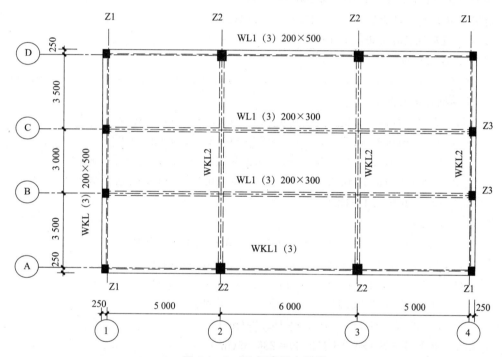

图 5-1　3.600 标高梁布置图

解: 1. 梁、板、柱混凝土的工程量

(1)柱混凝土。

柱高 $h=5+0.5=5.5(m)$

$V_{Z1}=0.3\times0.5\times5.5\times4=3.3(m^3)$

$V_{Z2}=0.4\times0.5\times5.5\times4=4.4(m^3)$

$V_{Z3}=0.3\times0.4\times5.5\times4=2.64(m^3)$

柱混凝土工程量 $V=3.3+4.4+2.64=10.34(m^3)$

(2)有梁板混凝土。

Z1　　　　　Z2

WKL1　$V=[5+6+5-(0.3-0.25)\times2-0.4\times2]\times0.2\times0.5\times2=3.02(m^3)$

Z1　　　　　WKL2

WL1　$V=[5+6+5-(0.3-0.25)\times2-0.2\times2]\times0.2\times0.3\times2=1.86(m^3)$

Z1　　　　　Z3

WKL2　$V=[3.5\times2+3-(0.5-0.25)\times2-0.4\times2]\times0.2\times0.5\times2=1.74(m^3)$

　　　$V=[3.5\times2+3-(0.5-0.25)\times2-0.2\times2]\times0.2\times0.5\times2=1.82(m^3)$

矩形梁的体积：$3.02+1.86+1.74+1.82=8.44(m^3)$

板　$V=(5+6+5+0.25\times2)\times(3.5\times2+3+0.25\times2)\times0.1=17.33(m^3)$

扣除梁：$\{[5+6+5-(0.3-0.25)\times2-0.4\times2]\times0.2\times2+[5+6+5-(0.3-0.25)\times2-0.2\times2]\times0.2\times2+[3.5\times2+3-(0.5-0.25)\times2-0.4\times2]\times0.2\times2+[3.5\times2+3-(0.5-0.25)\times2-0.2\times2]\times0.2\times2\}\times0.1=1.968(m^3)$

扣除柱：$0.3\times0.5\times0.1\times4+0.4\times0.5\times0.1\times4+0.3\times0.4\times0.1\times4=0.188(m^3)$

板的体积为：$17.33-1.968-0.188=15.17(m^3)$

有梁板混凝土工程量 $V=8.44+15.17=23.61(m^3)$

2. 梁、板和柱混凝土模板的工程量

(1)柱混凝土模板。

$S=(0.3+0.5)\times2\times5.5\times4+(0.4+0.5)\times2\times5.5\times4+(0.3+0.4)\times2\times5.5\times4=105.6(m^2)$

(2)有梁板混凝土模板。

$S_{梁}=[5+6+5-(0.3-0.25)\times2-0.4\times2]\times[(0.5-0.1)\times2+0.2]\times2+$
$[5+6+5-(0.3-0.25)\times2-0.2\times2]\times[(0.3-0.1)\times2+0.2]\times2+$
$[3.5\times2+3-(0.5-0.25)\times2-0.4\times2]\times[(0.5-0.1)\times2+0.2]\times2+$
$[3.5\times2+3-(0.5-0.25)\times2-0.2\times2]\times[(0.5-0.1)\times2+0.2]\times2$
$=30.2+18.6+17.4+18.2$
$=84.4(m^2)$

$S_{板}=(5+0.05-0.1)\times(3.5+0.05-0.1)\times4(①~②+Ⓐ~Ⓑ轴)+$
$(5+0.05-0.1)\times(3-0.1\times2)\times2(①~②+Ⓑ~Ⓒ轴)+$
$(6-0.1\times2)\times(3.5+0.05-0.1)\times2(②~③+Ⓐ~Ⓑ轴)+$
$(6-0.1\times2)\times(3-0.1\times2)(②~③+Ⓑ~Ⓒ轴)$
$=68.31+27.72+40.02+16.24=152.29(m^2)$

有梁板混凝土模板 $S=84.4+152.29=236.69(m^2)$

分部分项工程量清单综合单价分析表见表5-32；单价措施项目工程量清单综合单价分析表见表5-33。

表5-32　分部分项工程量清单综合单价分析表

序号	项目编码（定额编号）	项目名称	单位	数量	综合单价/元	合价/元	综合单价组成/元			
							人工费	材料费	机械费	管理费和利润
1	010502001001	矩形柱	m^3	10.34	371.18	3 838.01	832.80	2 503.06	118.97	256.98
	A4-172 换	矩形柱	10 m^3	1.034	3 528.30	3 648.26	820.20	2 457.22	23.17	227.71
	A4-314	泵送	10 m^3	1.034	183.51	189.75	12.60	45.84	95.80	29.27
2	010505001001	有梁板	m^3	23.61	321.69	7 595.27	41.03	254.83	11.62	14.22
	A4-177	单梁连续梁	10 m^3	0.844	3 119.61	2 632.95	487.20	2 476.7	19.03	136.68

序号	项目编码 (定额编号)	项目名称	单位	数量	综合单价/元	合价/元	人工费	材料费	机械费	管理费和利润
							综合单价组成/元			
	A4—190	平板	10 m³	1.517	2 985.53	4 529.05	348.00	2 516.71	21.15	99.67
	A4—314	泵送	10 m³	2.361	183.51	433.27	12.60	45.84	95.80	29.27

表 5-33　单价措施项目工程量清单综合单价分析表

序号	项目编码 (定额编号)	项目名称	单位	数量	综合单价/元	合价/元	人工费	材料费	机械费	管理费和利润
							综合单价组成/元			
1	011702002001	矩形柱模板	m²	105.6	57.58	6 080.448	20.78	28.29	22.87	11.79
	A12—58	矩形柱模板	100 m²	1.056	5 758.26	6 080.72	2 077.80	2 829.07	228.65	622.74
2	011702014001	有梁板模板	m²	236.69	55.97	13 246.54	16.61	31.54	2.66	5.20
	A12—61	矩形梁模板	100 m²	0.844	6 345.15	5 355.31	2 112.00	3 329.89	262.22	641.04
	A12—65	平板模板	100 m²	1.523	5 181.37	7 891.23	1 405.80	3 054.96	268.54	452.07

任务八　屋面保温及防水工程清单计价

　　屋面保温及防水工程的清单项目包括：屋面防水及其他、墙面防水、楼地面防水和保温隔热项目。以上项目的设置、项目特征描述、计量单位、工程量计算规则及工作内容，必须按照《计算规范》的附录 J 和附录 K 执行。清单工程量与计价定额工程量计算规则对比表见表 5-34。

表 5-34　清单工程量与计价定额工程量计算规则对比表

项目名称	工程量清单工程量计算规则	计价定额工程量计算规则
屋面防水	按设计图示尺寸以面积计算。 1. 斜屋顶（不包括平屋顶找坡）按斜面积计算，平屋顶按水平投影面积计算。 2. 不扣除房上烟囱、风帽底座、风道、屋面小气窗和斜沟所占面积。 3. 屋面的女儿墙、伸缩缝和天窗等处的弯起部分，并入屋面工程量内	按图示尺寸的水平投影面积乘以屋面延长系数以"m²"计算，不扣除放上烟囱、风帽底座、风道、斜沟等所占面积。平屋面的女儿墙、天沟和天窗等处弯起部分和天窗出檐部分重叠的面积应按图示尺寸，并入相应屋面工程量内计算。如图纸无规定时，伸缩缝、女儿墙的弯起部分可按 25 cm 计算，天窗弯起部分可按 50 cm 计算
屋面保温	按设计图示尺寸以面积计算。扣除＞0.3 m²孔洞及占位面积	屋面保温隔热层应区别不同保温隔热材料，均按设计厚度以"m³"为计算单位计算，另有规定者除外。 聚苯板、挤塑板、硬泡聚氨酯、自调温相变保温材料保温按设计面积以"m²"为单位计算，另有规定者除外

　　任务一：某学校培训中心屋面做法如下：C25 钢筋混凝土屋面板；20 mm 厚 1∶3 水泥砂浆找平层；1∶10 水泥珍珠岩找坡最薄处 30 mm 厚；85 mm 厚聚苯板保温；SBS 防水层上翻 250 mm；着色剂保护层。管理费按"人工费＋机械费"的 17％记取，利润按"人工费＋机械费"的 10％记取。

根据工程量清单表(表5-35)确定综合单价并填表(表5-36)。

表5-35 分部分项工程量清单

序号	项目编码	项目名称	项目特征	计量单位	工程数量
1	010902001001	屋面卷材防水	SBS防水层上翻250 mm；一层；热熔；刷着色剂保护层	m^2	415.13
2	011101006001	屋面找平层	20 mm厚1:3水泥砂浆找平层掺聚丙烯	m^2	415.13
3	011001001001	屋面保温层	1:10水泥蛭石找坡最薄处30 mm厚	m^2	394.62
4	011001001002	屋面保温层	85 mm厚聚苯板保温；干铺	m^2	394.62

解：(1)卷材防水的工程量：

平面：$(13.5-0.24)\times(30-0.24)=394.62(m^2)$

立面：$(13.5-0.24+30-0.24)\times2\times0.25=21.51(m^2)$

防水层工程量＝平面＋立面＝394.62＋21.51＝416.13(m^2)

(2)找平层的工程量：

416.13 m^2(同防水层工程量)

(3)保温层：平面：$(13.5-0.24)\times(30-0.24)=394.62(m^2)$

计价工程量计算过程如下：

(1)保温隔热层工程量：

面积＝$(13.5-0.24)\times(30-0.24)=394.62(m^2)$

平均厚度＝$0.03+(13.5-0.24)\div2\times2\%\div2=0.096(m)$

保温隔热层工程量＝面积×平均厚度＝$394.62\times0.096=37.88(m^3)$

(2)找平层工程量：

平面：$(13.5-0.24)\times(30-0.24)=394.62(m^2)$

立面：$(13.5-0.24+30-0.24)\times2\times0.25=21.51(m^2)$

找平层工程量＝平面＋立面＝394.62＋21.51＝416.13(m^2)

(3)卷材防水工程量：

416.13 m^2(同找平层工程量)

(4)保护层工程量：416.13(m^2)

(5)聚苯板保温层：平面：$(13.5-0.24)\times(30-0.24)=394.62(m^2)$

表5-36 分部分项工程量清单综合单价分析表

序号	项目编码 (定额编号)	项目名称	单位	数量	综合单价/元	合价/元	综合单价组成/元			
							人工费	材料费	机械费	管理费和利润
1	10902001001	屋面卷材防水	m^2	415.1	28.39	11 784.69	4.89	22.19		1.32
	A7—52	SBS改性沥青卷材防水层	100 m^2	4.151	2 329.78	9 670.92	263.76	1 994.8		71.22
	A7—60	着色剂保护层	100 m^2	4.151	509.75	2 115.97	225.00	224		60.75
2	11101006001	屋面找平层	m^2	415.1	11.46	4 757.05	5.06	4.71	0.26	1.44
	A8—219	水泥砂浆找平层	100 m^2	4.151	1 145.66	4 755.63	505.8	470.45	25.86	143.55
3	11001001001	屋面保温层	m^2	394.6	18.79	7 414.93	1.44	6.23	0.33	0.48

序号	项目编码 (定额编号)	项目名称	单位	数量	综合单价/元	合价/元	综合单价组成/元			
							人工费	材料费	机械费	管理费和利润
	A8—234	水泥蛭石找坡	10 m³	3.788	1 957.48	7 414.93	331.82	1 440.12	75.55	109.99
4	11001001002	屋面保温层	m²	394.6	34.54	13 629.48	1.81	32.24		0.49
	A8—212	聚苯板保温	100 m²	3.946	3 454.12	13 629.96	181.2	3 224		48.924

任务九　楼地面装饰工程清单计价

楼地面装饰工程的清单项目包括：整体面层和找平层、块料面层、橡塑面层、其他材料面层、踢脚线、楼梯面层、台阶装饰及零星装饰项目。以上项目的设置、项目特征描述、计量单位、工程量计算规则及工作内容，必须按照《计算规范》的附录L(楼地面装饰工程)执行。清单工程与计价定额工程量计算规则对比表见表5-37。

表5-37　清单工程量与计价工程量计算规则对比表

项目名称	工程量清单工程量计算规则	计价定额工程量计算规则
块料面层	按设计图示尺寸以面积计算。门洞、空圈、暖气包槽、壁龛的开口部分并入相应的工程量内	块料面层、橡塑面层和其他材料面层按设计图示尺寸以净面积计算，不扣除0.1 m²以内的孔洞所占的面积，门洞、空圈、暖气包槽和壁龛的开口部分的工程并入相应的面层计算。块料面层拼花部分按实贴面积计算
踢脚线	1.以平方米计量，按设计图示长度乘以高度以面积计算。 2.以米计量，按延长米计算	踢脚线按不同用料及做法以"m²"计算。整体面层踢脚线不扣除门洞口及空圈处的长度，但侧壁部分亦不增加，垛、柱的踢脚线工程量合并计算。其他面层踢脚线按实贴面积计算。成品踢脚线按实贴延长米计算
楼梯面层	按设计图示尺寸以楼梯(包括踏步、休息平台及≤500 mm的楼梯井)水平投影面积计算。楼梯与楼地面相连时，算至梯口梁内侧边沿；无梯口梁者，算至最上一层踏步边沿加300 mm	楼梯面层，以楼梯水平投影面积计算(包括踏步和中间休息平台)。楼梯与楼面分界以楼梯梁外边缘为界，无楼梯梁时，算至最上一层踏步边沿加300 mm，不扣除宽度小于500 mm的楼梯井面积，梯井宽度超过500 mm时应予扣除
台阶装饰	按设计图示尺寸以台阶(包括最上层踏步边沿加300 mm)水平投影面积计算	台阶面层(包括踏步及最上一层踏步沿300 mm)按水平投影面积计算

任务一：计算图5-2所示的某高校实习工厂的地面卵石灌浆垫层、水泥砂浆找平层和地砖面层的工程量。已知：室内外高差为150 mm，C—1：1 500×2 100，C—2：2 400×2 100，M—1：1 500×3 100，M—2：1 000×3 100。

已知：地面工程做法是：

10 mm厚铺地砖地面干水泥擦缝(800×800)；20 mm厚1:4干硬性水泥砂浆结合层；素水泥浆结合层；20 mm厚1:3水泥砂浆找平层；100 mm厚卵石灌M2.5混合砂浆垫层。

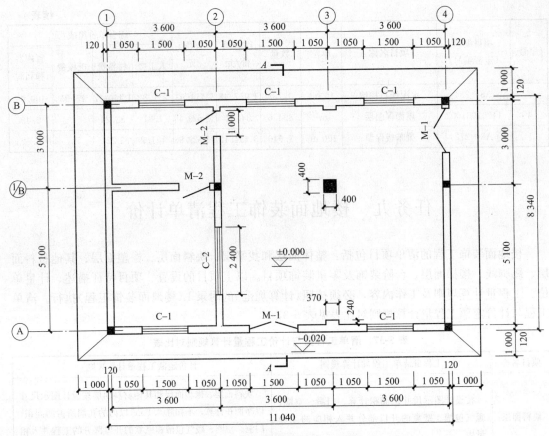

图 5-2　某高校实习工厂平面图

已知：陶瓷地砖面层清单工程量计算如下：

计算规则：块料面层按设计图示尺寸以面积计算，门洞、空圈、暖气包槽和壁龛的开口部分的工程量并入相应的面层计算。

$S_净=(7.20-0.24)\times(8.10-0.24)+(3.60-0.24)\times(3.00-0.24)+(3.60-0.24)\times(5.10-0.24)=80.31(\text{m}^2)$

门洞开口部分面积：$S_2=(2\times1.50+2\times1.00)\times0.24=1.20(\text{m}^2)$。

扣除独立柱及附墙垛的面积：$S_3=0.4\times0.4+0.37\times0.24\times2=0.34(\text{m}^2)$。

全瓷地砖面层的面积：$S=80.31+1.20-0.34=81.17(\text{m}^2)$。

完成陶瓷地砖清单综合单价的确定，管理费按"人工费+机械费"的 18% 记取，利润按"人工费+机械费"的 13% 记取。根据工程量清单表（表 5-38）确定综合单价并填表（表 5-39）。

表 5-38　分部分项工程量清单

序号	项目编码	项目名称	项目特征	计量单位	工程数量
1	011102003001	块料楼地面	10 mm 厚铺地砖地面干水泥擦缝(800 mm×800 mm) 20 mm 厚 1∶4 干硬性水泥砂浆结合层 素水泥浆结合层 20 mm 厚 1∶3 水泥砂浆找平层	m²	81.17

工作内容分析：基层清理、抹找平层、面层铺设、磨边和材料运输等。块料楼地面工作内容组两个定额：水泥砂浆找平层和陶瓷地砖面层。

找平层计价工程量计算过程如下：

$S_净=(7.20-0.24)\times(8.10-0.24)+(3.60-0.24)\times(3.00-0.24)+(3.60-0.24)\times(5.10-0.24)=80.31(m^2)$

块料面层计价工程量计算过程如下：

$S_净=(7.20-0.24)\times(8.10-0.24)+(3.60-0.24)\times(3.00-0.24)+(3.60-0.24)\times(5.10-0.24)=80.31(m^2)$

门洞开口部分面积：$S_2=(2\times1.50+2\times1.00)\times0.24=1.20(m^2)$。

扣除独立柱及附墙垛的面积：$S_3=0.4\times0.4+0.37\times0.24\times2=0.34(m^2)$。

全瓷地砖面层的面积：$S=80.31+1.20-0.34=81.17(m^2)$。

表 5-39 分部分项工程量清单综合单价分析表

序号	项目编码（定额编号）	项目名称	单位	数量	综合单价/元	合价/元	综合单价组成/元			
							人工费	材料费	机械费	管理费和利润
1	011102003001	块料楼地面	m²	81.17	96.23	7 810.68	24.50	62.62	1.16	7.95
	B1—27	水泥砂浆找平层	100 m²	0.803	1 087.20	873.13	459.60	451.25	25.86	150.49
	B1—104	陶瓷地砖面层	100 m²	0.812	8 546.94	6 937.55	1 995.00	5 815.14	90.34	646.46

任务二：某房间平面图如图 5-3 所示，室内水泥砂浆粘贴 200 mm 高大理石石材踢脚板，完成陶瓷地砖清单综合单价的确定，管理费按"人工费＋机械费"的 18% 记取，利润按"人工费＋机械费"的 13% 记取。根据工程量清单表（表 5-40）确定综合单价并填表（表 5-41）。

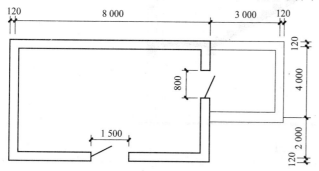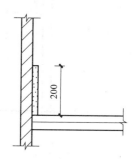

图 5-3 某房屋平面图

表 5-40 分部分项工程量清单

序号	项目编码	项目名称	项目特征	计量单位	工程数量
1	011105002001	石材踢脚线	踢脚线高度：200 mm；水泥砂浆粘贴大理石	m²	7.54

表 5-41 分部分项工程量清单综合单价分析表

序号	项目编码（定额编号）	项目名称	单位	数量	综合单价/元	合价/元	综合单价组成/元			
							人工费	材料费	机械费	管理费和利润
1	011105002001	石材踢脚线	m²	7.54	171.15	1 290.21	31.62	128.37	1.01	10.11
	B1—202	大理石踢脚线	100 m²	0.075	17 111.49	1 290.21	3 161.9	12 837.48	100.70	1 011.41

石材踢脚线的清单工程量为：

计算公式为：踢脚线工程量＝踢脚线净长度×高度

踢脚线工程量＝[(8.00−0.24＋6.00−0.24)×2＋(4.00−0.24＋3.00−0.24)×2−1.50−
0.80×2＋0.12×6]×0.20＝7.54(m²)

踢脚线计价工程量同清单工程量：7.54 m²。

任务三：某六层楼梯间平面图如图 5-4 所示，楼梯间地砖楼面做法如下：

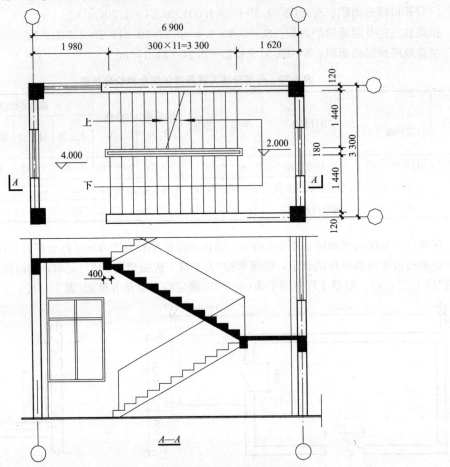

图 5-4　楼梯平面图及剖面图

(1)素水泥浆结合层一遍；

(2)20 mm 厚 1：4 干硬性水泥砂浆结合层；

(3)8~10 mm 厚 600 mm×600 mm 全瓷地砖铺实拍平，水泥浆擦缝。

试计算地砖楼梯面层清单工程量，完成陶瓷地砖清单综合单价的确定，管理费按"人工费＋
机械费"的 18％记取，利润按"人工费＋机械费"的 13％记取，根据工程量清单表(表 5-42)确定
综合单价并填表(表 5-43)。

表 5-42　分部分项工程量清单

序号	项目编码	项目名称	项目特征	计量单位	工程数量
1	011106002001	块料楼梯面层	素水泥浆结合层一遍；20 mm 厚 1：4 干硬性水泥砂浆结合层；8~10 mm 厚 600 mm×600 mm 全瓷地砖铺实拍平，水泥浆擦缝	m²	73.44

表 5-43 分部分项工程量清单综合单价分析表

序号	项目编码 (定额编号)	项目名称	单位	数量	综合单价/元	合价/元	综合单价组成/元			
							人工费	材料费	机械费	管理费和利润
1	011106004001	陶瓷地砖楼梯面层	m²	73.44	105.13	7 720.38	44.30	45.55	1.18	14.10
	B1-253	水泥砂浆陶瓷地砖楼梯面层	100 m²	0.796	9 705.07	7 720.38	4 089.4	4 205.43	108.80	1 301.44

楼梯面层清单工程量(包括踏步、平台以及小于 500 mm 宽的楼梯井):按水平投影面积计算,本题楼梯井 180 mm 小于 500 mm,不扣除。楼梯与楼地面相连时,算至梯口梁内侧边沿;无梯口梁者,算至最上层踏步沿加 300 mm。则

$$S=(3.3-0.12×2)×(1.62-0.12+3.3)×(6-1)=73.44(m^2)$$

楼梯面层计价工程量(包括踏步、平台以及小于 500 mm 宽的楼梯井):按水平投影面积计算,本题楼梯井 180 mm 小于 500 mm,不扣除。平台梁宽 400 mm,应计入。则

$$S=(3.3-0.12×2)×(1.62-0.12+3.3+0.4)×(6-1)=79.56(m^2)$$

任务十 墙、柱面装饰工程清单计价

墙、柱面装饰工程的清单项目包括:墙面抹灰、柱(梁)面抹灰、零星抹灰、墙面块料面层、柱(梁)面镶贴块料、镶贴零星块料、墙饰面和柱(梁)饰面等。以上项目的设置、项目特征描述、计量单位、工程量计算规则及工作内容必须按照《计算规范》的附录 M(墙柱面装饰工程)执行。清单工程量与计价定额工程量计算规则对比表见表 5-44。

表 5-44 清单工程量与计价定额工程量计算规则对比表

项目名称	工程量清单工程量计算规则	计价定额工程量计算规则
墙面抹灰	按设计图示尺寸以面积计算。扣除墙裙、门窗洞口及单个>0.3 m² 的孔洞面积,不扣除踢脚线、挂镜线和墙与构件交接处的面积,门窗洞口和孔洞的侧壁及顶面不增加面积。附墙柱、梁、垛、烟囱侧壁并入相应的墙面面积内。 1. 外墙抹灰面积按外墙垂直投影面积计算。 2. 外墙裙抹灰面积按其长度乘以高度计算。 3. 内墙抹灰面积按主墙间的净长乘以高度计算。 (1)无墙裙的,高度按室内楼地面至天棚底面计算; (2)有墙裙的,高度按墙裙顶至天棚底面计算; (3)有吊顶天棚抹灰,高度算至天棚底; 4. 内墙裙抹灰面按内墙面净长乘以高度计算	外墙抹灰: 外墙面、墙裙(系指高度在 1.5 m 以下)抹灰,按"m²"计算,扣除门窗洞口、空圈、腰线、挑檐、门窗套、遮阳板所占的面积,不扣除 0.3 m² 以内的孔洞面积,附墙柱的侧壁应展开计算,并入相应的墙面抹灰工程量内。门窗洞口及孔洞侧壁面积已综合考虑在项目内,不另计算。 女儿墙顶及内侧、暖气沟、化粪池的抹灰,以展开面积按墙面抹灰相应项目,凸出墙面的女儿墙压顶,其压顶部分应以展开面积,按普通腰线项目计算。 内墙面抹灰: 按主墙间的图示净长尺寸乘以内墙抹灰高度计算。内墙抹灰高度:有墙裙时,自墙裙顶算至天棚底或板底面;无墙裙时,其高度自室内地坪或楼地面算至天棚底或板底面。应扣除门窗洞口、空圈所占的面积,不扣除踢脚线、挂镜线、墙与构件交接处及 0.3 m² 以内的孔洞面积,洞口侧壁和顶面积亦不增加。不扣除间壁墙所占的面积。垛的侧面抹灰工程量应并入墙面抹灰工程量内计算。天棚有吊顶者,内墙抹灰高度算至吊顶下表面另加 10 cm 计算

项目名称	工程量清单工程量计算规则	计价定额工程量计算规则
柱(梁)面抹灰	1. 柱面抹灰：按设计图示柱断面周长乘以高度以面积计算 2. 梁面抹灰：按设计图示梁断面周长乘以长度以面积计算	独立柱和单梁的抹灰，应另列项目按展开面积计算，柱与梁或梁与梁的接头面积，不予扣除
柱(梁)面镶贴块料	按镶贴表面积计算	粘贴块料面层按图示尺寸以实贴面积计算
墙饰面	按设计图示墙净长乘以净高以面积计算。扣除门窗洞口及单个>0.3 m²的孔洞所占面积	墙、柱(梁)饰面龙骨、基层、面层均按设计图示尺寸以面层外围尺寸展开面积计算
柱梁面装饰	按设计图示饰面外围尺寸以面积计算。柱帽、柱墩并入相应柱饰面工程量内	墙、柱(梁)饰面龙骨、基层、面层均按设计图示尺寸以面层外围尺寸展开面积计算

任务一：某单层建筑物如图 5-5 所示：已知：轴线均为墙中心线，内外墙厚均为 240 mm，C—1：1 500 mm×2 100 mm；C—2：2 400 mm×2 100 mm，均为双层的空腹钢窗；M—1：1 500 mm×3 100 mm，为平开有亮玻璃门。内墙上 M—2：1 000 mm×3 100 mm，为半玻璃镶板门。内墙面做法如下：(1)15 mm 厚 1∶3 水泥砂浆；(2)5 mm 厚 1∶2 水泥砂浆，请编制房间内墙抹灰、独立柱抹灰的清单的工程量。完成内墙抹灰和独立柱抹灰的清单综合单价的确定，管理费按"人工费＋机械费"的 18％记取，利润按"人工费＋机械费"的 13％记取。根据工程量清单表(表 5-45)确定综合单价并填表(表 5-46)。

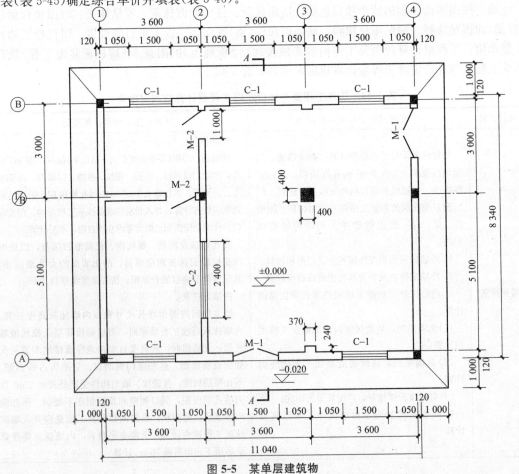

图 5-5　某单层建筑物

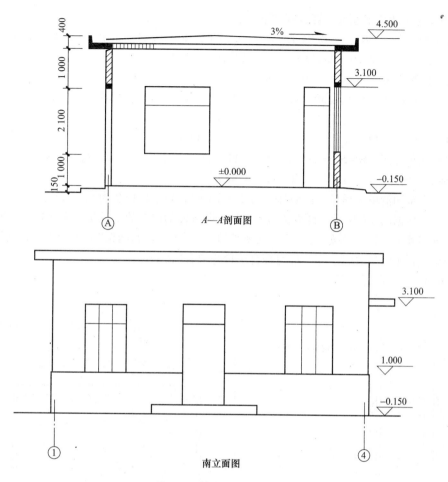

A—A剖面图

南立面图

图 5-5 某单层建筑物(续)

表 5-45 分部分项工程量清单

序号	项目编码	项目名称	项目特征	计量单位	工程数量
1	011201001001	墙面一般抹灰	底层、中间层：15 mm 厚 1：3 水泥砂浆；面层：5 mm 厚 1：2 水泥砂浆	m²	206.76
2	011202001001	柱面一般抹灰	独立方柱；底层、中间层：15 mm 厚 1：3 水泥砂浆；面层：5 mm 厚 1：2 水泥砂浆	m²	6.56

表 5-46 分部分项工程量清单综合单价分析表

序号	项目编码（定额编号）	项目名称	单位	数量	综合单价/元	合价/元	综合单价组成/元			
							人工费	材料费	机械费	管理费和利润
1	011201001001	墙面一般抹灰	m²	206.8	21.22	4 389.10	11.98	5.12	0.31	3.81
	B2－9	墙面水泥砂浆抹灰	100 m²	2.068	2 122.39	4 389.10	1 198.40	511.82	31.04	381.13
2	011202001001	柱面一般抹灰	m²	6.56	27.13	177.99	16.91	46.35	0.27	5.32
	B2－75	柱面水泥砂浆抹灰	100 m²	0.066	2 713.26	177.99	1 690.50	463.47	26.90	532.39

(1)内墙抹灰清单工程量计算过程如下：

内墙净长线长＝(8.10－0.24＋7.20－0.24＋3.00－0.24＋3.60－0.24＋5.10－0.24＋

　　　　　　　3.60－0.24)×2＝58.32(m)

1)内墙面积：S_1＝58.32×4.10＝239.11(m²)

2)门窗洞口面积：S_2＝1.50×2.10×5＋2.40×2.10＋1.50×3.10×2＋1.00×3.10×2＝

　　　　　　　36.29(m²)

3)附墙垛两侧面积：S_3＝0.24×4.10×4＝3.94(m²)

内墙面抹灰总计：$S＝S_1－S_2＋S_3$＝239.11－36.29＋3.94＝206.76(m²)

(2)独立柱的抹灰：0.4×4×4.10＝6.56(m²)

计价工程量同清单工程量：内墙抹灰为 206.76 m²；独立柱抹灰为 6.56 m²。

任务二：根据图 5-6 所示，计算类似 6 根柱子装饰面的清单的工程量。完成独立柱装饰的清单综合单价的确定，管理费按"人工费＋机械费"的 18％记取，利润按"人工费＋机械费"的 13％记取。根据工程量清单表(表 5-47)确定综合单价并填表(表 5-48)。

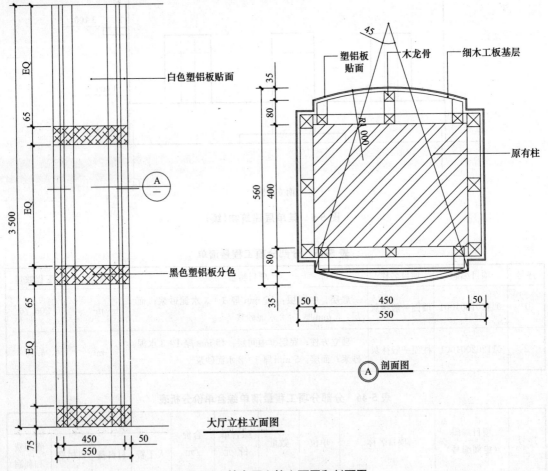

图 5-6　某大厅立柱立面图和剖面图

表 5-47　分部分项工程量清单

序号	项目编码	项目名称	项目特征	计量单位	工程数量
1	011208001001	柱面装饰	30×30 木龙骨中距为 300 mm；细木工板基层；塑铝板面层	m²	60.69

解： 对于独立柱，柱面装饰按柱外围饰面尺寸乘以柱的高以平方米计算。

柱面装饰周长：$(0.4+0.08\times2)\times2+0.05\times2\times2+2\pi R\times45/360\times2=2.89(\text{m})$

柱面装饰面工程量：$2.89\times3.5\times6=5.50\times6=60.69(\text{m}^2)$

分析柱面装饰清单规范的工作内容：基层清理、龙骨制作运输、基层铺钉、面层铺贴。此清单计价定额列项为：木龙骨、细木工板基层、塑铝板饰面。

龙骨、基层和面层计价工程量计算过程：$S=(0.4+0.08\times2)\times2+0.05\times2\times2+2\pi R\times45/360\times2\times3.5\times6=5.50\times6=60.69(\text{m}^2)$

表 5-48　分部分项工程量清单综合单价分析表

序号	项目编码 （定额编号）	项目名称	单位	数量	综合单 价/元	合价 /元	综合单价组成/元			
							人工费	材料费	机械费	管理费 和利润
1	11208001001	柱面装饰	m²	60.69	183.05	11 109.45	26.53	141.98	4.83	9.72
	B2—471	木龙骨	100 m²	0.607	4 605.82	2 795.73	771.40	3 495.71	76.01	262.70
	B2—493	细木工板基层	100 m²	0.607	4 043.46	2 454.38	544.60	2 797.62	406.42	294.82
	B2—529	塑铝板面层	100 m²	0.607	9 652.95	5 859.34	1 336.30	7 902.4		414.25

任务十一　天棚装饰工程清单计价

天棚装饰工程的清单项目包括：天棚抹灰、天棚吊顶、采光天棚和天棚其他装饰等。以上项目的设置、项目特征描述、计量单位、工程量计算规则及工作内容必须按照《计算规范》的附录 N（天棚工程）执行。清单工程量与计价定额工程量计算规则对比表见表 5-49。

表 5-49　清单工程量与计价定额工程量计算规则对比表

项目名称	工程量清单工程量计算规则	计价定额工程量计算规则
天棚抹灰	按设计图示尺寸以水平投影面积计算。不扣除间壁墙、垛、柱、附墙烟囱检查口和管道所占的面积。带梁天棚的梁两侧抹灰面积并入天棚面积内，板式楼梯底面抹灰，按斜面积计算，锯齿形楼梯底面抹灰按展开面积计算	天棚抹灰面积，按主墙间的净空间面积计算；有坡度及拱形的天棚，按展开面积计算；带有钢筋混凝土梁的天棚，梁的侧面抹灰面积，并入天棚抹灰工程量内计算。 计算天棚抹灰面积时，不扣除间壁墙、垛、柱、附墙烟囱、附墙通风道、检查孔、管道及灰线等所占的面积。 楼梯底面抹灰，并入相应的天棚抹灰工程量内计算。楼梯（包括休息平台）底面积的工程量按其水平投影面积计算，平板式乘以系数 1.3，踏步式乘以系数 1.8
吊顶天棚	按设计图示尺寸以水平投影面积计算，天棚中的灯槽及跌级、锯齿形、吊挂式、藻井式天棚面积不展开计算。不扣除间壁墙、检查口、附墙烟囱、柱、垛和管道所占面积。扣除单个 $>0.3\ \text{m}^2$ 的孔洞、独立柱及与天棚相连的窗帘盒所占的面积	1. 各种吊顶天棚龙骨按主墙间净空面积计算，不扣除间壁墙、检查孔、附墙烟囱、柱、垛和管道所占面积。 2. 天棚基层按展开面积计算。 3. 天棚装饰面层按主墙间实钉（胶）面积以"m²"计算，不扣除间壁墙、检查孔、附墙烟囱、柱、垛和管道所占面积，但应扣除 0.3 m² 以上的孔洞、独立柱、灯槽及与天棚相连的窗帘盒所占的面积

任务一：某单层建筑物如图5-5所示，已知：轴线均为墙中心线，内外墙厚均为240 mm，C—1：1 500 mm×2 100 mm；C—2：2 400 mm×2 100 mm，均为双层的空腹钢窗；M—1：1 500 mm×3 100 mm，为平开有亮玻璃门。内墙上 M—2：1 000 mm×3 100 mm，为半玻璃镶板门。天棚抹灰做法如下：(1)7 mm厚1：3水泥砂浆；(2)5 mm厚1：2水泥砂浆，请编制房间天棚抹灰的清单的工程量。完成天棚抹灰的清单综合单价的确定，管理费按"人工费＋机械费"的18％记取，利润按"人工费＋机械费"的13％记取。根据工程量清单表(表5-50)确定综合单价并填表(表5-51)。

表 5-50 分部分项工程量清单

序号	项目编码	项目名称	项目特征	计量单位	工程数量
1	011301001001	天棚抹灰	7 mm厚1：3水泥砂浆；5 mm厚1：2水泥砂浆	m²	80.31

表 5-51 分部分项工程量清单综合单价分析表

序号	项目编码（定额编号）	项目名称	单位	数量	综合单价/元	合价/元	综合单价组成/元			
							人工费	材料费	机械费	管理费和利润
1	011301001001	天棚抹灰	m²	80.31	20.18	1 620.70	12.71	3.26	0.21	4.01
	B3—5	天棚抹灰	100 m²	0.803	2 018.06	1 620.70	1 271.20	325.68	20.69	400.49

天棚抹灰清单工程量计算过程如下：

S＝(7.20－0.24)×(8.10－0.24)＋(3.60－0.24)×(3.00－0.24)＋(3.60－0.24)×(5.10－0.24)＝80.31(m²)

计价工程量同清单工程量：天棚抹灰为80.31 m²。

任务二：已知室内净高为3.3 m，四樘窗洞口尺寸均为1 200 mm×1 500 mm，门洞口高为2.2 m。一房间按图5-7所示尺寸进行吊顶，轻钢龙骨，石膏板面层。请编制房间天棚吊顶的清单的工程量。完成此房间天棚吊顶的清单综合单价的确定，管理费按"人工费＋机械费"的18％记取，利润按"人工费＋机械费"的13％记取。根据工程量清单表(表5-52)确定综合单价并填表(表5-53)。

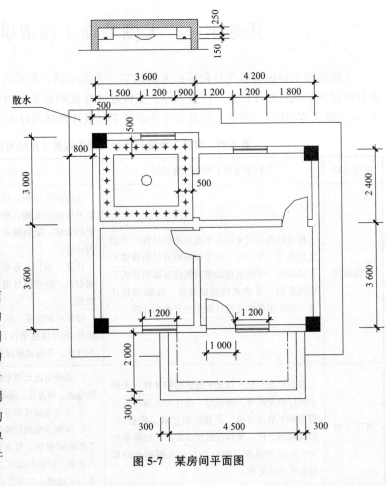

图 5-7 某房间平面图

表 5-52　分部分项工程量清单

序号	项目编码	项目名称	项目特征	计量单位	工程数量
1	011302001001	吊顶天棚	轻钢龙骨中距 450×450，石膏板面层；嵌缝材料为嵌缝膏	m²	9.27

表 5-53　分部分项工程量清单综合单价分析表

序号	项目编码(定额编号)	项目名称	单位	数量	综合单价/元	合价/元	综合单价组成/元			
							人工费	材料费	机械费	管理费和利润
1	011302001001	吊顶天棚	m²	9.27	114.90	1 065.12	30.31	74.55	0.49	9.55
	B3—44	铝合金龙骨跌级	100 m²	0.093	7 973.62	739.15	1 732.50	5 639.72	49.10	552.30
	B3—115 换	石膏板面层	100 m²	0.105	2 428.68	255.01	867.79	1 291.88		269.01
	B3—315	嵌缝	100 m²	0.105	675.11	70.95	278.60	310.14		86.37

天棚吊顶的清单工程量按设计图示以水平投影面积计算。天棚面中的灯槽及跌级、锯齿形、吊挂式、藻井式天棚面积不展开计算。不扣除间壁墙、检查口、附墙烟囱、柱、垛和管道所占的面积，扣除单个>0.3 m² 孔洞、独立柱及与天棚相连的窗帘盒所占的面积。

天棚吊顶清单工程量计算过程如下：

$$S_{清}=(3.6-0.24)\times(3-0.24)=9.27(m^2)$$

分析工作内容：基层清理、吊杆安装、龙骨安装、基层板铺贴、面层铺贴、嵌缝、刷防护材料。

此清单组定额项目包括：铝合金龙骨、石膏板饰面和嵌缝三项。

龙骨、面层和嵌缝的计价工程量计算过程如下：

(1)铝合金吊顶龙骨工程量=(3.6-0.24)×(3-0.24)=9.27(m²)

(2)石膏板吊顶面层工程量=9.27+(3.6-0.24-0.5×2)×2×0.15+(3-0.24-0.5×2)×2×0.15=10.51(m²)

(3)嵌缝工程量同石膏板饰面工程量=10.51 m²

任务十二　措施项目清单计价

一、措施项目清单费的概述

措施项目费应根据招标文件中的措施项目清单及投标时拟定的施工组织设计或施工方案按规范规定自主确定。

鉴于清单编制人提出的措施项目工程量清单是根据一般情况确定的，没有考虑不同投标人"个性"，投标人可以在报价时根据企业的实际情况增减措施费项目内容报价。承包商在措施项目工程量清单计价时，根据编制的施工方案或施工组织设计，对于措施项目工程量清单中认为不发生的，其费用可以填写为零；对于实际需要发生，而工程量清单项目中没有的，可以自行填写增加，并报价。

1. 可以计算工程量的措施项目即单价措施项目

措施项目清单计价应根据拟建工程的施工组织设计，可以计算工程量的措施项目，应按工程量清单的方式采用综合单价计价。

2. 以"项"为单位的措施项目即其他总价措施项目

该类措施项目计价时，应计取人工费、材料费、施工机械使用费、企业管理费、利润和一定范围内的风险，不计取规费和税金，填写相应所需金额。

3. 安全生产、文明施工费

安全生产、文明施工费即在合同履行中为保证安全施工、文明施工，保护现场内外环境所采用的措施发生的费用。措施项目清单中的安全生产、文明施工费必须按照国家或省级、行业建设主管部门的规定计价，不得作为竞争性费用。

根据《中华人民共和国安全生产法》《中华人民共和国建筑法》《建设工程安全生产管理条例》《安全生产许可证条例》等法律、法规的规定，2005 年 6 月 7 日，原建设部办公厅印发了"关于印发《建筑工程安全防护、文明施工措施费及使用管理规定》的通知"（建办〔2005〕89 号），将安全文明施工费纳入国家强制性管理范围，规定"投标方安全防护、文明施工措施的报价，不得低于依据工程所在地工程造价管理机构测定费率计算所需费用总额的 90％"。2006 年 12 月 8 日，财政部、国家安全生产监督管理总局印发《高危行业企业安全生产费用财务管理暂行办法》（财企〔2006〕478 号）第八条规定："建筑施工企业提取的安全费用列入工程造价，在竞标时，不得删减。"根据以上规定，并考虑安全生产、文明施工的管理与要求日益提高，《计价规范》规定了措施项目清单中的安全生产、文明施工费不得作为竞争性费用，招标人不得要求投标人对于该项费用进行优惠，投标人也不得将该项费用用于参与市场竞争。

【例】 某省定额规定：安全防护、文明施工费按照建设工程项目的实体部分与可竞争措施项目的人工费与机械费之和乘以定额给定的系数或自己测算的系数计算。若分部分项工程费中人工费加机械费为 300 万元，可竞争措施项目包括混凝土、钢筋混凝土模板及支架为 50 万元，其中人工费加机械费为 15 万元；脚手架为 20 万元，其中人工费加机械费为 6 万元；垂直运输费为 40 万元，其中人工费加机械费为 12 万元。若参考该省定额，安全生产、文明施工费系数为 10.90％。试求该工程在编制招标控制价时应考虑的安全生产、文明施工费。

解： $(300+15+6+12)×10.90％＝36.297（万元）$

二、措施项目费的计算方法

1. 定额分析法

定额分析法是指凡是可以套用定额的项目，通过先计算工程量，然后再套用定额分析出工料机消耗量，最后根据各项单价和费率计算出措施项目费的方法。例如，脚手架搭拆费可以根据施工图算出搭设的工程量，然后套用定额、选定单价和费率，计算出除规费和税金外的全部费用。此方法适用于单价措施项目清单计价的编制。

2. 系数计算法

系数计算法是采用与措施项目有直接关系的分部分项清单项目费为计算基础，乘以措施项目费系数，求得措施项目费。例如，临时设施费可以按分部分项清单项目费乘以选定的系数（或百分率）计算出该项费用。计算措施项目费的各项系数是根据已完工程的统计资料，通过分析计算得到的。此方法适用于总价措施项目清单计价的编制。

3. 方案分析法

方案分析法是通过编制具体的措施实施方案，对方案所涉及的各项费用进行分析计算后，汇总成某个措施项目费。

 测试题

1. 工程量清单报价的编制依据包括哪些？
2. 土建和装饰工程中哪些项目清单的工程量与计价工程量不同？
3. 综合单价包括哪些内容？综合单价的计算方法有哪几种？
4. 确定综合单价时工程风险的确定原则是什么？
5. 清单中有梁板的清单工程量如何确定？综合单价如何确定？

工程量清单报价编制实例

学习目标

掌握清单计价编制原理。

学习重点

投标报价编制；根据相关文件规定对街道办公楼进行招标，发布招标公告和发售招标文件，承包人根据招标文件和施工图纸编制投标报价。

学习步骤

按清单计价编制的步骤学习：招标工程量清单的复核与计算—编制综合单价—填写分部分项和单价措施清单费用—填写总价措施项目清单费用—填写其他项目清单费用—填写税前项目清单费用—利用前述数据计算规费、税金项目清单费用—填写单位工程汇总表—填写编制说明和封面—整理、校核和打印。

采用综合费用法计算综合单价是以企业定额、预算定额等消耗量定额为主要依据计算的方法。该方法只采用定额的工料机消耗量，不用任何货币量。其特点是较适合于由施工企业自主确定工料机单价，自主确定管理费、利润的综合单价确定。

编制步骤

(1)考虑下挂子目问题，根据《计算规范》工作内容列出相应的定额项目，可能挂一个或者几个子目。

(2)将定额填入工程量清单综合单价分析表。这个步骤分两步来完成：第一步计算施工工程量和定额人、材、机费用；第二步进行清单项目组价，求出综合单价，这一步要考虑信息价的代入计算。

任务一 土方工程工程量清单综合单价的编制

一、任务布置

(1)根据土方部分的平整场地、挖基础土方和回填土的招标工程量清单的项目特征描述和《计算规范》工作内容列出相应的定额项目。

(2)计算每项定额的工程量：包括主项和附项。

(3)填写综合单价分析表并计算出综合单价。

二、工作任务单

基础土方综合单价计算任务单见表6-1。

表6-1 基础土方综合单价计算工作任务单

工作任务：计算基础土方工程的综合单价			
授课时间	第 周第 次	班级	

工作任务描述：根据施工图纸、13清单规范和河北省2012预算定额计算规则的要求，通过教师提供的参考书、教学课件、影像资料，自己查阅参考资料，在教师的指导下完成垫层模板和基础土方的综合单价计算。

具体工作任务：

(1)获得相关资料与信息。

1)教材图纸资料、招标工程量清单表。

2)房屋建筑与装饰工程工程量计算规范。

3)熟悉基础土方的清单的工作内容，结合工程实际并根据预算定额进行列项。

消耗量定额(上)　　消耗量定额(下)

4)熟悉土石方工程相关的定额工程量的计算规则。

(2)计算综合单价的思路。

识图→明确分项工程清单规范工作内容→列项→找定额计算规则→写出计算公式→填写清单综合单价分析表→计算每个分项工程清单的综合单价。

(3)工程量的计算要求。

1)计算过程按照施工图纸，循着一定的计算顺序依次进行。

2)列项要正确，项目要齐全，项目特征描述完整。

3)工程量计算一定要与2012河北省建筑工程消耗量定额规则一致。

4)计量单位要与计算规则一致。

5)工程量计算结果保留两位小数。

(4)综合单价分析表填写要求。

1)先按照招标人已给的分部分项工程量清单与计价表填写清单的项目编码、项目名称、单位和数量。

2)分析规范的基础土方的工作内容列出定额项目，填写定额编号、项目名称、定额单位、数量，填写定额人、材和机，并计算管理费和利润。

3)将定额的人、材、机、管理费和利润加起来填写综合单价和合价。

4)将列出的定额项目合价加起来填写分项清单的合价，将此合价除以清单数量即可计算出清单的综合单价。

(5)提交计算结果，并评定成绩。

(6)讨论、总结和反思学习过程。

学习条件：

(1)多媒体教室。

(2)图纸、定额、课件、图片、题库和网络。

(3)学习任务单。

土方工程工程量计算见表 6-2。

表 6-2 计价工程量计算表(按预算定额工程量计算规则计算)

工程名称:街道办公楼工程

序号	项目编码	项目名称		单位	工程数量	预算定额工程量计算式
		附录A 土石方工程				
1	010101001001	平整场地	主项	m²	163.17	$S=(11+0.05\times2)\times(14.6+0.05\times2)=163.17(\text{m}^2)$
			附项			
2	010101003001	挖沟槽土方	主项	m³	325.53	工作面宽 300 mm,放坡系数:0.33 $V=(1.1+0.1\times2+0.3\times2+0.33\times1.6)\times14.23\times2\times1.6+(1+0.1\times2+0.3\times2+0.33\times1.6)\times10.63\times2\times1.6+(1.2+0.1\times2+0.3\times2+0.33\times1.6)\times(14.23-1.8)\times2\times1.6+(1+0.1\times2+0.3\times2+0.33\times1.6)\times(10.63-1.9-2\times2)\times2\times1.6=325.53(\text{m}^3)$
		土方外运运距:4 km	附项	m³	325.53	土方外运:325.53 m³
		基底钎探	附项	m²	203.46	$S=(1.1+0.1\times2+0.3\times2+0.33\times1.6)\times14.23\times2+(1+0.1\times2+0.3\times2+0.33\times1.6)\times10.63\times2+(1.2+0.1\times2+0.3\times2+0.33\times1.6)\times(14.23-1.8)\times2+(1+0.1\times2+0.3\times2+0.33\times1.6)\times(10.63-1.9-2\times2)\times2=203.46(\text{m}^2)$
3	010103001001	基础回填土	主项	m³	250.85	按实际挖方体积: $V=$挖方体积$-$室外地坪以下基础体积$=325.53-114.7\times0.1$(垫层)$-(1.1\times14.23\times2+1\times10.63\times2+1.2\times13.23\times2+1\times7.13\times2)\times0.25$(带形基础)$-[0.477\times(14.23\times2+10.63\times2)+0.314\times(14.23-0.37)\times2+0.314\times(10.63-0.37-0.24\times2)\times2]$(砖基础)$=250.85(\text{m}^3)$
		买土回填	附项	m³	250.85	买土数量:250.85 m³
4	010103001002	人工室内回填土	主项	m³	41.42	$V=[(3.9-0.24)\times(6-0.24)\times3+(3.9-0.24)\times6+(2.1-0.24)\times(10.5-0.24)+(2.7-0.24)\times6]\times(0.45-0.01-0.02-0.1)+[(2.7-0.24)\times(2.7-0.18)+(2.7-0.24)\times(3.3-0.18)]\times(0.45-0.02-0.1-0.04-0.015-0.025-0.01)=38.09+3.33=41.42(\text{m}^3)$
		买土回填	附项	m³	41.42	买土数量:41.42 m³

四、综合单价分析表

土方工程分部分项工程量清单综合单价分析表见表 6-3。

表 6-3　分部分项工程量清单综合单价分析表

序号	项目编码(定额编号)	项目名称	单位	数量	综合单价/元	合价/元	综合单价组成/元				工日单价(元/工日)
							人工费	材料费	机械费	管理费利利润	
1	010101001001	平整场地	m²	163.17	1.54	251.28	1.43			0.12	47.00
	A1-39	人工平整场地	100 m²	1.632	154.32	251.85	142.88			11.44	47.00
2	010101003001	土壤类别：三类土	m³	183.52	81.11	14 884.71	8 627.82	50.95	5 107.16	1 098.78	47.00
	A1-15	人工挖沟槽三类土(深度 2 m 以内)	100 m³	3.260	2 629.87	8 573.38	2 435.07			194.80	47.00
	A1-240	人工钎探	100 m²	2.030	344.88	700.11	296.10	25.10		23.68	47.00
	A1-151	装载机装松散土(斗容量 1.5 m³)	1 000 m³	0.326	2 434.62	793.69	271.19		1 983.09	180.34	47.00
	A1-167换	自卸汽车运土(载重 12 t)运距 5 km 以内	1 000 m³	0.326	14 777.69	4 817.53			13 683.05	1 094.64	
3	010103001001	土质要求：含砾石粉质黏土	m³	108.84	81.63	8 884.61	32.35		43.23	6.04	47.00
	A1-41	人工回填土，夯填	100 m³	2.590	1 709.06	4 426.47	1 332.45		250.01	126.60	47.00
	A1-151	装载机装松散土(斗容量 1.5 m³)	1 000 m³	0.259	2 434.62	630.57	271.19		1 983.09	180.34	47.00
	A1-167换	自卸汽车运土[自卸汽车运(载重 12 t)运距 1 km 以内 20 km 以内每增加 1 km(3)]	1 000 m³	0.259	14 777.69	3 827.42			13 683.05	1 094.64	
4	010103001002	土(石)方回填	m³	42.46	48.56	2 061.86	20.48	1.00	18.6	8.49	47.00
	[52]B1-1	素土垫层	10 m³	4.246	315.39	1 339.15	202.10	10.00	31.02	72.27	47.00
	A1-151	装载机装松散土(斗容量 1.5 m³)	1 000 m³	0.042	2 434.62	102.25	271.19		1 983.09	180.34	47.00
	A1-167换	自卸汽车运土[自卸汽车运(载重 12 t)运距 1 km 以内 20 km 以内每增加 1 km(3)]	1 000 m³	0.042	14 777.69	620.66			13 683.05	1 094.64	

任务二 建筑工程砌筑工程的工程量清单综合单价的编制

一、任务布置

(1)根据砌筑部分的招标工程量清单的项目特征描述和《计算规范》工作内容列出相应的定额项目。

(2)计算每项定额的工程量:包括主项和附项。

(3)填写综合单价分析表计算出综合单价。

二、工作任务单

砖基础、砖墙综合单价计算工作任务单见表6-4。

表6-4 砖基础、砖墙综合单价计算工作任务单

工作任务:计算砖基础、砖墙的综合单价			
授课时间	第 周第 次	班级	

工作任务描述:根据施工图纸、13清单规范和河北省2012预算定额计算规则的要求,通过教师提供的参考书、教学课件、影像资料,自己查阅参考资料,在教师的指导下完成砖基础和混凝土基础垫层的综合单价计算。

具体工作任务:

(1)获得相关资料与信息。

1)教材图纸资料、招标工程量清单。

2)房屋建筑与装饰工程工程量计算规范。

3)熟悉砖基础、砖墙体清单的工作内容并根据定额进行列项。

4)熟悉砖基础、防潮层和砖墙的定额工程量的计算规则。

(2)计算综合单价的思路。

识图→明确分项工程清单工作内容→列项→找定额计算规则→写出计算公式→填写清单综合单价分析表→计算每个分项工程清单的综合单价

(3)工程量的计算要求。

1)计算过程按照施工图纸,循着一定的计算顺序依次进行。

2)列项要正确,项目要齐全,项目特征描述完整。

3)工程量计算一定要与2012河北省建筑工程消耗量定额规则一致。

4)计量单位要与计算规则一致。

5)工程量计算结果保留两位小数。

(4)综合单价分析表填写要求。

1)先按照招标人已给的分部分项工程量清单与计价表填写砖基础清单的项目编码、项目名称、单位、数量。

2)根据分析规范的砖基础、砖墙的工作内容列出定额项目,填写定额编号、项目名称、定额单位、数量,填写定额人、材、机,并计算管理费和利润。

3)将定额的人、材、机、管理费和利润加起来填写综合单价和合价。

4)将列出的定额项目合价加起来填写分项清单的合价,将此合价除以清单数量即可计算出清单的综合单价。

(5)提交计算结果,并评定成绩。

(6)讨论、总结、反思学习过程。

学习条件:

(1)多媒体教室。

(2)图纸、定额、课件、图片、题库和网络。

(3)学习任务单。

街道办公楼工程建筑工程计价工程量计算实例见表 6-5。

表 6-5　计价工程量计算表(按预算定额工程量计算规则计算)

序号	项目编码	项目名称		单位	工程数量	预算定额工程量计算式
		附录 D　砌筑工程				
1	010401001001	主项	M7.5 水泥砂浆 砖基础	m³	43.87	外墙砖基础 $=[(0.37+0.06\times2)\times0.12+(1.7-0.12-0.24)\times0.37]\times[(10.5+0.065\times2)+(14.1+0.065\times2)]\times2=27.57(m^3)$ 内墙砖基础 $=[(0.24+0.06\times2)\times0.12+(1.7-0.12-0.24)\times0.24]\times[(14.23-0.37)\times2+(10.63-0.37-0.24\times2)\times2]\times2=17.26(m^3)$ 扣除：嵌入砖基础构造柱 $=0.24\times0.24\times(1.7-0.24)\times9+(0.03\times3\times4+0.03\times2\times1+0.03\times2\times3+0.03\times2\times1)\times0.24\times(1.7-0.24)=0.957(m^3)$
		附项	1:3 水泥砂浆墙基	m²	29.22	$S=0.37\times[(10.5+0.065\times2)+(14.1+0.065\times2)]\times2-0.24\times0.24\times6+0.24\times[(14.23-0.37)\times2+(10.63-0.37-0.24\times2)\times2]-0.24\times0.24\times3=29.22(m^2)$
2	010401004001	主项	一层、二层 M5.0 混合砂浆 一砖以上 砖墙	m³	101.53	一层墙体 =(墙长×墙高-门窗面积)×墙厚-圈梁体积-预制过梁体积-构造柱体积 外墙 $V_1=[(10.5+0.065\times2)+(14.1+0.065\times2)]\times2\times0.365\times(3.6-0.18)-(1.8\times2.1\times3+1.2\times1.2+1.2\times2.1\times3+1.8\times3.0)\times0.365=52.67(m^3)$ 扣除：构造柱 $=0.24\times0.24\times(3.6-0.18)\times6+(0.03\times2\times4+0.03\times3\times1+0.03\times2\times1)\times0.24\times(3.6-0.18)=1.50(m^3)$ 扣除：预制过梁 $=[(1.8+0.5)\times4+(1.2+0.5)\times4]\times0.365\times0.12=0.7(m^3)$ 二层墙体 =(墙长×墙高-门窗面积)×墙厚-圈梁体积-预制过梁体积-构造柱体积 外墙 $V_1=[(10.5+0.065\times2)+(14.1+0.065\times2)]\times2\times0.365\times(3.6-0.18)-(1.8\times2.1\times4+1.2\times1.2+1.2\times2.1\times3)\times0.365=53.26(m^3)$ 扣除：构造柱 $=0.24\times0.24\times(3.6-0.18)\times6+(0.03\times2\times4+0.03\times3\times1+0.03\times2\times1)\times0.24\times(3.6-0.18)=1.50(m^3)$ 扣除：预制过梁 $=[(1.8+0.5)\times4+(1.2+0.5)\times4]\times0.365\times0.12=0.7\ m^3$

序号	项目编码	项目名称	单位	工程数量	预算定额工程量计算式
2	010401004001	一层、二层 M5.0 混合砂浆一砖砖墙	m³	56.27	一层内墙 $V_2=[(6-0.24)\times4+(3.9\times2-0.24)+(3.9-0.24)+(2.7-0.24)]\times0.24\times(3.6-0.18)-[1\times2.4\times3+1.2\times(3.6-0.18)]\times0.24=27.42(m^3)$ 扣除：预制过梁$=(1+0.5)\times3\times0.24\times0.12=0.13(m^3)$ 扣除：构造柱$=0.24\times0.24\times(3.6-0.18)\times3+0.03\times2\times3\times0.24\times(3.6-0.18)=0.74(m^3)$ 二层内墙 内墙 $V_2=[(6-0.24)\times4+(3.9\times2-0.24)\times2+(2.7-0.24)]\times0.24\times(3.6-0.18)-[1\times2.4\times3+1.2\times(3.6-0.18)]\times0.24=30.63(m^3)$ 扣除：构造柱$=0.24\times0.24\times(3.6-0.18)\times3+0.03\times2\times3\times0.24\times(3.6-0.18)=0.74(m^3)$ 扣除：预制过梁$=(1+0.5)\times4\times0.24\times0.12=0.173(m^3)$
		女儿墙	m³	6.3	$V=$墙长$\times$墙高$\times$墙厚$-$嵌入女儿墙的构造柱$=[(10.5+0.25\times2-0.12\times2)+(14.1+0.25\times2-0.12\times2)]\times2\times0.24\times0.56-0.24\times0.24\times0.56\times14=6.3(m^3)$
		一层、二层 M5.0 混合砂浆一砖以内砖墙	m³	1.43	一层 120 隔墙 $V_3=0.115\times(2.7-0.24)\times(3.6-0.1)-0.75\times3\times0.115=0.73(m^3)$ 扣除：预制过梁$=(0.75+0.5)\times0.115\times0.12=0.017(m^3)$ 二层 120 隔墙 $V_3=0.115\times(2.7-0.24)\times(3.6-0.1)-0.75\times3\times0.115=0.73(m^3)$ 扣除：预制过梁$=(0.75+0.5)\times0.115\times0.12=0.017(m^3)$

四、砌筑工程综合单价分析表

砌筑工程分部分项工程量清单综合单价分析表见表 6-6。

工程名称：砌筑工程

表6-6 分部分项工程量清单综合单价分析表

序号	项目编码（定额编号）	项目名称	单位	数量	综合单价/元	合价/元	综合单价组成/元				工日单价（元/工日）
							人工费	材料费	机械费	管理费利润	
1	010401001001	砖基础	m³	43.87	323.58	14 195.66	63.95	237.20	4.26	18.42	60.00
	A3－1换	砖基础［水泥砂浆 M7.5（中砂）］	10 m³	4.387	3 112.77	13 655.72	584.40	2 319.33	40.35	168.69	60.00
	A7－214	墙基防水砂浆［防水粉 5%）1∶2（中砂）］	100 m²	0.292 2	1 847.84	539.94	811.80	774.82	33.10	228.12	60.00
2	010401003001	实心砖墙（370外墙）	m³	101.530	343.46	34 871.49	77.52	239.76	4.14	22.05	60.00
	A3－4	砖砌内外墙（墙厚一砖以上）［水泥石灰砂浆 M5（中砂）］	10 m³	10.153	3 434.65	34 872.00	775.20	2 397.59	41.38	220.48	60.00
3	010401003002	实心砖墙（240内墙）	m³	56.270	343.02	19 301.74	79.86	236.61	3.93	22.62	60.00
	A3－3	砖砌内外墙（墙厚一砖）［水泥石灰砂浆 M5（中砂）］	10 m³	5.627	3 430.24	19 301.96	798.60	2 366.10	39.31	226.23	60.00
4	010401003003	实心砖墙（女儿墙）	m³	6.300	343.02	2 161.03	79.86	236.61	3.93	22.62	60.00
	A3－3	砖砌内外墙（墙厚一砖）［水泥石灰砂浆 M5（中砂）］	10 m³	0.630	3 430.24	2 161.05	798.60	2 366.10	39.31	226.23	60.00
	010401003004	实心砖墙（120内墙）	m³	1.430	374.24	535.16	98.52	244.79	3.41	27.53	60.00
	A3－2	砖砌内外墙（墙厚一砖以内）［水泥石灰砂浆 M5（中砂）］	10 m³	0.143	3 742.47	535.17	985.20	2 447.91	34.14	275.22	60.00

任务三 混凝土及钢筋混凝土工程工程量清单综合单价的编制

一、任务布置

(1)根据混凝土及钢筋混凝土部分的招标工程量清单的项目特征描述和《计算规范》工作内容列出相应的定额项目。

(2)计算每项定额的工程量：包括主项和附项。因河北省计价规程规定：现浇混凝土工程项目"工作内容"中不包括模板制作、安装、拆除，模板制作、安装和拆除按措施项目中相应项目列项。所以，混凝土项目只有一个主项。

(3)填写综合单价分析表计算出综合单价。

二、工作任务单

混凝土及钢筋混凝土工程综合单价计算工作任务单见表6-7。

表 6-7 混凝土及钢筋混凝土工程综合单价计算工作任务单

工作任务：混凝土及钢筋混凝土工程的综合单价的编制			
授课时间	第 周第 次	班级	

工作任务描述：根据施工图纸、13清单规范和河北省2012预算定额计算规则的要求，通过教师提供的参考书、教学课件、影像资料，自己查阅参考资料，在教师的指导下完成混凝土及钢筋混凝土的综合单价计算。

具体工作任务：

(1)获得相关资料与信息。

1)教材图纸资料、招标工程量清单。

2)房屋建筑与装饰工程工程量计算规范。

3)熟悉各混凝土构件项目、钢筋的清单的工作内容，结合工程实际并根据定额进行列项。

4)熟悉混凝土及钢筋工程相关的定额工程量的计算规则。

(2)计算综合单价的思路。

识图→明确分项工程清单规范工作内容→列项→找定额计算规则→写出计算公式→填写清单综合单价分析表→计算每个分项工程清单的综合单价。

(3)工程量的计算要求。

1)计算过程按照施工图纸，循着一定的计算顺序依次进行。

2)列项要正确，项目要齐全，项目特征描述完整。

3)工程量计算一定要与2012河北省建筑工程消耗量定额规则一致。

4)计量单位要与计算规则一致。

5)工程量计算结果保留两位小数。

(4)综合单价分析表填写要求。

1)先按照招标人已给的分部分项工程量清单与计价表填写清单的项目编码、项目名称、单位和数量。

2)根据分析规范的混凝土、钢筋工程的工作内容列出定额项目，填写定额编号、项目名称、定额单位、数量，填写定额人、材、机，并计算管理费和利润。

3)将定额的人、材、机、管理费和利润加起来填写综合单价和合价。

4)将列出的定额项目合价加起来填写分项清单的合价，将此合价除以清单数量即可计算出清单的综合单价。

(5)提交计算结果，并评定成绩。

(6)讨论、总结和反思学习过程。

学习条件：

(1)多媒体教室。

(2)图纸、定额、课件、图片、题库和网络。

(3)学习任务单。

街道办公楼工程建筑工程混凝土及钢筋混凝土工程计价工程量计算实例见表6-8。

表6-8　计价工程量计算表(按预算定额工程量计算规则计算)

序号	项目编码	项目名称		单位	工程数量	预算定额工程量计算式
1	010501001001	主项	基础垫层	m³	11.47	$V=(1.3\times14.23\times2+1.2\times10.63\times2+1.4\times13.03\times2+1.2\times6.53\times2)\times0.1=11.47(m^3)$
		附项				
2	010501002001	主项	带形基础	m³	29.96	$V=$带形基础的截面面积×基础长$=1.1\times0.25\times14.23\times2+1\times0.25\times2\times10.63\times2+1.2\times0.25\times13.23\times2+1\times0.25\times7.13\times2=29.96(m^3)$
		附项				
3	010502002001	主项	构造柱	m³	5.88	$V=0.24\times0.24\times(1.7+7.2)\times9+(0.03\times2\times4+0.03\times3\times1+0.03\times2\times3+0.03\times2\times1)\times0.24\times[(1.7-0.24)+(3.6-0.18)\times2]=5.43(m^3)$ $V_{女}=0.24\times0.24\times0.56\times14=0.45(m^3)$
		附项				
4	010503004001	主项	一层、二层圈梁	m³	7.16	$V_{QL1}=0.24\times0.18\times(10.4+14.1)\times2=2.13(m^3)$ $V_{QL2}=0.24\times0.18\times[(6-0.24)\times4+(3.9-0.24)+(2.7-0.24)+(3.9\times2-0.24)]=1.586(m^3)$ 扣除:构造柱$=0.24\times0.24\times0.18\times6=0.06(m^3)$ $3.58\times2=7.16(m^3)$
		附项				
5	010503004002	主项	现浇C30混凝土地圈梁	m³	7.02	$V=0.37\times0.24\times(14.23+10.63)\times2+0.24\times0.24\times(14.1-0.12\times2)\times2+0.24\times0.24\times(10.5-0.24\times2-0.12\times2)\times2=7.143(m^3)$ 扣除:构造柱:$0.24\times0.24\times0.24\times9=0.124(m^3)$
		附项				
6	010503002001	主项	现浇C20混凝土矩形梁	m³	1.28	$V_1=0.24\times0.4\times(3.9-0.24)+0.24\times0.3\times(2.1-0.24)+0.24\times0.3\times(2.7-0.24)=0.66(m^3)$ $V_2=0.24\times0.3\times(2.1-0.24)+0.24\times0.3\times(2.7-0.24)+0.24\times0.35\times(3.9-0.24)=0.62(m^3)$
		附项				

序号	项目编码	项目名称		单位	工程数量	预算定额工程量计算式
7	010510003001	主项	预制过梁	m³	1.76	$V_1=[(1.8+0.5)\times4+(1.2+0.5)\times4]\times0.37\times0.12+(1+0.5)\times3\times0.24\times0.12+(0.75+0.5)\times0.12\times0.12=0.86(\text{m}^3)$ $V_2=[(1.8+0.5)\times4+(1.2+0.5)\times4]\times0.37\times0.12+(1+0.5)\times4\times0.24\times0.12+(0.75+0.5)\times0.12\times0.12=0.90(\text{m}^3)$
		附项				
8	010505003001	主项	一层、二层楼板	m³	26.52	$V_1=(3.6-0.24)\times(6-0.24)\times4\times0.12+(2.7-0.24)\times(6-0.24)\times0.1+(3.9\times2-0.24)\times(2.1-0.24)\times0.1+(2.7-0.24)\times(2.1-0.24)\times0.1=12.57(\text{m}^3)$ $V_2=(3.6-0.24)\times(6-0.24)\times4\times0.12+(2.7-0.24)\times(6-0.24)\times2\times0.1+(3.9\times2-0.24)\times(2.1-0.24)\times0.1+(2.7-0.24)\times(2.1-0.24)\times0.1-0.7\times0.6\times0.1=13.95(\text{m}^3)$
		附项				
9	010505006001	主项	现浇C20混凝土栏板	m³	0.25	雨篷上栏板$=0.38\times0.06\times[(1.2-0.03)\times2+(3.0+0.24-0.06)]=0.13(\text{m}^3)$ 屋面上人孔栏板$=0.5\times0.08\times[(0.7+0.08)+(0.6+0.08)]\times2=0.12(\text{m}^3)$
		附项				
10	010505007001	主项	现浇C20混凝土挑檐	m³	2.79	$V=0.5\times0.08\times[(11+14.6)\times2+4\times0.5]+0.12\times0.1\times[(11+14.6)\times2+8\times0.5]=2.79(\text{m}^3)$
		附项				
11	010505008001	主项	现浇C20混凝土雨篷	m³	0.60	$V=1.2\times(3.9+0.24)\times0.12=0.60(\text{m}^3)$
		附项				
12	010506001001	主项	现浇C20混凝土楼梯	m³	2.66	$L_{斜}=(3.3^2+1.8^2)^{0.5}=3.76(\text{m})$ $V=1.18\times L_{斜}\times0.14\times2+0.3\times0.15\times0.5\times1.18\times11\times2+[0.2\times0.35\times2.46+0.2\times0.35\times(2.7+0.37)+0.15\times0.1\times1.18]+(1.8-0.2)\times2.7\times0.1=2.66(\text{m}^3)$
		附项				

序号	项目编码		项目名称	单位	工程数量	预算定额工程量计算式
13	010505003002	主项	楼梯间现浇C20混凝土楼板	m³	0.14	$V=(1.02-0.24-0.2)\times(2.7-0.24)\times$ $0.1=0.14(m^3)$
		附项				
14	010507001001	主项	混凝土散水	m²	44.46	$S=[(11+14.6)\times2+4\times0.9-(4.2+0.3\times4)]\times$ $0.9=44.46(m^2)$
		附项				
15	010507003001	主项	混凝土台阶	m²	4.32	$S=(4.2+0.3\times4)\times0.3\times2+0.3\times2\times1.8$ $=4.32(m^2)$
		附项				
16	010507004001	主项	混凝土压顶	m³	2.13	$V=(0.24\times0.24-0.12\times0.12)\times(10.5+14.1)\times$ $2=2.13(m^3)$
		附项				
17	010503005001	主项	现浇混凝土过梁（一层及二层）	m³	0.147	$V=(1.2+0.5)\times0.24\times0.18\times2=0.147(m^3)$
		附项				
18	010515001001	主项	现浇构件钢筋	t		
		附项				

四、钢筋混凝土及钢筋混凝土工程综合单价分析表

钢筋混凝土及钢筋混凝土工程综合单价分析表见表6-9。

工程名称：混凝土及钢筋混凝土工程

表6-9 分部分项工程清单综合单价分析表

序号	项目编码（定额编号）	项目名称	单位	数量	综合单价/元	合价/元	综合单价组成/元				工日单价（元/工日）
							人工费	材料费	机械费	管理费和利润	
1	010501001001	垫层	m³	11.47	269.29	3 088.76	77.28	158.52	7.27	26.21	60.00
	[52]B1—24换	混凝土垫层［现浇混凝土（中砂碎石）C10—40］	10 m³	1.147	2 692.86	3 088.71	772.80	1 585.21	72.73	262.12	60.00
2	010501002001	带形基础	m³	29.96	313.16	9 382.27	56.16	217.17	19.42	20.41	60.00
	A4—3 换	现浇钢筋混凝土带形基础［现浇混凝土（中砂碎石）C30—40］	10 m³	2.996	3 131.56	9 382.27	561.60	2 171.65	194.24	204.07	60.00
3	010502002001	构造柱	m³	5.88	408.52	240.21	149.94	203.62	11.40	43.56	60.00
	A4—18	现浇钢筋混凝土构造柱［现浇混凝土（中砂碎石）C20—40］	10 m³	0.588	4 085.23	2 402.11	1 499.4	2 036.24	113.98	435.61	60.00
4	010503004001	圈梁	m³	7.16	389.49	2 788.74	139.92	203.01	6.92	39.64	60.00
	A4—23	现浇钢筋混凝土圈梁弧形圈梁［现浇混凝土（中砂碎石）C20—40］	10 m³	0.716	3 894.89	2 788.74	1 399.20	2 030.05	69.18	396.46	60.00
5	010503004002	地圈梁	m³	7.02	403.83	2 834.89	139.92	217.35	6.92	39.64	60.00
	A4—23 换	现浇钢筋混凝土圈梁弧形圈梁［现浇混凝土（中砂碎石）C30—40］	10 m³	0.702	4 038.35	2 834.92	1 399.20	2 173.51	69.18	396.46	60.00
6	010503002001	矩形梁	m³	1.28	330.95	423.62	90.06	202.26	11.27	27.36	60.00
	A4—21	现浇钢筋混凝土单梁连续梁［现浇混凝土（中砂碎石）C20—40］	10 m³	0.128	3 309.51	423.62	900.60	2 022.61	112.71	273.59	60.00
7	010510003001	预制过梁	m³（根）	1.76	341.8	601.57	78.6	201.35	31.99	29.86	60.00
	A4—74 换	预制钢筋混凝土过梁［预制混凝土（中砂碎石）C20—40］	10 m³	0.176	3 417.94	601.56	786.00	2013.47	319.88	298.59	60.00

序号	项目编码(定额编号)	项目名称	单位	数量	综合单价/元	合价/元	综合单价组成/元				工日单价(元/工日)
							人工费	材料费	机械费	管理费和利润	
8	010505003001	平板(一层及二层)	m³	26.52	328.19	8 703.60	78.48	213.94	11.48	24.29	60.00
	A4—35	现浇钢筋混凝土平板[现浇混凝土(中砂碎石)C20—20]	10 m³	2.652	3 281.93	8 703.68	784.80	2 139.39	114.84	242.90	60.00
9	010505006001	栏板	m³	0.25	395.84	98.96	131	209.88	15.44	39.52	60.00
	A4—51	现浇钢筋混凝土直形栏板[现浇混凝土(中砂碎石)C20—20]	10 m³	0.025	3 958.48	98.96	1 309.80	2 098.72	154.58	395.38	60.00
10	010505007001	天沟、挑檐板	m³	2.79	417.49	1 164.8	134.7	227.03	15.28	40.49	60.00
	A4—50	现浇钢筋混凝土挑檐天沟[现浇混凝土(中砂碎石)C20—20]	10 m³	0.279	4 174.95	1 164.81	1 347.00	2 270.25	152.76	404.94	60.00
11	010505008001	雨篷、阳台板	m³	0.6	414.28	248.57	136.43	219.75	16.73	41.35	60.00
	A4—45	现浇钢筋混凝土雨篷[现浇混凝土(中砂碎石)C20—20]	10 m³	0.06	4 142.82	248.57	1 364.4	2 197.57	167.29	413.56	60.00
12	010506001001	直形楼梯	m²	12.74	91.38	1 164.14	33.39	44.11	3.83	10.05	60.00
	A4—47	现浇钢筋混凝土整体楼梯[现浇混凝土(中砂碎石)C20—20]	10 m³	0.266	4 376.48	1 164.14	1 599.00	2 112.57	183.61	481.30	60.00
13	010505003002	平板(楼梯间)	m³	0.14	328.21	45.95	78.5	213.93	11.5	24.29	60.00
	A4—35	现浇钢筋混凝土平板(中砂碎石)C20—20]	10 m³	0.014	3 281.93	45.95	784.80	2 139.39	114.84	242.90	60.00
14	010507001001	散水、坡道	m²	44.46	78.9	3 507.89	34.48	33.81	1.02	9.59	60.00
	A4—61	现浇散水、混凝土一次抹光水泥砂浆[现浇混凝土(中砂碎石)C15—40,水泥砂浆1:1(中砂),灰土3:7,普通沥青砂浆1:2:7(中砂)]	100 m²	0.445	7 882.59	3 507.75	3 444.60	3 377.92	102.38	957.69	60.00

序号	项目编码(定额编号)	项目名称	单位	数量	综合单价/元	合价/元	综合单价组成/元				工日单价(元/工日)
							人工费	材料费	机械费	管理费和利润	
15	010507003001	混凝土台阶	m²	4.32	102.94	444.68	40.36	49.80	18.53	113.98	60.00
	A4-66	现浇混凝土台阶[现浇混凝土(中砂碎石)C15-40]	100 m²	0.043	10 341.38	444.68	4 036.2	4 980.09	185.29	1 139.80	60.00
16	010507004001	混凝土压顶	m³	2.13	437.27	931.39	155.04	220.74	15.46	46.03	60.00
	A4-53	现浇钢筋混凝土压顶[现浇混凝土(中砂碎石)C20-20]	10 m³	0.213	4 372.71	931.39	1 550.40	2 207.39	154.58	460.34	60.00
17	010503005001	现浇混凝土过梁(一层及二层)	m³	0.147	414.58	60.94	151.56	207.79	11.27	43.96	60.00
	A4-24	现浇钢筋混凝土过梁[现浇混凝土(中砂碎石)C20-40]	10 m³	0.015	4 145.84	62.19	1 515.60	2 077.89	112.71	439.64	60.00
18	010515001001	现浇构件钢筋	t	7.649	5 521.99	42 237.76	622.37	4 599.09	104.33	196.21	60.00
	A4-330	现浇构件钢筋(10以内)	t	3.442	5 530.98	19 037.63	799.86	4 444.39	55.72	231.01	60.00
	A4-331	现浇构件钢筋(20以内)	t	4.028	5 527.43	22 264.49	483.6	4 728	145.87	169.96	60.00
	A4-332	现浇构件钢筋(20以外)	t	0.179	5 227.03	935.64	331.98	4 672.87	104.37	117.81	60.00

任务四　屋面防水、保温和隔热工程工程量清单综合单价的编制

一、任务布置

(1)根据屋面防水和保温工程部分的招标工程量清单的项目特征描述和《计算规范》工作内容列出相应的定额项目。

(2)计算每项定额的工程量：包括主项和附项。根据河北省计价规程规定：屋面卷材防水、涂膜防水"工作内容"中包括铺保护层，铺保护层不再单独列项。

(3)填写综合单价分析表计算出综合单价。

二、工作任务单

屋面防水及保温工程综合单价的计算工作任务单见表6-10。

表6-10　屋面防水及保温工程综合单价的计算工作任务单

工作任务：屋面防水及保温工程综合单价的编制			
授课时间	第　周第　次	班级	

工作任务描述：根据施工图纸、13清单规范和河北省2012预算定额计算规则的要求，通过教师提供的参考书、教学课件、影像资料，自己查阅参考资料，在教师的指导下完成屋面保温及防水工程的综合单价计算。

具体工作任务：

(1)获得相关资料与信息。

1)图纸资料、招标工程量清单表。

2)房屋建筑与装饰工程工程量计算规范。

3)熟悉屋面防水及保温工程的清单的工作内容，结合工程实际并根据定额进行列项。

4)熟悉屋面保温及防水工程相关的定额工程量的计算规则。

5)已给出的屋面防水及保温工程量清单。

(2)计算综合单价的思路。

识图→明确分项工程清单规范工作内容→列项→找定额计算规则→写出计算公式→填写清单综合单价分析表→计算每个分项工程清单的综合单价。

(3)工程量的计算要求。

1)计算过程按照施工图纸，循着一定的计算顺序依次进行。

2)列项要正确，项目要齐全，项目特征描述完整。

3)工程量计算一定要与2012河北省建筑工程消耗量定额规则一致。

4)计量单位要与计算规则一致。

5)工程量计算结果保留两位小数。

(4)综合单价分析表填写要求。

1)先按照招标人已给的分部分项工程量清单与计价表填写清单的项目编码、项目名称、单位和数量。

2)根据分析规范的屋面防水、保温的工作内容列出定额项目，填写定额编号、项目名称、定额单位、数量，填写定额人、材、机，并计算管理费和利润。

3)将定额的人、材、机、管理费和利润加起来填写综合单价和合价。

4)将列出的定额项目合价加起来填写分项清单的合价，将此合价除以清单数量即可计算出清单的综合单价。

(5)提交计算结果，并评定成绩。

(6)讨论、总结和反思学习过程。

学习条件：

(1)多媒体教室。

(2)图纸、定额、课件、图片、题库和网络。

(3)学习任务单。

三、计价工程量计算过程

街道办公楼工程建筑工程屋面防水、保温和隔热工程计价工程量计算实例见表 6-11。

表 6-11 计价工程量计算表(按预算定额工程量计算规则计算)

序号	项目编码	项目名称		单位	工程数量	计算式
		附录 J 屋面及防水工程				
1	010902001001	主项	屋面 SBS 卷材防水	m²	160.86	$S=$水平面$+$女儿墙立面$=(11-0.24\times2)\times$ $(14.6-0.24\times2)+0.25\times[(11-0.24\times2)+$ $(14.6-0.24\times2)]\times2=160.86(\text{m}^2)$
		附项				
2	010904002001	主项	卫生间聚氨酯防水涂膜	m²	18.48	$S=(2.7-0.24)\times(2.7-0.18)+(2.7-0.24)\times$ $(3.3-0.18)+0.25\times[(2.46+2.52)\times2+(2.46+$ $3.12)\times2-0.75\times2-1.2]=18.48(\text{m}^2)$
		附项				
3	010902004001	主项	屋面排水管	m	14.8	$L=(3.6\times2+0.45-0.25)\times2=14.8(\text{m})$
		附项	雨水口	个	2	2
		附项	雨水斗	个	2	
		附项	雨水箅子安装	个	2	
4	011001001001	主项	屋面聚苯板保温	m²	148.12	$S=(11-0.24\times2)\times(14.6-0.24\times2)-0.6\times$ $0.7=148.12(\text{m}^2)$
		附项				
5	011001001002	主项	1:6 水泥炉渣找坡	m³	25.43	$V=(11-0.24\times2)\times(14.6-0.24\times2)\times[0.03+$ $0.5\times(14.6-0.24\times2)\times2\%]=25.43(\text{m}^3)$
		附项				
6	011101006001	主项	1:3 水泥砂浆掺聚丙烯找平层	m²	160.86	$S=$水平面$+$女儿墙立面$=(11-0.24\times2)\times$ $(14.6-0.24\times2)+0.25\times[(11-0.24\times2)+$ $(14.6-0.24\times2)]\times2=160.86(\text{m}^2)$
		附项				
7	011001003001	主项	外墙挤塑板保温	m²	362.47	$S=(11+14.6)\times2\times(7.2+0.45)-(1.8\times2.1\times$ $7+1.2\times1.2\times2+1.2\times2.1\times6+1.8\times3)+$ $0.185\times[(1.8+2.1)\times2\times7+(1.2+1.2)\times2\times2+$ $(1.2+2.1)\times2\times6+(1.8+3\times2)]=362.47(\text{m}^2)$
		附项	聚合物砂浆	m²	362.47	同上
		附项	耐碱网格布	m²	362.47	同上
8	011001003002	主项	楼梯间内墙保温颗粒	m²	42.6	$S=6\times(3.6\times2-0.1)=42.6(\text{m}^2)$
		附项	5 mm 厚抗裂砂浆	m²	42.6	同上
		附项	耐碱网格布	m²	42.6	同上

四、保温及防水工程综合单价分析表

保温及防水工程分部分项工程量清单综合单价分析表见表 6-12。

工程名称：防水、保温工程

表 6-12 分部分项工程量清单综合单价分析表

序号	项目编码（定额编号）	项目名称	单位	数量	综合单价/元	合价/元	综合单价组成/元				工单价（元/工日）
							人工费	材料费	机械费	管理费和利润	
1	010902001001	屋面卷材防水	m²	160.860	42.91	6 902.5	5	36.57		1.35	60.00
	A7-52	SBS改性沥青防水卷材防水层，热熔一层	100 m²	1.609	2 279.78	3 668.17	263.76	1 944.80		71.22	60.00
	A7-53	SBS改性沥青防水卷材防水层，每增一层	100 m²	1.609	2 010.52	3 234.93	235.62	1 711.28		63.62	60.00
2	010904002001	涂膜防水	m²	18.480	34.81	643.29	2.91	31.11		0.78	60.00
	A7-193换	聚氨酯防水涂膜，刷涂膜两遍 2 mm厚，平面（1.5 mm厚）	100 m²	0.185	3 476.75	643.20	290.40	3 107.94		78.41	60.00
3	010902004001	屋面排水管（PVC）	m	14.800	62.74	928.55	21.57	35.36		5.83	60.00
	A7-97	塑料水落管 φ110 安装	100 m	0.148	4 583.51	678.36	1 325.40	2 900.25		357.86	60.00
	A7-99	塑料落水口（φ110）安装	10 个	0.200	351.52	70.30	206.40	89.39		55.73	60.00
	A7-101	塑料水斗（落水口 φ110）安装	10 个	0.200	479.92	95.98	177.00	255.13		47.79	60.00
	A7-103	塑料弯头落水口（含算子板）安装	10 套	0.200	428.25	85.65	235.80	128.78		63.67	60.00
4	011001001001	保温隔热屋面（聚苯板）	m²	148.120	34.54	5 116.06	1.81	32.24		0.49	60.00
	A8-212	屋面保温，聚苯板，干铺	100 m²	1.481	3 454.12	5 115.55	181.20	3 224.00		48.92	60.00
5	011001001002	保温隔热屋面（水泥炉渣）	m²	148.120	45.95	6 806.11	6.68	35.81	1.30	2.16	47.00
	A8-230	屋面保温（水泥炉渣 1:6）	10 m³	2.543	2 676.23	6 805.65	389.16	2 086.05	75.55	125.47	47.00
6	011101006001	屋面平面砂浆找平层	m²	160.860	11.46	1 843.46	5.06	4.71	0.26	1.43	60.00
	A8-219	屋面保温，水泥砂浆找平层，掺聚丙烯［水泥砂浆 1:3（中砂），素水泥浆］	100 m²	1.609	1 145.66	1 843.37	505.80	470.45	25.86	143.55	60.00

序号	项目编码 （定额编号）	项目名称	单位	数量	综合单价/元	合价/元	综合单价组成/元				工单价 （元/工日）
							人工费	材料费	机械费	管理费和利润	
7	011001003001	外墙保温隔热墙	m²	362.47	90.25	32 712.92	21.10	61.52	1.52	6.11	60.00
	A8-266	外墙保温，外墙粘贴挤塑板	100 m²	3.625	6 603.10	23 936.24	1 270.80	4 798.16	150.41	383.73	60.00
	A8-295	墙体保温，聚合物抗裂砂浆 5 mm	100 m²	3.625	2 130.69	7 723.75	732.60	1 197.76	1.99	198.34	60.00
	A8-298	墙体保温，玻纤网格布一层	100 m²	3.625	290.87	1 054.40	106.20	156.00		28.67	60.00
8	011001003002	楼梯间保温隔热墙	m²	42.6	72.9	3 105.54	18.84	48.76	0.17	5.13	60.00
	A8-279	墙体保温，胶粉聚苯颗粒保温 30 mm	100 m²	0.426	4 868.77	2 074.10	1 045.44	3 522.41	14.69	286.23	60.00
	A8-295	墙体保温，聚合物抗裂砂浆 5 mm	100 m²	0.426	2 130.69	907.67	732.60	1 197.76	1.99	198.34	60.00
	A8-298	墙体保温，玻纤网格布一层	100 m²	0.426	290.87	123.91	106.20	156.00		28.67	60.00

任务五 建筑工程单价措施项目工程量清单综合单价的编制

一、任务布置

(1)根据建筑工程单价措施项目部分的招标工程量清单的项目特征描述和《房屋建筑与装饰工程工程量计算规范》工作内容列出相应的定额项目。

(2)计算每项定额的工程量:包括主项和附项。(注意:楼梯和台阶模板清单与定额工程量不同)

(3)填写综合单价分析表,计算出综合单价。

二、工作任务单

建筑工程单价措施项目综合单价工作任务单见表 6-13。

表 6-13 建筑工程单价措施项目综合单价的计算工作任务单

工作任务:建筑工程单价措施项目综合单价的编制			
授课时间	第 周第 次	班级	

工作任务描述:根据施工图纸、13 清单规范、13 河北省计价规程和河北省 2012 预算定额计算规则的要求,通过教师提供的参考书、教学课件、影像资料,自己查阅参考资料,在教师的指导下完成建筑工程单价措施项目综合单价的计算。

具体工作任务:

(1)获得相关资料与信息。

1)图纸资料、招标工程量清单表。

2)房屋建筑与装饰工程工程量计算规范。

3)熟悉模板、脚手架和垂直运输等清单的工作内容,结合工程实际并根据定额进行列项。

4)熟悉模板、脚手架和垂直运输工程相关的定额工程量的计算规则。

5)已给出的单价措施项目的工程量清单。

(2)计算综合单价的思路。

识图→明确分项工程清单规范工作内容→列项→找定额计算规则→写出计算公式→填写清单综合单价分析表→计算每个分项工程清单的综合单价。

(3)工程量的计算要求。

1)计算过程按照施工图纸,循着一定的计算顺序依次进行。

2)列项要正确,项目要齐全,项目特征描述完整。

3)工程量计算一定要与 2012 河北省建筑工程消耗量定额规则一致。

4)计量单位要与计算规则一致。

5)工程量计算结果保留两位小数。

(4)综合单价分析表填写要求。

1)先按照招标人已给的分部分项工程量清单与计价表填写清单的项目编码、项目名称、单位和数量。

2)根据分析规范的模板、脚手架、垂直运输工作内容列出定额项目,填写定额编号、项目名称、定额单位、数量,填写定额人、材、机,并计算管理费和利润。

3)将定额的人、材、机、管理费和利润加起来填写综合单价和合价。

4)将列出的定额项目合价加起来填写分项清单的合价,将此合价除以清单数量即可计算出清单的综合单价。

(5)提交计算结果,并评定成绩。

(6)讨论、总结和反思学习过程。

学习条件:

(1)多媒体教室。

(2)图纸、定额、课件、图片、题库和网络。

(3)学习任务单。

街道办公楼工程建筑工程单价措施项目工程计价工程量计算实例见表6-14。

表6-14 计价工程量计算表(按预算定额工程量计算规则计算)

序号	项目编码		项目名称	单位	工程数量	计算式
			附录S 措施项目工程			
1	011702001002	主项	带形基础模板	m²	41.02	$S=0.25\times2\times(14.23\times2+10.63\times2+13.23\times2+7.13\times2)=45.22(\text{m}^2)$ 扣除交接处:$0.25\times1\times12+0.25\times1.2\times4=4.2(\text{m}^2)$ 小计:$45.22-4.2=41.02(\text{m}^2)$
		附项				
2	011702008001	主项	地圈梁模板	m²	45.64	①轴:$L=14.1+0.25\times2+14.1-0.12\times2-0.24\times2=27.98(\text{m})$ ④轴:27.98 m Ⓐ轴:$L=10.5+0.25\times2+10.5-0.12\times2-0.24\times2=20.78(\text{m})$ Ⓓ轴:20.78 m ②轴:$L=(14.1-0.12\times2-0.24\times2)\times2=26.76(\text{m})$ ③轴:26.76 m Ⓑ轴:$L=(10.5-0.12\times2-0.24\times2)\times2=19.56(\text{m})$ Ⓒ轴:19.56 m $S=0.24\times2\times(27.98+20.78+26.76+19.56)\times2=45.64(\text{m}^2)$
		附项				
3	011702003001	主项	构造柱模板	m²	16.75	四个角:$S=0.06\times8.3\times2\times4=3.98(\text{m}^2)$ 3个L形拐角:$S=[(0.24+0.06)\times3\times(1.7-0.24)+(0.24+0.06)\times3\times3.6\times2+0.06\times6\times8.3]=10.78(\text{m}^2)$ 1个丁字形:$S=0.06\times2\times8.3=0.996(\text{m}^2)$ 1个一字形:$S=0.06\times2\times8.3=0.996(\text{m}^2)$ 小计:$3.98+10.78+0.996\times2=16.75(\text{m}^2)$
		附项				
4	011702008002	主项	圈梁模板	m²	19.06	QL1: ④轴:$S=(0.18-0.12)\times(6-0.24)\times2+(0.18-0.1)\times(2.1-0.24)=0.84(\text{m}^2)$ ④轴:$S=(0.18-0.1)\times[(6-0.24)+(2.1-0.24)]+0.18\times(6-0.24)=1.647(\text{m}^2)$ Ⓐ轴:$S=(0.18-0.12)\times(3.9-0.24)\times2+(0.18-0.1)\times(2.7-0.24)=0.636(\text{m}^2)$ Ⓓ轴:$S=(0.18-0.12)\times(3.9-0.24)\times2+0.18\times(2.7-0.24)=0.882(\text{m}^2)$ QL2: ⑤轴:$S=(0.18-0.12)\times(6-0.24)\times2\times2=1.382(\text{m}^2)$

序号	项目编码	项目名称		单位	工程数量	计算式
4	011702008002	主项	圈梁模板	m²	19.06	⑥轴：$S=(0.18-0.12)\times(6-0.24)\times2+$ $(0.18-0.1)\times(6-0.24)+0.18\times(6-0.24)=2.19$ (m^2) ⑧轴：$S=[(0.18-0.12)+(0.18-0.1)]\times(3.9-0.24)+(0.18-0.1)\times(2.7-0.24)\times2=0.906(m^2)$ ⑨轴：$S=(0.18-0.1)\times(7.8-0.24)+(0.18-0.12)\times(3.9-0.24)\times2=1.044(m^2)$ 小计：$0.84+1.647+0.636+0.882+1.382+2.19+0.906+1.044=9.53(m^2)$ 二层模板同一层：9.53 m²
		附项				
5	011702006001	主项	矩形梁模板	m²	11.66	一层单梁模板： $S_{L-1}=[(0.4-0.12)+(0.4-0.1)+0.24]\times(3.9-0.24)=3(m^2)$ $S_{L-2}=[(0.3-0.1)\times2+0.24]\times(2.1-0.24)=1.19(m^2)$ $S_{L-3}=(0.3+0.24+0.3-0.1)\times(2.7-0.24)=1.82(m^2)$ 小计：$3+1.19+1.82=6.01(m^2)$ 二层单梁模板： $S_{L-2}=[(0.3-0.1)\times2+0.24]\times(2.1-0.24)=1.19(m^2)$ $S_{L-3}=(0.3+0.24+0.3-0.1)\times(2.7-0.24)=1.82(m^2)$ $S_{L-4}=[(0.35-0.12)+(0.35-0.1)+0.24]\times(3.9-0.24)=2.635(m^2)$ 小计：$1.19+1.82+2.635=5.645(m^2)$ 总计：$6.01+5.645=11.66(m^2)$
		附项				
6	011702016001	主项	楼板模板	m²	233.84	$S_1=3.66\times5.76\times4+2.46\times5.76+(7.8-0.24)\times1.86+2.46\times1.86=117.13(m^2)$ $S_2=117.13-0.7\times0.6=116.71(m^2)$ 小计：233.84 m²
		附项				
7	011702023001	主项	雨篷模板	m²	4.97	$S=1.2\times(3.9+0.24)=4.97(m^2)$
		附项		m²		
8	011702021001	主项	栏板模板	m²	5.66	$S=(0.38+0.12)\times(1.2\times2+3.9+0.24)+0.38\times[(3.9+0.24-0.06\times2)+(1.2-0.06)\times2]=5.66(m^2)$
		附项		m²		

序号	项目编码	项目名称		单位	工程数量	计算式
9	011702022001	主项	挑檐模板	m²	44.17	$L_{中}=(11+14.6)\times2+4\times0.5=53.2$(m) $L_{外}=(11+14.6)\times2+8\times0.5=55.2$(m) $S=0.5\times53.2+0.2\times55.2+0.12\times(55.2-0.1\times8)=44.17$(m²)
		附项				
10	011702003002	主项	女儿墙构造柱模板	m²	3.76	$S=0.24\times2\times0.56\times14=3.76$(m²)
		附项				
11	011702024001	主项	楼梯模板	m²	18.68	$S_{底}=3.424\times1.18\times2=8.08$(m²) $S_{踏步}=0.15\times12\times2\times1.18=4.248$(m²) $S_{梯-1}=(0.06+0.2+0.25)\times2.46=1.255$(m²) $S_{平台}=(1.68-0.2)\times2.46=3.64$(m²) $S_{侧}=(3.424\times0.14+0.3\times0.15\times0.5\times11)\times2=1.45$(m²) 小计：$8.08+4.25+1.26+3.64+1.45=18.68$(m²)
		附项				
12	011702021002	主项	屋面上人孔模板	m²	3.124	$S=0.5\times(0.78+0.68)\times2+(0.5+0.18)\times(0.7+0.6)+(0.5+0.1)\times(0.7+0.6)=3.124$(m²)
		附项				
13	011702027001	主项	台阶模板	m²	4.05	$S=(4.2+1.8\times2+4.2+0.3\times2+2.1\times2+4.2+0.3\times4+2.4\times2)\times0.15=4.05$(m²)
		附项				
14	011702025001	主项	压顶模板	m²	24	$S=0.12\times(11+14.6)\times2+0.12\times[(11+14.6)\times2-0.12\times8]+0.24\times[(11+14.6)\times2-0.24\times8]=24$(m²)
		附项				
15	011702029001	主项	散水模板	m²	3.29	$S=[(11+14.6)\times2+4\times0.9]\times0.06=3.29$(m²)
		附项				
16	011702016002	主项	楼梯间楼板模板	m²	1.43	$S=(1.02-0.24-0.2)\times(2.7-0.24)=1.43$(m²)
		附项				
17	011701002001	主项	外脚手架（外墙）	m²	436.02	$S=[(11+0.05\times2)+(14.6+0.05\times2)]\times2\times8.45=436.02$(m²)
		附项				

序号	项目编码	项目名称		单位	工程数量	计算式
18	011701003001	主项	里脚手架（内墙）	m²	270.61	$S_1=(6-0.24)\times4\times(3.6-0.12)+[(3.9\times2-0.24)+(3.9-0.24)+(2.7-0.24)]\times(3.6-0.1)=80.18+47.88=128.06(m^2)$ $S_2=(6-0.24)\times4\times(3.6-0.12)+[(3.9\times2-0.24)+(10.5-0.24)]\times(3.6-0.1)=80.18+62.37=142.55(m^2)$ $S=S_1+S_2=128.06+142.55=270.61(m^2)$
		附项				
19	011701003002	主项	里脚手架（内砖基础）	m²	164.08	$L_{外中}=[(10.5+0.065\times2)+(14.1+0.065\times2)]\times2=49.72(m)$ $L_{内净}=[(14.1-0.24-0.24\times2)\times2+(10.5-0.24-0.24\times2)\times2]=46.8(m)$ $S=(49.72+46.8)\times1.7=164.08(m^2)$
		附项				
20	011703001001	主项	垂直运输（建筑）	m²	326.32	$S=[(11\times14.6)+0.05\times(11+14.6)\times2]\times2=326.32(m^2)$
		附项				

四、土建工程措施项目综合单价分析表

土建工程单价措施项目工程量清单综合单价分析表见表 6-15。

工程名称：街道办公楼措施项目

表 6-15 单价措施项目工程量清单综合单价分析表

序号	项目编码（定额编号）	项目名称	单位	数量	综合单价/元	合价/元	综合单价组成/元				工日单价（元/工日）
							人工费	材料费	机械费	管理费和利润	
1	011701002001	外脚手架	m²	436.020	16.30	7 107.13	4.22	9.66	1.00	1.41	60.00
	A11—4	双排外墙脚手架（外墙高度在 9 m 以内）	100 m²	4.360	1 629.82	7 106.02	422.40	966.41	99.97	141.04	60.00
2	011701003001	里脚手架	m²	270.610	3.14	849.72	2.00	0.48	0.10	0.57	60.00
	A11—20	内墙砌筑脚手架 3.6 m 以内	100 m²	2.706	314.29	850.47	199.80	48.46	9.52	56.51	60.00
3	011701003002	里脚手架	m²	164.08	3.14	515.75	2.00	0.48	0.10	0.57	60.00
	A11—20	内墙砌筑脚手架 3.6 m 以内	100 m²	1.641	314.29	515.75	199.80	48.46	9.52	56.51	60.00
4	011702001001	基础模板	m²	15.770	43.55	686.78	6.53	34.53	0.57	1.92	60.00
	A12—77	现浇混凝土基础垫层木模板 [水泥砂浆 1：2（中砂）]	100 m²	0.158	4 346.44	686.74	651.60	3 446.07	57.35	191.42	60.00
5	011702001002	基础模板	m²	41.020	43.61	1 788.88	16.16	18.52	3.59	5.33	60.00
	A12—4	现浇钢筋混凝土（无梁式）带形基础组合式钢模板 [水泥砂浆 1：2（中砂）]	100 m²	0.410	4 362.73	1 788.72	1 617.00	1 853.31	358.92	533.50	60.00
6	011702008001	地圈梁模板	m²	45.640	39.91	1 821.49	18.28	15.25	1.13	5.24	60.00
	A12—22	现浇圈梁（直形）组合式钢模板 [水泥砂浆 1：2（中砂）]	100 m²	0.456	3 994.02	1 821.27	1 830.00	1 526.06	113.27	524.69	60.00
7	011702003001	构造柱模板	m²	16.75	50.47	845.41	21.66	20.16	2.29	6.46	60.00
	A12—17	现浇矩形柱组合式钢模板	100 m²	0.167 5	5 047.22	845.41	2 161.20	2012.11	228.65	645.26	60.00
8	011702008002	圈梁模板	m²	19.060	40.02	762.78	18.34	15.29	1.13	5.26	60.00

序号	项目编码（定额编号）	项目名称	单位	数量	综合单价/元	合价/元	综合单价组成/元				工日单价（元/工日）
							人工费	材料费	机械费	管理费和利润	
9	A12-22	现浇圈梁（直形）组合式钢模板［水泥砂浆1:2(中砂)］	100 m²	0.191	3 994.02	762.86	1 830.00	1 526.06	113.27	524.69	60.00
	011702006001	矩形梁梁板	m²	11.660	61.20	713.59	23.42	28.12	2.63	7.04	60.00
	A12-21	现浇单梁连续梁组合式钢模板［水泥砂浆］	100 m²	0.117	6 099.43	713.63	2 334.00	2 802.23	262.22	700.98	60.00
10	011702016001	平板模板	m²	233.840	51.82	12 114.04	14.06	30.55	2.69	4.52	60.00
	A12-65	现浇平板复合木模板［水泥砂浆1:2(中砂)］	100 m²	2.338	5 181.37	12 114.04	1 405.80	3 054.96	268.54	452.07	60.00
11	011702023001	雨篷、悬挑板、阳台板模板	m²	4.970	60.51	300.73	15.56	35.45	4.17	5.32	60.00
	A12-68	现浇直形雨篷复合木模板	100 m²	0.050	6 014.48	300.72	1 546.80	3 523.33	414.74	529.61	60.00
12	011702021001	栏板模板	m²	5.660	40.07	226.80	12.21	21.42	2.48	3.97	60.00
	A12-69	现浇直形栏板复合木模板	100 m²	0.057	3 979.29	226.82	1 212.54	2 127.03	245.93	393.79	60.00
13	011702022001	天沟、檐沟模板	m²	44.170	75.75	3 345.88	33.59	26.73	5.01	10.42	60.00
	A12-70	现浇挑檐天沟复合木模板	100 m²	0.442	7 569.42	3 345.68	3 356.64	2 670.74	500.59	1 041.45	60.00
14	011702003002	构造柱模板	m²	3.760	63.38	238.31	32.67	18.95	2.31	9.45	60.00
	A12-18	现浇异形柱组合式钢模板	100 m²	0.038	6 270.88	238.29	3 232.80	1 874.83	228.65	934.60	60.00
15	011702024001	楼梯模板	m²	18.680	115.25	2 152.87	38.86	62.29	2.84	11.26	60.00
	A12-94	现浇整体楼梯木模板	100 m²	0.187	7 857.98	1 469.44	2 649.54	4 247.05	193.71	767.68	60.00
16	011702021002	栏板模板（层面上人孔）	m²	3.124	39.49	123.37	12.03	21.11	2.44	3.91	60.00
	A12-69	现浇直形栏板复合木模板	100 m²	0.031	3 979.29	123.36	1 212.54	2 127.03	245.93	393.79	60.00

序号	项目编码 （定额编号）	项目名称	单位	数量	综合单价/元	合价/元	综合单价组成/元				工日单价 （元/工日）
							人工费	材料费	机械费	管理费和利润	
17	011702027001	台阶模板	m²	4.05	38.55	156.13	14.19	19.79	0.58	3.99	60.00
	A12—100	现浇台阶木模板	100 m²	0.041	7 107.68	291.41	2 616.00	3 648.60	107.68	735.40	60.00
18	011702025001	压顶模板	m²	24.000	75.69	1 816.56	33.57	26.71	5.01	10.42	60.00
	A12—70	女儿墙现浇压顶复合木模板	100 m²	0.240	7 569.42	1 816.66	3 356.64	2 670.74	500.59	1 041.45	60.00
19	011702016002	平板模板	m²	1.430	50.73	72.54	13.76	29.91	2.63	4.42	60.00
	A12—65	现浇平板复合木模板［水泥砂浆 1∶2（中砂）］	100 m²	0.014	5 181.37	72.54	1 405.80	3 054.96	268.54	452.07	60.00
20	011702029001	散水模板	m²	3.29	43.46	142.98	6.52	34.46	0.57	1.92	60.00
	A12—77	现浇混凝土基础垫层木模板［水泥砂浆 1∶2（中砂）］	100 m²	0.010	4 346.44	43.46	651.60	3 446.07	57.35	191.42	60.00
21	011703001001	垂直运输	m²	326.320	13.64	4 451.00			12.63	1.02	
	A13—5	砖混结构垂直运输	100 m²	3.263	1 363.67	4 449.66			1 262.65	101.02	

任务六 楼地面、墙柱面、天棚和门窗工程工程量清单综合单价的编制

一、任务布置

(1)根据装饰工程部分的招标工程量清单的项目特征描述和《计算规范》工作内容列出相应的定额项目。注意：楼地面的整体面层和块料面层的工作内容不同于定额，已包括抹找平层；规范 81 页墙、柱饰面和 84 页天棚吊顶工作内容比较综合。

(2)计算每项定额的工程量：包括主项和附项。注意：踢脚线的清单工程量计算规则不同于定额；有吊顶的内墙抹灰清单工程量计算规则不同于定额。

(3)填写综合单价分析表计算出综合单价。

二、工作任务单

装饰工程综合单价计算工作任务单见表 6-16。

表 6-16 装饰工程综合单价计算工作任务单

工作任务：楼地面、墙柱面、天棚、门窗、油漆涂料装饰工程的综合单价的确定			
授课时间	第　周第　次	班级	

工作任务描述：根据施工图纸、13 清单规范和河北省 2012 装饰预算定额计算规则的要求，通过教师提供的参考书、教学课件、影像资料，自己查阅参考资料，在教师的指导下完成楼地面、墙柱面、天棚、门窗、油漆涂料装饰工程的综合单价计算。

具体工作任务：

(1)获得相关资料与信息。

1)教材图纸资料、招标工程量清单。

2)房屋建筑与装饰工程工程量计算规范。

3)熟悉楼地面工程、墙柱面工程、天棚工程和门窗工程的清单的工作内容，结合工程实际并根据装饰定额进行列项。

4)熟悉装饰工程各分项工程相关的定额工程量的计算规则。

(2)计算综合单价的思路。

识图→明确分项工程清单规范工作内容→列项→找定额计算规则→写出计算公式→填写清单综合单价分析表→计算每个分项工程清单的综合单价。

(3)工程量的计算要求。

1)计算过程按照施工图纸，循着一定的计算顺序依次进行。

2)列项要正确，项目要齐全，项目特征描述完整。

3)工程量计算一定要与 2012 河北省建筑工程消耗量定额规则一致。

4)计量单位要与计算规则一致。

5)工程量计算结果保留两位小数。

(4)综合单价分析表填写要求。

1)先按照招标人已给的分部分项工程量清单与计价表填写清单的项目编码、项目名称、单位、数量。

2)根据分析规范的装饰工程的工作内容列出定额项目，填写定额编号、项目名称、定额单位、数量，填写定额人、材、机，并计算管理费和利润。

3)将定额的人、材、机、管理费和利润加起来填写综合单价和合价。

4)将列出的定额项目合价加起来填写分项清单的合价，将此合价除以清单数量即可计算出清单的综合单价。

(5)提交计算结果，并评定成绩。

(6)讨论、总结和反思学习过程。

学习条件：
(1)多媒体教室。
(2)图纸、定额、课件、图片、题库和网络。
(3)学习任务单。

三、计价工程量计算过程

街道办公楼工程装饰工程楼地面工程计价工程量计算实例见表 6-17。

表 6-17 计价工程量计算表(按预算定额工程量计算规则计算)

工程名称：街道办公楼装饰工程

序号	项目编码	项目名称		单位	工程数量	计算式
		附录 L 楼地面工程				
1	011102003001	主项	首层陶瓷地砖面层	m²	120.39	$S=(3.9-0.24)\times(6-0.24)\times4+(2.1-0.24)\times(10.5-0.24)+1.0\times0.24\times3+0.24\times(3.9-0.24)+1.2\times0.24+1.8\times0.185+(2.7-0.24)\times6=120.39(m^2)$
		附项				
2	011102003002	主项	首层卫生间陶瓷地砖面层	m²	13.96	$S=[(2.7-0.24)\times(2.7-0.18)+(2.7-0.24)\times(3.3-0.18)]+0.75\times0.12=13.96(m^2)$
		附项	找平层			
3	011102003003	主项	二层陶瓷地砖楼面	m²	104.66	$S=(3.9-0.24)\times(6-0.24)\times4+(2.1-0.24)\times(10.5-0.24)+1.0\times0.24\times4+1.2\times0.24=104.66(m^2)$
		附项				
4	011102003004	主项	二层卫生间陶瓷地砖楼面	m²	13.96	$S=[(2.7-0.24)\times(2.7-0.18)+(2.7-0.24)\times(3.3-0.18)]+0.75\times0.12=13.96(m^2)$
5	011102003005	主项	楼梯间地砖楼面	m²	2.02	$S=(0.9+0.12-0.2)\times(2.7-0.24)=2.02(m^2)$
		附项				
6	011105003001	主项	首层瓷砖踢脚线	m²	14.64	$S=\{[(3.9-0.24)\times2+(6-0.24)\times2-1.0+0.24\times2]\times3+(2.1-0.24)\times2+(10.5-0.24)\times2-[1.0\times3+(3.9-0.24)+1.2+(2.7-0.24)]+(2.7-0.24)\times6\times2+(3.9-0.24)+6\times2-1.8+0.185\times2\}\times0.15=14.64(m^2)$
		附项	建筑胶素水泥浆	m²	14.64	同上
7	011105003002	主项	二层瓷砖踢脚线	m²	13.48	$S=\{[(3.9-0.24)\times2+(6-0.24)\times2-1.0+0.24\times2]\times4+(2.1-0.24)\times2+(10.5-0.24)\times2-[1.0\times4+1.2+(2.7-0.24)]\}\times0.15=13.48(m^2)$
		附项	建筑胶素水泥浆	m²	13.48	同上

序号	项目编码	项目名称		单位	工程数量	计算式
8	011105003003	主项	楼梯间地砖踢脚线	m²	2.73	平台处：[(1.8−0.12)×2+(2.7−0.24)−0.3]×0.15=0.828(m²)　B1−220 或 B1−481 楼面处：(0.9×2−0.3)×0.15=0.225(m²)　B1−220 或 B1−481 梯段处：[0.3×0.15×0.5×12(个)+0.15×(3.3²+1.8²)^{0.5}]×2=1.674(m²)(单套定额) B1−220 或 B1−481乘以系数1.15
		附项	建筑胶素水泥浆	m²	2.73	同上
9	011106002001	主项	地砖楼梯面层	m²	12.74	$S=(2.7-0.24)\times(3.3+1.8-0.12+0.2)=12.74(m^2)$
		附项	防滑条	m	24.72	(1.18−0.15)×12×2=24.72(m)
10	011107001001	主项	花岗岩台阶面层	m²	7.56	$S=(4.2+0.3\times4)\times0.3\times3+(1.8-0.3)\times0.3\times3\times2=7.56(m^2)$
		附项				
11	011102003002	主项	花岗岩台阶上的平台	m²	5.73	$S=(4.2-0.3\times2)\times(1.8-0.3)+1.8\times0.185=5.73(m^2)$
		附项				
12	010404001001	主项	素土夯实	m³	41.65	$V=[(3.9-0.24)\times(6-0.24)\times3+(3.9-0.24)\times6+(2.1-0.24)\times(10.5-0.24)+(2.7-0.24)\times6]\times(0.45-0.01-0.02-0.1)+[(2.7-0.24)\times(2.7-0.18)+(2.7-0.24)\times(3.3-0.18)]\times(0.45-0.02-0.1-0.04-0.015-0.025-0.01)=38.09+3.33=41.42(m^3)$ 5.73×0.04=0.23(m³)
		附项				
13	010501001001	主项	C15混凝土垫层	m³	13.63	[(3.9−0.24)×(6−0.24)×3+(3.9−0.24)×6+(2.1−0.24)×(10.5−0.24)+(2.7−0.24)×6]×0.1+[(2.7−0.24)×(2.7−0.18)+(2.7−0.24)×(3.3−0.18)]×0.1=11.9+1.388=13.29(m³) 平台下：5.73×0.06=0.34(m³)
		附项				
14	010404001002	主项	平台下3：7灰土垫层	m³	1.72	$V=5.73\times0.3=1.72(m^3)$
		附项				
15	011101006001	主项	卫生间找平层水泥砂浆	m²	27.75	[(2.7−0.24)×(2.7−0.18)+(2.7−0.24)×(3.3−0.18)]×2(2层)=27.75(m²)
		附项				

序号	项目编码	项目名称		单位	工程数量	计算式
16	011101006002	卫生间找平层细石混凝土		m²	27.75	$[(2.7-0.24)\times(2.7-0.18)+(2.7-0.24)\times(3.3-0.18)]\times2(2层)=27.75(m²)$
		附项				
17	011201004001	外墙水泥砂浆找平层	主项	m²	272.71	$S=(7.2-0.9-0.08)\times[(14.6+0.05\times2)+(11+0.05\times2)]\times2-[(1.8\times2.1\times7+1.2\times1.2\times2+1.2\times2.1\times6)+1.8\times(3-0.9)]=272.71(m²)$
			附项			
18	011203001001	外墙零星抹灰	主项	m²	18.65	$S_1(挑檐侧)=(14.6+0.5\times2+11+0.5\times2)\times2\times0.2=11.04(m²)$ $S_2(雨篷栏板侧)=0.5\times(1.2\times2+4.14)+0.38\times[(1.2-0.06)\times2+(4.14-0.06\times2)]+0.06\times[(1.2-0.03)\times2+(4.14-0.03\times2)]=3.27+2.39+0.385=6.05(m²)$ $S_3(上人孔栏板侧)=(0.6+0.7)\times2\times(0.5+0.1)=1.56(m²)$ $S_1+S_2+S_3=11.04+6.05+1.56=18.65(m²)$
			附项			
19	011201001002	内墙水泥砂浆抹灰	主项	m²	569.34	$S_1=\{[(3.9-0.24)+(6-0.24)]\times2\times(3.6-0.12)-(1.0\times2.4+1.8\times2.1)\}\times3+[(3.9-0.24+6\times2)\times(3.6-0.12)-1.8\times3]+[(2.1-0.24)\times2+(10.5-0.24)\times2-(3.9-0.24)-(2.7-0.24)]\times(3.6-0.1)-[1\times2.4\times3+1.2\times2.1\times2+1.2\times(3.6-0.18)]=274.32(m²)$ $S_2=\{[(3.9-0.24)+(6-0.24)]\times2\times(3.6-0.12)-(1.0\times2.4+1.8\times2.1)\}\times4+[(2.1-0.24)\times2+(10.5-0.24)\times2-(2.7-0.24)]\times(3.6-0.1)-[1\times2.4\times4+1.2\times2.1\times2+1.2\times(3.6-0.18)]=295.02(m²)$ $S=S_1+S_2=569.34(m²)$
			附项			
20	011201001003	一层及二层楼梯间内墙抹灰	主项	m²	98.34	$S=\{[(2.7-0.24)+6\times2]\times(3.6-0.1)-(1.2\times1.2)\}\times2=98.34(m²)$
			附项			
21	011204003001	外墙0.9 m以下蘑菇石墙砖	主项	m²	66.21	$S=(0.9+0.45)\times[(14.6+0.05\times2)+(11+0.05\times2)]\times2-[1.8\times0.9(门)+(4.2+0.3\times4)\times0.15+(4.2+0.3\times2)\times0.15+4.2\times0.15(台阶)]+0.9\times2\times0.185=66.21(m²)$
			附项			

序号	项目编码		项目名称	单位	工程数量	计算式
22	011204003002	主项	卫生间内墙砖	m²	129.66	$S_1 = [(2.7-0.24)+(2.70-0.18)+(2.7-0.24)+(3.3-0.18)]\times2\times(3.6-0.1)-[1.2\times2.1+0.75\times3\times2+1.2\times(3.6-0.18)]$(扣门窗洞口)$+[(1.2+2.1)\times2\times0.185+0.12\times(0.75+3\times2)]$(增加门窗洞口侧壁)$=64.83(m^2)$ $S_2=S_1$ $S=S_1+S_2=129.66(m^2)$
		附项				
23	011301001001	主项	一般房间天棚抹灰	m²	212.47	$S_1=(3.9-0.24)\times(6-0.24)\times4+(2.1-0.24)\times(10.5-0.24)+[(0.4-0.1)\times2\times(3.9-0.24)+(0.3-0.1)\times2\times(2.1-0.24)+(0.3-0.1)\times2\times(2.7-0.24)]$(梁侧)$=107.33(m^2)$ $S_2=(3.9-0.24)\times(6-0.24)\times4+(2.1-0.24)\times(10.5-0.24)+[(0.3-0.1)\times2\times(2.1-0.24)+(0.3-0.1)\times2\times(2.7-0.24)]$(梁侧)$=105.14(m^2)$ $S=S_1+S_2=212.47(m^2)$
		附项				
24	011301001002	主项	卫生间天棚抹灰	m²	27.75	$S=[(2.7-0.24)\times(2.7-0.18)+(2.7-0.24)\times(3.3-0.18)]\times2=27.75(m^2)$
		附项				
25	011301001003	主项	楼梯间天棚抹灰	m²	33.32	$S=(2.7-0.24)\times(3.3+1.8-0.12+0.2)\times1.3+(0.9+0.12-0.2)\times(2.7-0.24)+(0.3-0.1)\times2\times(2.7-0.24)=16.57+2.02+0.98=19.57(m^2)$ $S_{顶}=(2.7-0.24)\times(6-0.24)-0.7\times0.6=13.75(m^2)$
		附项				
26	011301001004	主项	其他天棚抹灰	m²	31.57	$S=[(11+14.6)\times2+4\times0.5]\times0.5+1.2\times4.14=26.6+4.97=31.57(m^2)$(挑檐下、雨篷下)
		附项				
27	011401001001	主项	木门油漆	m²	4.5	$S=0.75\times3\times2=4.5(m^2)$
		附项				
28	011407001001	主项	外墙刷外墙涂料	m²	291.36	291.36 m²，同外墙抹灰
		附项				
29	011407001002	主项	内墙刷内墙涂料	m²	569.34	$S=569.34$
		附项				
30	011407001003	主项	楼梯间刷内墙涂料	m²	98.34	同抹灰
		附项				

序号	项目编码	项目名称		单位	工程数量	计算式
31	011407002001	主项	天棚刷内墙涂料	m²	240.22	**天棚抹灰之和：**212.47+27.75=240.22(m²)
		附项				
32	010801001001	主项	木质门	m²	3.74	$S=0.636\times2.938\times2=3.74(m^2)$
		附项				
33	010801002001	主项	木质门带套	m	13.42	$L=(0.73+2.99\times2)\times2=13.42(m)$
		附项				
34	010802001001	主项	室内塑钢门	m²	16.8	$1\times2.4\times7=16.8(m^2)$
		附项				
35	010802001002	主项	入口塑钢门	m²	5.4	$1.8\times3\times1=5.4(m^2)$
		附项				
36	010807001001	主项	塑钢窗 1.2×1.2	m²	2.88	$1.2\times1.2\times2=2.88(m^2)$
		附项				
37	010807001002	主项	塑钢窗 1.2×2.1	m²	15.12	$1.2\times2.1\times6=15.12(m^2)$
		附项				
38	010807001003	主项	塑钢窗 1.8×2.1	m²	26.46	$1.8\times2.1\times7=26.46(m^2)$
		附项				

四、装饰工程综合单价分析表

楼地面装饰工程分部分项工程量清单综合单价分析表见表6-18。

工程名称：楼地面装饰工程

表6-18 分部分项工程量清单综合单价分析表

序号	项目编码（定额编号）	项目名称	单位	数量	综合单价/元	合价/元	综合单价组成/元				日工单价（元/工日）
							人工费	材料费	机械费	管理费和利润	
1	01110202003001	一层块料楼地面	m²	120.39	85.48	10 290.94	19.95	58.16	0.9	6.46	70.00
	B1-104	陶瓷地砖楼地面（水泥砂浆）每块周长（3 200 mm 以内）[水泥砂浆 1：4（中砂），素水泥浆]	100 m²	1.204	8 546.93	10 290.50	1 995.00	5 815.14	90.34	646.45	70.00
2	01110202003002	一层卫生间块料楼地面	m²	13.96	71.99	1 004.98	18.22	46.93	0.91	5.93	70.00
	B1-101	陶瓷地砖楼地面（水泥砂浆）每块周长（1 600 mm 以内）[水泥砂浆 1：4（中砂），素水泥浆]	100 m²	0.140	7 178.02	1 004.92	1 817.20	4 679.14	90.34	591.34	70.00
3	01110202003003	二层块料楼地面	m²	104.66	85.5	8 948.43	19.96	58.17	0.9	6.47	70.00
	B1-104	陶瓷地砖楼地面（水泥砂浆）每块周长（3 200 mm 以内）[水泥砂浆 1：4（中砂），素水泥浆]	100 m²	1.047	8 546.93	8 948.64	1 995.00	5 815.14	90.34	646.45	70.00
4	01110202003004	二层卫生间块料楼地面	m²	13.96	71.99	1 004.98	18.22	46.93	0.91	5.93	70.00
	B1-101	陶瓷地砖楼地面（水泥砂浆）每块周长（1 600 mm 以内）[水泥砂浆 1：4（中砂），素水泥浆]	100 m²	0.140	7 178.02	1 004.92	1 817.20	4 679.14	90.34	591.34	70.00
5	01110202003005	楼梯间块料楼地面	m²	2.02	85.48	10 290.94	19.95	58.16	0.9	6.46	70.00
	B1-104	陶瓷地砖楼地面（水泥砂浆）每块周长（3 200 mm 以内）[水泥砂浆 1：4（中砂），素水泥浆]	100 m²	0.020	8 546.93	10 290.50	1 995.00	5 815.14	90.34	646.45	70.00
6	01110503003001	一层块料踢脚线	m²	14.64	74.68	1 093.32	31.94	31.75	0.83	10.16	70.00

续表

序号	项目编码（定额编号）	项目名称	单位	数量	综合单价/元	合价/元	综合单价组成/元				日工单价（元/工日）
							人工费	材料费	机械费	管理费和利润	
	B1—220换	水泥砂浆陶瓷地砖踢脚线［水泥砂浆1：1(中砂)，水泥石灰砂浆1：0.5：4(中砂)]	100 m²	0.146	7 303.19	1 066.27	3 124.10	3 102.19	82.77	994.13	70.00
	B2—681	建筑胶素水泥浆一道	100 m²	0.146	185.00	27.01	79.10	81.38		24.52	70.00
7	011105003002	二层块料踢脚线	m²	13.48	74.99	1 010.87	32.08	31.88	0.83	10.20	70.00
	B1—220换	水泥砂浆陶瓷地砖踢脚线［水泥砂浆1：1(中砂)，水泥石灰砂浆1：0.5：4(中砂)]	100 m²	0.135	7 303.19	985.93	3 124.10	3 102.19	82.77	994.13	70.00
	B2—681	建筑胶素水泥浆一道	100 m²	0.135	185.00	24.98	79.10	81.38		24.52	70.00
8	011105003003	楼梯间块料踢脚线	m²	2.730	83.28	227.36	35.74	35.25	0.93	11.37	70.00
	B1—220	水泥砂浆陶瓷地砖踢脚线［水泥砂浆1：1(中砂)，水泥砂浆1：3(中砂)]	100 m²	0.011	7 278.65	80.07	3 124.10	3 077.65	82.77	994.13	70.00
	B1—220＊1.15	楼梯梯段块料踢脚线	100 m²	0.017	8 370.45	142.30	3 592.72	3 539.30	95.19	1 143.25	70.00
	B2—681	建筑胶素水泥浆一道	100 m²	0.027	185.00	5.00	79.10	81.38		24.52	70.00
9	011106002001	块料楼梯面层	m²	12.74	106.52	1 357.06	45.01	46.08	1.13	14.30	60.00
	B1—253	陶瓷地砖楼梯面层，水泥砂浆［水泥砂浆1：4(中砂)，素水泥浆]	100 m²	0.127	9 705.08	1 232.55	4 089.40	4 205.43	108.80	1 301.45	70.00
	B1—424	楼梯、台阶踏步防滑条、金刚砂	100 m	0.247	292.78	72.32	129.60	123.00		40.18	60.00
10	011107001001	石材台阶面	m²	7.56	240.6	1 818.94	39.77	182.31	4.73	13.79	70.00
	B1—368	花岗岩台阶，水泥砂浆［水泥砂浆1：4(中砂)，素水泥浆]	100 m²	0.076	23 933.24	1 818.93	3 955.70	18 134.71	470.66	1 372.17	70.00

续表

序号	项目编码（定额编号）	项目名称	单位	数量	综合单价/元	合价/元	综合单价组成/元				日工单价（元/工日）
							人工费	材料费	机械费	管理费和利润	
11	011102003002	平台石材楼地面	m²	5.73	138.14	791.54	22.37	107.21	1.24	7.32	70.00
	B1—83	花岗岩楼地面（水泥砂浆）周长3 200 mm以内单色 [水泥砂浆1：4（中砂），素水泥浆]	100 m²	0.057	13 886.66	791.54	2 248.40	10 777.32	125.14	735.80	70.00
12	010404001001	一层素土垫层	m³	41.65	31.54	1 313.64	20.21	1.00	3.1	7.23	47.00
	B1—1	素土垫层	10 m³	4.166	315.39	1 313.96	202.10	10.00	31.02	72.27	47.00
13	010501001001	一层混凝土垫层	m³	13.63	288.70	3 934.94	77.28	177.93	7.27	26.21	60.00
	B1—24	混凝土垫层 [现浇混凝土（中砂碎石）C15~C40]	10 m³	1.363	2 886.97	3 934.94	772.80	1 779.32	72.73	262.12	60.00
14	010404001002	平台灰土垫层	m³	1.72	123.28	212.04	34.78	73.66	3.1	11.74	47.00
	B1—2	灰土垫层（灰土3：7）	10 m³	0.172	1 232.81	212.04	347.80	736.55	31.02	117.44	47.00
15	011101006001	一层、二层卫生间平面砂浆找平层	m²	27.750	8.71	241.70	3.77	3.51	0.20	1.23	60.00
	B1—27换	水泥砂浆在硬基层上找平层（平面20 mm）[水泥砂浆1：2（中砂），素水泥浆，水泥砂浆1：3（中砂）][水泥砂浆找平层每增减5 mm]	100 m²	0.278	869.39	241.69	376.80	350.03	19.66	122.90	60.00
16	011101006002	一层、二层卫生间细石混凝土找平层	m²	27.750	12.98	360.20	4.79	6.27	0.33	1.59	60.00
	B1—31换	细石混凝土在硬基层上找平层（平面30 mm）[现浇混凝土（中砂碎石）C15~C10，素水泥浆]	100 m²	0.278	1 295.45	360.14	478.20	625.53	33.19	158.53	60.00

墙柱面装饰工程分部分项工程量清单综合单价分析表见表6-19。

表6-19 分部分项工程量清单综合单价分析表

工程名称：墙柱面装饰工程

序号	项目编码（定额编号）	项目名称	单位	数量	综合单价/元	合价/元	综合单价组成/元				工日单价（元/工日）
							人工费	材料费	机械费	管理费和利润	
1	011201004001	外墙面水泥砂浆找平层	m²	274.400	20.87	5 726.73	12.01	4.75	0.31	3.82	70.00
	B2-17换	墙面砂浆找平层水泥砂浆抹灰［水泥砂浆1：3（中砂）］［底层水泥砂浆1：3厚度每增减1mm(5)］	100 m²	2.744	2 087.38	5 727.77	1 200.50	474.75	30.52	381.61	70.00
2	011203001001	墙面零星抹灰	m²	18.650	46.42	865.73	30.70	5.65	0.33	9.62	70.00
	B2-93	标准砖普通腰线水泥砂浆一般抹灰［水泥砂浆1：2（中砂）、水泥砂浆1：3（中砂）］	100 m²	0.187	4 629.85	865.78	3 070.20	564.53	33.10	962.02	70.00
3	011201001002	内墙面水泥砂浆抹灰	m²	569.340	21.22	12 081.39	11.98	5.12	0.31	3.81	70.00
	B2-9	标准砖墙面水泥砂浆抹灰［水泥砂浆1：2（中砂）、水泥砂浆1：3（中砂）］	100 m²	5.693	2 122.39	12 082.77	1 198.40	511.82	31.04	381.13	70.00
4	011204003001	块料外墙（蘑菇石外墙砖）	m²	66.210	85.76	5 678.17	35.44	38.30	0.80	11.23	70.00
	B2-178	水泥砂浆粘贴外墙蘑菇石面砖10 mm缝［水泥砂浆1：1（中砂）、水泥砂浆1：3（中砂）、素水泥浆］	100 m²	0.662	8 577.30	5 664.93	3 544.10	3 830.35	79.53	1 123.32	70.00
5	011204003002	块料墙面（卫生间同水泥砂浆内墙砖）	m²	129.660	86.06	11 158.54	31.98	43.15	0.77	10.16	70.00
	B2-140	水泥砂浆粘贴内墙瓷砖（周长800 mm以内）［水泥砂浆1：3（中砂）、素水泥浆1：1（中砂）、水泥砂浆1：3（中砂）］	100 m²	1.297	8 603.47	11 158.70	3 196.90	4 314.06	77.46	1 015.05	70.00

天棚装饰工程分部分项工程量清单综合单价分析表见表6-20。

工程名称：天棚装饰工程

表6-20 分部分项工程量清单综合单价分析表

序号	项目编码（定额编号）	项目名称	单位	数量	综合单价/元	合价/元	综合单价组成/元				工日单价（元/工日）
							人工费	材料费	机械费	管理费和利润	
1	011301001001	一般天棚抹灰	m²	212.470	20.29	4 311.02	12.71	3.37	0.21	4.01	70.00
	[52]B3-5换	天棚抹灰、水泥砂浆、混凝土［水泥砂浆1：2（中砂）、水泥砂浆1：3（中砂）]	100 m²	2.125	2 028.92	4 311.46	1 271.20	336.54	20.69	400.49	70.00
2	011301001002	天棚抹灰（卫生间）	m²	27.750	20.33	564.16	12.73	3.37	0.21	4.01	70.00
	[52]B3-5换	天棚抹灰、水泥砂浆、混凝土［水泥砂浆1：2（中砂）、水泥砂浆1：3（中砂）]	100 m²	0.278	2 028.92	564.04	1 271.20	336.54	20.69	400.49	70.00
3	011301001003	天棚抹灰（楼梯间）	m²	33.32	20.29	676.06	12.71	3.37	0.21	4.01	70.00
	[52]B3-5换	天棚抹灰、水泥砂浆、混凝土［水泥砂浆1：2（中砂）、水泥砂浆1：3（中砂）]	100 m²	0.333	2 028.92	675.63	1 271.20	336.54	20.69	400.49	70.00
4	011301001004	天棚抹灰（其他）	m²	31.570	20.31	641.19	12.72	3.37	0.21	4.01	70.00
	[52]B3-5换	天棚抹灰、水泥砂浆、混凝土［水泥砂浆1：2（中砂）、水泥砂浆1：3（中砂）]	100 m²	0.316	2 028.92	641.14	1 271.20	336.54	20.69	400.49	70.00

门窗装饰工程分部分项工程量清单综合单价分析表见表 6-21。

表 6-21　分部分项工程量清单综合单价分析表

工程名称：门窗装饰工程

序号	项目编码（定额编号）	项目名称	单位	数量	综合单价/元	合价/元	综合单价组成/元				工日单价（元/工日）
							人工费	材料费	机械费	管理费和利润	
1	010801001001	木质门（洞口尺寸 0.75/3；扇尺寸：0.636/2.938）	樘	2.000	230.14	460.28	55.50	197.67	7.27	19.46	60.00
	B4—1	胶合板门扇制作	100 m² 扇面积	0.037	11 499.83	425.49	1 749.00	8 785.42	323.07	642.34	60.00
	B4—2	胶合板门扇安装	100 m² 扇面积	0.037	940.06	34.78	717.60			222.46	60.00
2	010801002001	木质门带套（洞口尺寸 0.75×3；框尺寸：0.73×2.99）	樘	2.000	184.43	368.86	33.05	138.04	2.37	10.99	60.00
	B4—55	普通木门框（单裁口）制作	100 m	0.134 2	2 088.74	280.31	145.80	1 853.04	34.12	55.78	60.00
	B4—56	普通木门框（单裁口）安装	100 m	0.134 2	643.55	86.36	343.80	191.94	0.94	106.87	60.00
3	010802001001	金属（塑钢）门 1×2.4	樘	7.000	800.55	5 603.85	70.20	702.95	4.30	23.10	60.00
	[52]B4—128	塑钢门安装，不带亮	100 m²	0.168	33 356.40	5 603.88	2 925.00	29 289.78	179.29	962.33	60.00
4	010802001002	金属（塑钢）门 1.8×3	樘	1.000	1 602.37	1 602.37	155.52	1 388.69	7.59	50.57	60.00
	[52]B4—127	塑钢门安装，带亮	100 m²	0.054	29 673.50	1 602.37	2 880.00	25 716.50	140.61	936.39	60.00
5	010807001001	金属（塑钢、断桥）窗	樘	2.000	313.57	627.14	37.59	261.85	1.89	12.24	60.00
	B4—258	塑钢窗（带纱扇·推拉）安装	100 m²	0.029	21 625.06	627.13	2 592.00	18 058.73	130.39	843.94	60.00
6	010807001002	金属（塑钢、断桥）窗	樘	6.000	544.23	3 265.38	65.23	454.48	3.28	21.24	60.00
	B4—258	塑钢窗（带纱扇·推拉）安装	100 m²	0.151	21 625.06	3 265.38	2 592.00	18 058.73	130.39	843.94	60.00
7	010807001003	金属（塑钢、断桥）窗	樘	7.000	818.66	5 730.62	98.13	683.65	4.94	31.95	60.00
	B4—258	塑钢窗（带纱扇·推拉）安装	100 m²	0.265	21 625.06	5 730.64	2 592.00	18 058.73	130.39	843.94	60.00

其他装饰工程分部分项工程量清单综合单价分析表见表 6-22。

表 6-22 分部分项工程量清单综合单价分析表

工程名称：其他装饰工程

序号	项目编码（定额编号）	项目名称	单位	数量	综合单价/元	合价/元	综合单价组成/元				工日单价（元/工日）
							人工费	材料费	机械费	管理费利润	
1	011503001001	金属扶手、栏杆、栏板不锈钢扶手、栏杆	m	9.660	347.37	3 355.59	43.24	259.02	24.20	20.91	70.00
	B1-274	不锈钢管栏杆，直线型，竖条式	10 m	0.966	2 206.78	2 131.75	319.90	1 706.38	62.08	118.42	70.00
	B1-306	直形不锈钢扶手 φ75	10 m	0.966	950.40	918.09	71.40	800.40	43.10	35.50	70.00

表 6-23 分部分项工程量清单综合单价分析表

工程名称：街道办公楼油漆涂料裱糊工程

序号	项目编码（定额编号）	项目名称	单位	数量	综合单价/元	合价/元	综合单价组成/元				工日单价（元/工日）
							人工费	材料费	机械费	管理费利润	
1	011401001001	木门油漆	m²	4.500	43.18	194.31	25.20	10.16	0.93	7.82	70.00
	B5-13	单层木门润油粉、刮腻子、调和漆三遍	100 m²	0.045	4 317.64	194.29	2 520.00	1 016.44		781.20	70.00
2	011407001001	外墙面喷刷涂料	m²	291.36	21.41	6 238.72	9.80	7.35		3.33	70.00
	B5-348	外墙涂料、抹灰面	100 m²	2.914	1 165.19	3 395.36	482.30	411.31	93.18	178.40	70.00
	B5-285	抹灰面满刮水泥腻子两遍	100 m²	2.914	975.76	2 843.36	498.12	323.22		154.42	70.00
3	011407001002	内墙面喷刷涂料	m²	569.340	16.21	9 229.00	9.68	3.52		3.00	70.00
	B5-296	乳胶漆两遍	100 m²	5.693	954.71	5 435.16	560.98	219.82		173.91	70.00

序号	项目编码 (定额编号)	项目名称	单位	数量	综合单价/元	合价/元	综合单价组成/元				工日单价 (元/工日)
							人工费	材料费	机械费	管理费和利润	
	B5—297	乳胶漆每增减一遍	100 m²	5.693	436.16	2 483.06	246.40	113.38		76.38	70.00
	B5—289	抹灰面满刮大白腻子一遍	100 m²	5.693	230.03	1 309.56	161.14	18.93		49.96	70.00
4	011407001003	楼梯间墙面喷刷涂料	m²	98.340	16.20	1 593.11	9.68	3.52		3.00	70.00
	[52]B5—296	乳胶漆两遍	100 m²	0.983	954.71	938.48	560.98	219.82		173.91	70.00
	[52]B5—297	乳胶漆每增减一遍	100 m²	0.983	436.16	428.75	246.40	113.38		76.38	70.00
	[52]B5—289	抹灰面满刮大白腻子一遍	100 m²	0.983	230.03	226.12	161.14	18.93		49.96	70.00
5	011407002001	天棚喷刷涂料	m²	240.220	16.21	3 893.97	9.68	3.52		3.00	70.00
	5—296	乳胶漆两遍	100 m²	2.402	954.71	2 293.21	560.98	219.82		173.91	70.00
	B5—297	乳胶漆每增减一遍	100 m²	2.402	436.16	1 047.66	246.40	113.38		76.38	70.00
	B5—289	抹灰面满刮大白腻子一遍	100 m²	2.402	230.03	552.53	161.14	18.93		49.96	70.00

任务七　措施项目工程量清单综合单价的编制

一、任务布置

(1)根据装饰工程单价措施项目部分的招标工程量清单的项目特征描述和《计算规范》工作内容列出相应的定额项目。

(2)计算每项定额的工程量：包括主项和附项。

(3)填写综合单价分析表计算出综合单价。

二、工作任务单

装饰工程单价措施项目工程综合单价计算工作任务单见表6-24。

表6-24　装饰工程单价措施项目工程综合单价计算工作任务单

工作任务：装饰工程单价措施项目工程综合单价的编制			
授课时间	第　周第　次	班级	

工作任务描述：根据施工图纸、13清单规范、13河北省计价规程和河北省2012预算定额计算规则的要求，通过教师提供的参考书、教学课件、影像资料，自己查阅参考资料，在教师的指导下完成装饰工程脚手架及垂直运输工程的综合单价计算。

具体工作任务：

(1)获得相关资料与信息。

1)图纸资料、招标工程量清单表。

2)房屋建筑与装饰工程工程量计算规范。

3)熟悉脚手架、垂直运输等清单的工作内容，结合工程实际并根据定额进行列项。

4)熟悉脚手架、垂直运输工程相关的定额工程量的计算规则。

5)已给出的单价措施项目的工程量清单。

(2)计算综合单价的思路。

识图→明确分项工程清单规范工作内容→列项→找定额计算规则→写出计算公式→填写清单综合单价分析表→计算每个分项工程清单的综合单价。

(3)工程量的计算要求。

1)计算过程按照施工图纸，循着一定的计算顺序依次进行。

2)列项要正确，项目要齐全，项目特征描述完整。

3)工程量计算一定要与2012河北省建筑工程消耗量定额规则一致。

4)计量单位要与计算规则一致。

5)工程量计算结果保留两位小数。

(4)综合单价分析表填写要求。

1)先按照招标人已给的分部分项工程量清单与计价表填写清单的项目编码、项目名称、单位、数量。

2)根据分析规范的脚手架、垂直运输工作内容列出定额项目，填写定额编号、项目名称、定额单位、数量，填写定额人、材、机，并计算管理费和利润。

3)将定额的人、材、机、管理费和利润加起来填写综合单价和合价。

4)将列出的定额项目合价加起来填写分项清单的合价，将此合价除以清单数量即可计算出清单的综合单价。

(5)提交计算结果，并评定成绩。

(6)讨论、总结、反思学习过程。

学习条件：

(1)多媒体教室。

(2)图纸、定额、课件、图片、题库、网络。

(3)学习任务单。

三、装饰工程措施项目计价工程量计算清单

装饰工程措施项目计价工程量计算清单表见表6-25。

表6-25　计价工程量计算表(按预算定额工程量计算规则计算)

序号	项目编码	项目名称		单位	工程数量	计算式
		附录S　措施项目				
1	011701008001	主项	外装饰吊篮 (外墙装饰)	m²	436.02	$S=(11+0.05\times2+14.6+0.05\times2)\times2\times8.45=436.02(m^2)$
		附项				
2	011701B03001	主项	简易脚手架 (内墙)	m²	902.1	$S_1=\{[(3.9-0.24)+(6-0.24)]\times2\times(3.6-0.12)\times3+[(3.9-0.24+6\times2)\times(3.6-0.12)]+[(2.1-0.24)\times2+(10.5-0.24)\times2-(3.9-0.24)-(2.7-0.24)]\}\times(3.6-0.1)=196.69+54.5+63.42=314.61(m^2)$ $S_2=\{[(3.9-0.24)+(6-0.24)]\times2\times(3.6-0.12)\times4+[(2.1-0.24)\times2+(10.5-0.24)\times2-(2.7-0.24)]\}\times(3.6-0.1)=262.25+76.23=338.48(m^2)$ $S_3=[(2.7-0.24)+(2.7-0.18)+(2.7-0.24)+(3.3-0.18)]\times2\times(3.6-0.1)\times2(层)=147.84(m^2)$ $S_4=[(2.7-0.24)+6\times2]\times(3.6-0.1)\times2=101.22(m^2)$ $S=S_1+S_2+S_3+S_4=314.61+338.48+147.84+101.22=902.15(m^2)$
		附项				
3	011701B03002	主项	简易脚手架 (天棚装饰)	m²	252.72	$S_1=(3.9-0.24)\times(6-0.24)\times3+(2.1-0.24)\times(10.5-0.24)+(3.9-0.24)\times6=104.29(m^2)$ $S_2=(3.9-0.24)\times(6-0.24)\times4+(2.1-0.24)\times(10.5-0.24)=103.41(m^2)$ $S=S_1+S_2=207.7(m^2)$ $S_3=[(2.7-0.24)\times(2.7-0.18)+(2.7-0.24)\times(3.3-0.18)]\times2=27.75(m^2)$ $S_4=(2.7-0.24)\times1.68+(1.02+3.3)\times(2.7-0.24)=14.76(m^2)$ $S_顶=(2.7-0.24)\times1.02=2.51(m^2)$ 合计：$207.7+27.75+14.76+2.51=252.72(m^2)$
		附项				

序号	项目编码	项目名称		单位	工程数量	计算式
4	011701006001	主项	满堂脚手架（楼梯间顶天棚抹灰）	m²	12.25	$S_{顶}=(2.7-0.24)\times(1.68+3.3)=12.25(m^2)$
5	011703001001	主项	垂直运输（装饰）	工日	500	套定额计算所得
		附项				

四、装饰工程措施项目综合单价分析

装饰工程措施项目综合单价分析表见表 6-26。

工程名称：街道办公楼装饰措施工程

表6-26 装饰工程措施项目综合单价分析表

序号	项目编码(定额编号)	项目名称	单位	数量	综合单价/元	合价/元	综合单价组成/元				工日单价(元/工日)
							人工费	材料费	机械费	管理费和利润	
1	011701008001	外装饰吊篮	m²	436.200	11.72	5 112.26	1.48	0.10	7.39	2.75	60.00
	[52]B7-26	电动吊篮	100 m²	4.362	1 171.65	5 110.74	148.20	10.00	738.55	274.90	60.00
2	011701B03001	墙面简易脚手架	m²	902.100	0.44	396.92	0.19	0.12	0.05	0.07	60.00
	[52]B7-21	简易脚手架、墙面	100 m²	9.021	43.51	392.50	19.20	12.13	4.76	7.42	60.00
3	011701B03002	天棚简易脚手架	m²	252.72	1.40	353.27	0.55	0.56	0.10	0.20	60.00
	[52]B7-20	简易脚手架、天棚	100 m²	2.527	139.80	353.27	54.60	55.80	9.52	19.88	60.00
4	011701006001	楼梯间满堂脚手架	m²	12.250	12.24	149.94	5.92	4.18	0.24	1.91	60.00
	[52]B7-15	满堂脚手架(高度在5.2 m以内)	100 m²	0.123	1 219.14	149.95	589.20	416.11	23.80	190.03	60.00
5	011703001001	垂直运输	m²	326.320	7.66	2 499.61			5.85	1.81	
	[52]B8-5	垂运费土0.000以上，建筑物檐高(20 m以内)6层以内	100工日	5.000	499.89	2 499.45			381.59	118.30	

· 214 ·

附录 ×××办公楼施工图

建筑专业施工图设计说明

一、设计依据

1. 《建筑设计防火规范》(GB 50016—2014)。
2. 《民用建筑设计通则》(GB 50352—2005)。
3. 《屋面工程技术规范》(GB 50345—2012)。
4. 《办公建筑设计规范》(JGJ 67—2006)。
5. 《工程建设标准强制性条文〈房屋建筑部分〉》。

二、工程概况

1. 工程概况：本工程为×××市×××办公楼(一)。
2. 总建筑面积：321.20 m²。
3. 建筑层数，高度：二层，均为办公，一层、二层层高均为 3.60 m。建筑高度为 4.45 m。
4. 建筑耐久年限：二级(50 年)。
   建筑耐火等级：二级。
   抗震设防烈度：7度(建筑防火分类)。
   结构类型：砌体结构。
   本工程使用环境为一类，质量等级为 B 级。

三、标高及单位

1. 本工程设计标高±0.000 为相对标高，土0.000 对应的绝对高程、场地竖向设计，由甲方另行委托再行进行具体设计。
2. 各层标高为完成面标高，屋面标高为结构面标高。
3. 本图标高以米(m)为单位，尺寸以毫米(mm)为单位。

四、墙体及构造

1. 墙体：蒸压灰砂砖墙体。
2. 蒸压灰砂砖墙体的构造柱、墙体拉结、过梁等做法见结施。
3. 内外墙留洞及套管：钢筋混凝土墙预留洞时，见结施和设备施工图；填充墙留洞(宽大于 300 mm)时，见建施和设备施工图。楼板留洞见结施和设备洞洞详结施说明。

五、门窗

1. 门窗立面形式，材质，开启方式，数量等见门窗表。
2. 外门窗立樘位置：见墙身节点图，未详处在居墙中。内门窗立樘位置：除本图注明外，其余门洞立樘在居墙中。
3. 门窗洞口尺寸以现场实测宽度为准，加工尺寸应按有关相关饰面厚度。本图注明洞口尺寸均为洞口尺寸减去相关饰面

六、外装修

1. 本工程整体外装修见各立面图。
2. 外墙 0.90 m 以下粘贴防石面砖(颜色为浅黄色，位置详立面)，0.90 m 以上刷外墙涂料。本图只对个别部位的外形尺寸进行控制，安装单位设计图确认后方可进行施工。

七、内装修

1. 一般装修见房间材料做法表。
2. 窗台板为水磨石窗台板，基本宽度 200 mm，安装于各房间的外窗处(高窗除外)，每边宽出上刷外墙涂料。本图只对个别部位的外形尺寸进行控制，安装单位设计图计单位确认后方可进行施工。

八、防水

1. 卫生间等楼地面的防水涂料应沿四周墙面返起 250 mm。
2. 卫生间立管均应预埋防水套管，防止渗漏。
3. 屋面防水见材料做法表。
   墙身阳角除块材饰面处，均设 1:2 水泥砂浆护角，高 1 800 mm，每边宽不小于 60 mm。

九、有关节能所采用的技术措施

1. 外墙外加 50 mm 厚苯板保温，外窗为塑钢中空玻璃窗。外窗气密性不应低于现行国家标准《建筑外门窗气密、水密、抗风压性能分级及检测方法》(GB/T 7106—2008)的规定。
2. 屋面做法见材料做法，油漆做法，色彩见各部分图纸。
3. 楼梯间内墙面抹 30 mm 厚胶粉保温颗粒，再喷白色内墙涂料。楼梯间上人孔活动盖板由双层木板组成，内填 50 mm 厚苯板保温。

十、其他

1. 本工程参考及选用的主要标准图集为《05J》系列图集。
2. 室外工程中的散水，油漆做法，色彩做法见各部分图纸。
3. 油漆做法见工程做法。
4. 预埋木砖均须做防腐处理。露明铁件均须做防锈处理。
5. 本图应与其他各专业图配合施工。注意预留孔洞，预留管洞，避免剔凿与返工。
6. 本图及规格、颜色的(饰面)材料应在施工前提供样板或样品，经建设单位和设计单位认可方可备料和施工。
7. 凡涉事项宜按有关施工质量验收规范执行，有抵触时及时商定。

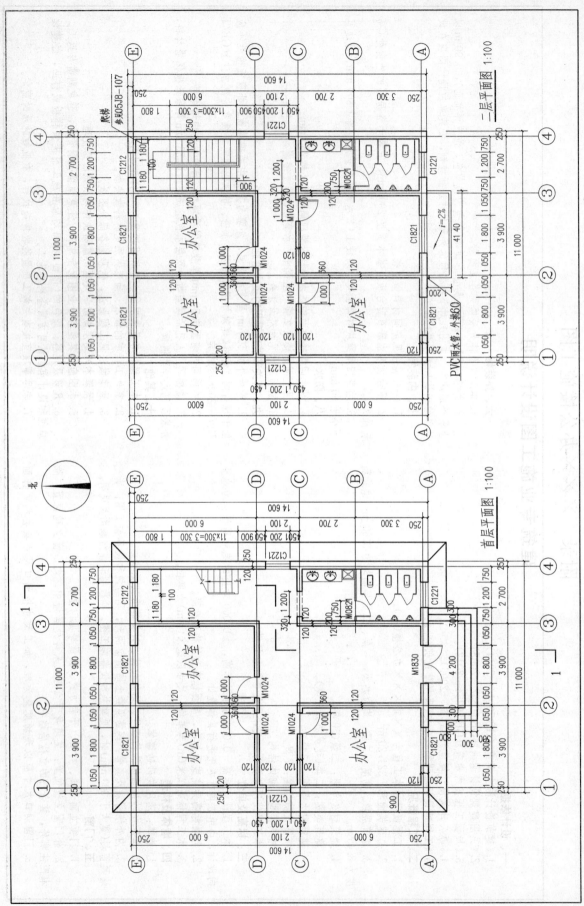

二层平面图 1:100

首层平面图 1:100

工 程 做 法 表

编号	名称	选用图集号	备注
1	屋面	05SJ1-99-屋13	FZK屋面，BK8板保温85mm厚，SBSⅡ+Ⅱ防水
2	地面	05SJ1-14-地20	
3	楼面（一）	05SJ1-27-楼10	用于普通房间
4	楼面（二）	05SJ1-32-楼28	用于卫生间
5	外墙（一）	05SJ1-50-外墙24	用于标高0.90m以上，50mm厚苯板保温层
6	外墙（二）	05SJ1-51-外墙26	用于标高0.90m以下，50mm厚苯板保温层
7	内墙（一）	05SJ1-39-内墙6	
8	内墙（二）	05SJ1-40-内墙11	用于卫生间
9	内墙（三）	05SJ1-42-内墙19	用于楼梯间
10	顶棚	05SJ1-67-顶3	
11	踢脚板	05SJ1-61-踢24	
12	台阶	05SJ1-116-台6	
13	散水	05SJ1-113-散2	
14	涂料	05SJ1-82-涂24	
15	窗台板	05SJ7-1-61-6 / 05SJ7-1-65-3	预制水磨石200 mm宽

图 例

门窗名称	洞口尺寸（mm×mm）	门窗数量/樘	备注
C1212	1 200×1 200	2	塑钢窗，中空玻璃
C1221	1 200×2 100	6	塑钢窗，中空玻璃
C1821	1 800×1 200	7	塑钢窗，中空玻璃
M0821	750×3 000	2	夹板门
M1224	1 000×2 400	7	塑钢门，中空玻璃
M1830	1 800×3 000	1	塑钢门，中空玻璃

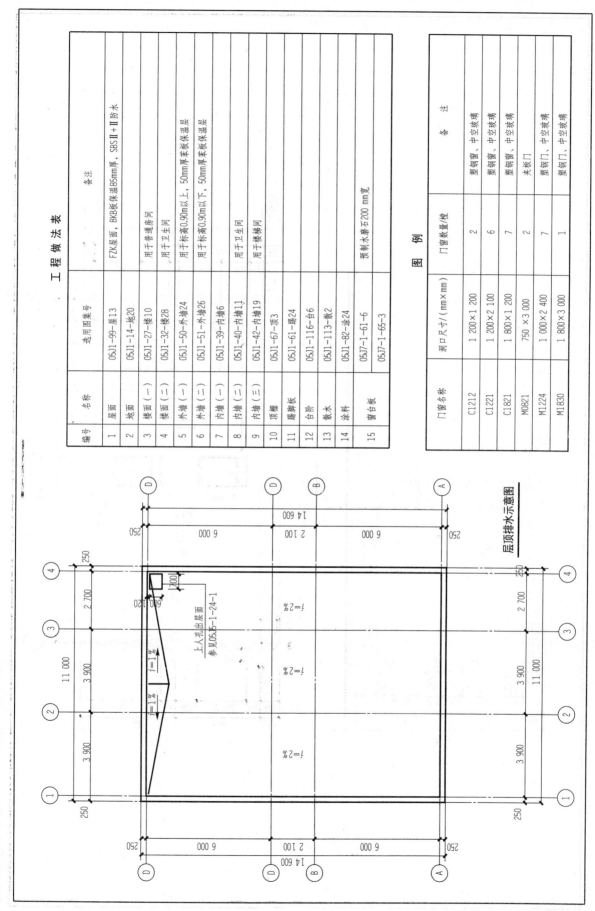

上人孔出屋面
参见05J5-1-24-1

$i=1\%$ $i=1\%$

$i=2\%$

__屋顶排水示意图__

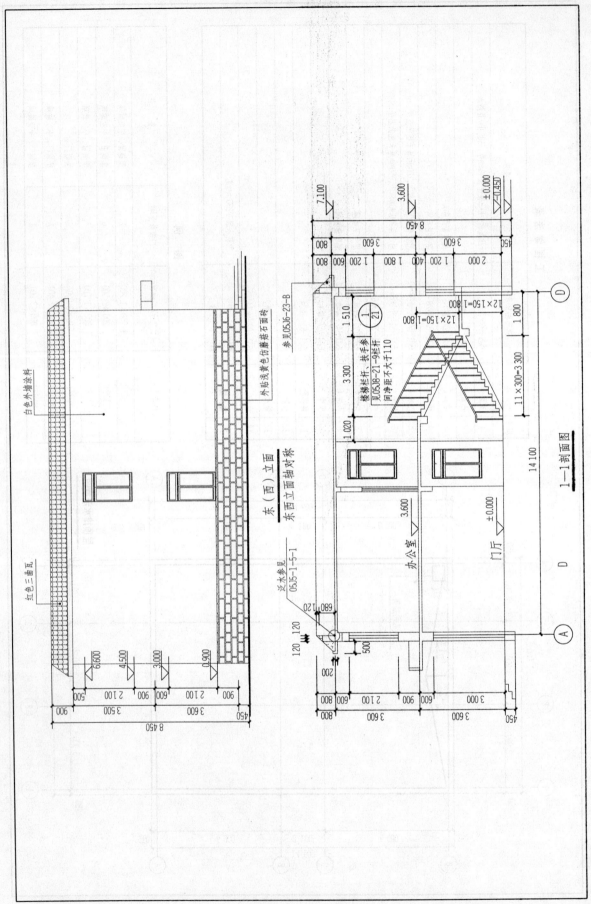

东（西）立面

东西立面轴对称

1—1剖面图

结构设计总说明

一、工程概况

1. 本工程地上二层砖混，房屋高度为 7.200 m，建筑结构安全等级为二级，设计使用年限为 50 年。
2. ±0.000 以上环境等级为二类，潮湿环境为 II a，±0.000 以下环境等级为 II b。
3. ±0.000 绝对标高为室外标高加室内外高差 0.450 m。
4. 本图标高以米(m)为单位，尺寸以毫米(mm)为单位。
5. 设计中采用的楼面层恒荷载和活荷载标准值见下表，检修荷载为 1.0 kN。

序号	房间用途及分类别	恒荷载面层标准值 /(kN·m⁻²)	活荷载标准值 /(kN·m⁻²)
1	卫生间	2.30	2.0
2	其他房间	1.05	2.0
3	屋顶	2.50	0.5

其他荷载按荷载规范或实际情况采用，以上数值不包含板底抹灰，施工中不得超过这些规定数值。

二、设计依据

1.《建筑结构可靠度设计统一标准》(GB 50068—2001)。
2.《建筑结构荷载规范》(GB 50009—2012)。
3.《混凝土结构设计规范(2015 年版)》(GB 50010—2010)。
4.《建筑地基基础设计规范》(GB 50007—2011)。
5.《建筑抗震设计规范(2016 年版)》(GB 50011—2011)。
6.《砌体结构设计规范》(GB 50003—2011)。
7.《混凝土过梁》(G322-2)。

三、材料

1. 钢筋

钢筋有 HPB300 级钢筋，HRB335 级钢筋。钢筋焊接应满足相关焊接技术规程的要求。钢筋的强度标准值应具有不小于 95%保证率。HPB300 级钢筋采用 E43 型焊条，HRB335 级钢筋采用 E50 型焊条。

2. 混凝土

±0.000 以上梁、板、柱、雨篷的混凝土强度等级采用 C30。基础的混凝土强度等级为 C20，±0.000 以下梁、柱、土 0.000 以下砌体采用 C30。

3. 砌体

±0.000 以上砌体采用 MU10 砖，M7.5 水泥砂浆；土 0.000 以下砌体采用 MU10 砖，M5 混合砂浆。

4. 施工质量控制等级为 B 级。

四、受力钢筋的混凝土保护层厚度

1. 混凝土保护层最小厚度：

构件	基础	柱	梁	现浇板
保护层/mm	40	30	25	20

不小于 15 mm；现浇墙、板中分布钢筋的保护层厚度不应小于 10 mm。

梁除应符合上表中的规定外，还应不小于受力钢筋的直径，且箍筋的保护层厚度不应小于 10 mm。

五、构造要求

1. 梁端钢筋锚固要求见图一、图二（可参照图集 16G101—1）。
2. 楼板上的孔洞应预留，不得截断；当洞口尺寸不大于 300 mm 时不另加钢筋，板内钢筋沿洞边绕过，当洞口尺寸大于 300 mm 小于 1 000 mm 时应在洞边设置附加钢筋，每边附加钢筋，截面面积不小于洞口宽度内被截断的受力钢筋总面积和的一半，且不应小于 2Φ12，伸过洞边 40d。
3. 未标注的板分布钢筋为 Φ6@200。

六、地基基础

1. 本工程按地基承载力特征值 f_{ak}=100 kPa 进行设计。地基基础等级为丙级。
2. 开挖深度为自然地坪向下 1.600 m，并挖至老土。开槽后认真钎探，发现问题及时处理。

七、其他说明

1. 当梁跨度大于 5 m 时，梁底模及梁以上现浇楼板顶面应按 2‰起拱，与之相关的梁板顶面标高随之变动。
2. 悬挑构件及大于 4 m 跨度以上时，板底楼及板顶现浇板施工时要等强度达到 100%时才能拆模，板四周向中间起拱。
3. 悬挑度大于 4 m 时，板底模及板顶模应按 2‰起拱，每 12 m 中间加 30 mm 厚末板起拱。
4. 当防潮层做法为 1：3 水泥砂浆加 5%防水粉，每 12 m 中间加 20 mm。
5. 未注明洞口过梁选自 G322-2，荷载等级采用 3 级，遇墙造及梁顶应现浇。
6. 施工中确保楼梯、阳台，栏杆顶部能承受水平荷载不小于 0.5 kN/m。
7. 未注明构造要求参见图集 16G101—1。
8. 其他未尽事宜执行有关现行标准规范。

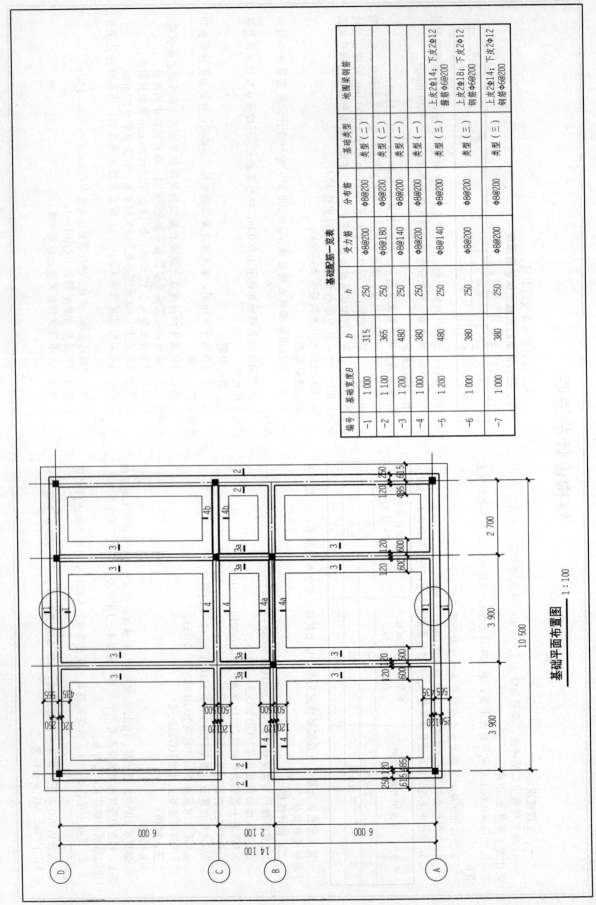

基础配筋一览表

编号	基础宽度 B	b	h	受力筋	分布筋	基础类型	地圈梁钢筋
-1	1 000	315	250	Φ8@200	Φ8@200	类型（二）	
-2	1 100	365	250	Φ8@180	Φ8@200	类型（二）	
-3	1 200	480	250	Φ8@140	Φ8@200	类型（一）	
-4	1 000	380	250	Φ8@200	Φ8@200	类型（一）	
-5	1 200	480	250	Φ8@140	Φ8@200	类型（三）	上皮2Φ14；下皮2Φ12 箍筋 Φ6@200
-6	1 000	380	250	Φ8@200	Φ8@200	类型（三）	上皮2Φ18；下皮2Φ12 钢筋 Φ6@200
-7	1 000	380	250	Φ8@200	Φ8@200	类型（三）	上皮2Φ14；下皮2Φ12 钢筋 Φ6@200

基础平面布置图 1:100

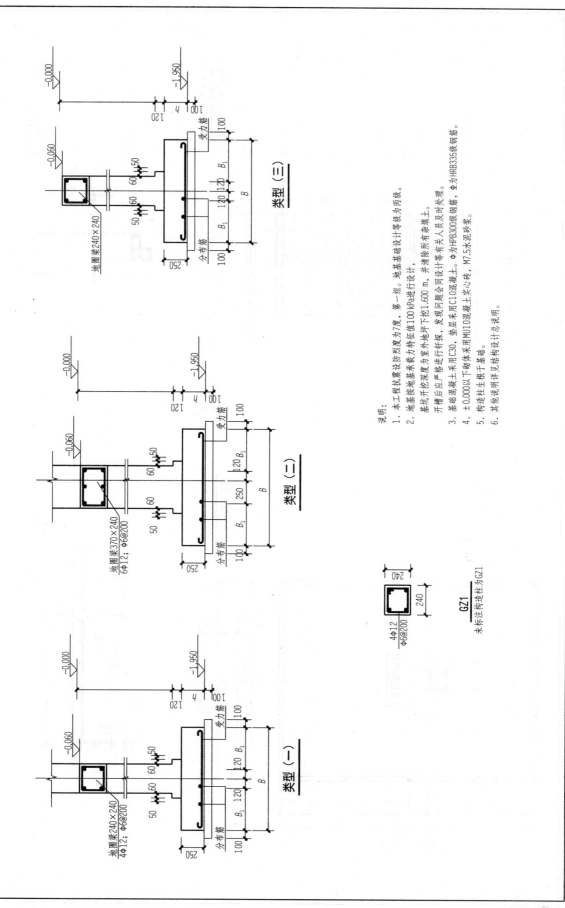

说明：

1. 本工程抗震设防烈度为7度，第一组。地基基础设计等级为丙级。

2. 地基按地基承载力特征值100 kPa进行设计，基坑开挖深度为室外地坪下挖1.600 m，并清除所有杂填土。开槽后应严格进行钎探，发现问题会同设计等有关人员及时处理。

3. 基础混凝土采用C30，垫层采用C10混凝土。Φ为HPB300级钢筋，Φ为HRB335级钢筋。

4. ±0.000以下物体采用MU10混凝土实心砖，M7.5水泥砂浆。

5. 构造柱生根于基础。

6. 其他说明详见结构设计总说明。

类型（一）

类型（二）

类型（三）

GZ1

4Φ12
Φ6@200

未标注构造柱为GZ1

地圈梁240×240
4Φ12；Φ6@200

地圈梁370×240
6Φ12；Φ6@200

受力筋

分布筋

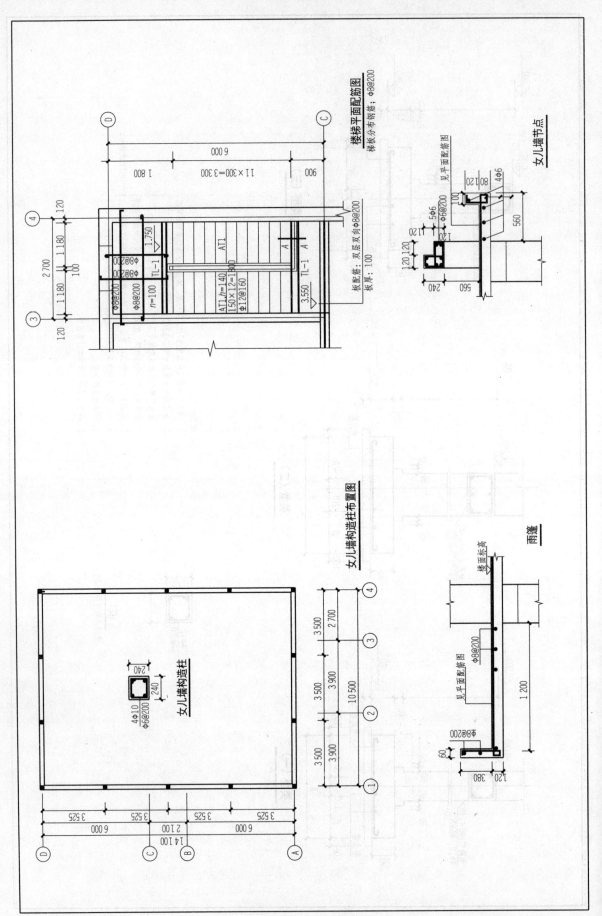

楼梯平面配筋图
楼板分布钢筋：φ8@200

女儿墙节点

女儿墙构造柱布置图

女儿墙构造柱

雨篷

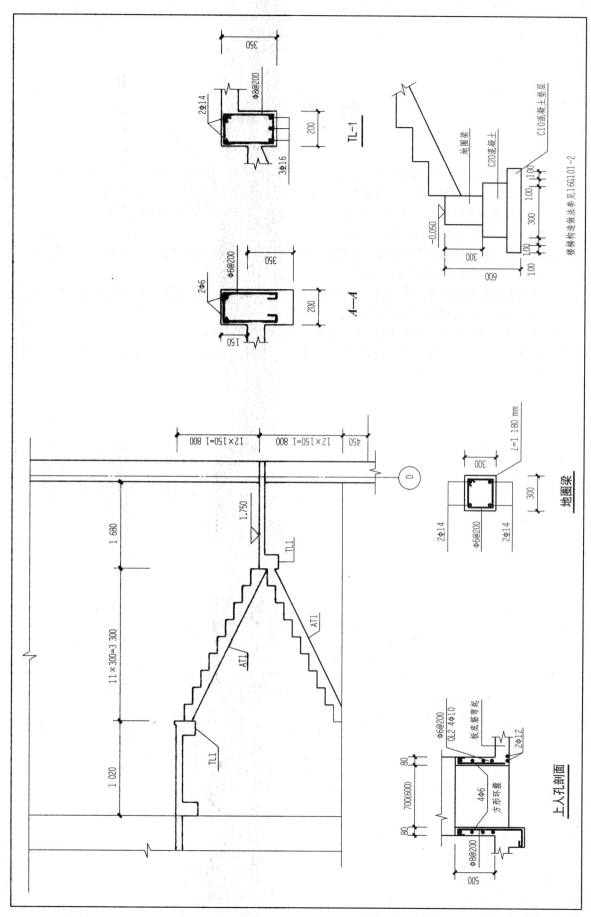

TL-1

A—A

楼梯构造做法参见16G101-2

地圈梁

上人孔剖面

参 考 文 献

[1]中华人民共和国住房和城乡建设部，中华人民共和国国家质量监督检验检疫总局.GB 50500—2013　建设工程工程量清单计价规范[S].北京：中国计划出版社，2013.

[2] 中华人民共和国住房和城乡建设部.GB 50854—2013　房屋建筑与装饰工程工程量计算规范[S].北京：中国计划出版社，2013.

[3] 河北省工程建设造价管理总站.全国统一建筑工程基础定额河北省消耗量定额上、下册[S].北京：中国建材工业出版社，2012.

[4] 河北省工程建设造价管理总站.全国统一建筑装饰装修工程消耗量定额河北省消耗量定额[S].北京：中国建材工业出版社，2012.

[5] 张瑞红.建筑装饰工程概预算[M].北京：化学工业出版社，2009.

[6] 河北省工程建设造价管理总站.DB13(J)/T 150—2013　建设工程工程量清单编制与计价规程[S].北京：中国计划出版社，2013.